轨道交通网络化时代天津城市空间的发展变革与规划响应

王宇宁　著

图书在版编目（C I P）数据

轨道交通网络化时代天津城市空间的发展变革与规划响应 / 王宇宁著. -- 天津：天津大学出版社, 2022.1
ISBN 978-7-5618-7051-8

Ⅰ. ①轨… Ⅱ. ①王… Ⅲ. ①城市空间－空间规划－研究－天津 Ⅳ. ①TU984.221

中国版本图书馆CIP数据核字(2021)第200155号

本书部分成果由教育部人文社会科学研究项目（21YJCZH169）资助

出版发行 天津大学出版社
地　　址 天津市卫津路92号天津大学内（邮编：300072）
电　　话 发行部 022-27403647
网　　址 publish.tju.edu.cn
印　　刷 北京盛通商印快线网络科技有限公司
经　　销 全国各地新华书店
开　　本 185 mm×260 mm
印　　张 14.5
字　　数 337千
版　　次 2022年1月第1版
印　　次 2022年1月第1次
定　　价 72.50元

前　言

当前，伴随着我国城市轨道交通建设的快速推进，多个城市正在或即将进入轨道交通加速化、规模化、网络化阶段，迎来以轨道交通引导城市空间发展的新时期。相较于传统交通出行方式，城市轨道交通具有运量大、占地少、线路固定等特性，在便利居民日常出行的同时，也对当前的城市空间形态产生较大影响。随着轨道交通网络化体系的逐步形成和完善，这一影响将更加深入。有鉴于此，为引导轨道交通网络化时代下，城市空间的高质量发展就需要在城市轨道交通快速成网的现实背景下，分析城市空间的发展演进路径及变革方向，从而有针对性地做出与之相适应的空间响应，进而实现二者的协同配合。

首先，在对城市传统交通出行方式进行系统梳理的基础上，对比分析城市轨道交通的属性特征及其影响城市空间发展的作用机理。相较于传统交通出行方式，城市轨道交通具有更为显著的时空收敛特性、节点集聚特性以及等级联系特性，从而对原有的城市空间结构产生一定的冲击，既改变城市外部空间形态的拓展方式，又变革城市内部功能空间的组织模式，还引发轨道交通沿线可达性的提升及土地价值的增长。与此同时，城市轨道交通网络会显著提升居民出行的便利度，吸引更多居民选择轨道交通作为其日常出行的主要方式，变革空间环境设计导向逐步从以小汽车出行为本回归到以公共交通出行为本。

其次，从城市空间结构（空间维度）、土地开发利用（经济维度）、城市空间环境（环境维度）、轨道交通服务（心理维度）四个层面，构建轨道交通网络化背景下城市空间的发展响应框架，综合运用跨学科（城市规划学、地理学、管理学、经济学、环境学）、定性与定量分析相结合（综合评价、问卷调查、数理统计、特征价格模型、地理信息系统）的研究方法，分析提出相应的空间响应策略。

在城市空间结构层面，以城市功能的紧凑化为主线，分别从城市外部空间形态、城市内部功能空间两个方面，探讨以轨道交通引导构建紧凑型城市空间结构的现实路径。在城市外部空间形态方面，通过城市功能不断向外疏散形成对中心城区的“反磁力”效应，进而以轨道交通引导人口实现空间位移，助力外围地区发展。即功能的疏散是前提与关键，空间的集聚是基础与保障。在城市内部功能空间方面，轨道交通节点的不同等级结构引发城市功能的有机疏散，其触媒作用使得新一轮的功能集聚在节点处不断增强，从而使得等级层次明晰、职能分工明确的城市中心体系以及分散化集中的内部空间结构得以形成，即功能的集聚是基础，空间的扩散是关键。

在土地开发利用层面，以城市轨道交通沿线的房地产增值为切入点，探讨轨道交通引导下土地的集约开发与利用。首先分析城市轨道交通对沿线土地价值的影响机理及影响范围。从空间和时间的双重视角，研究轨道交通全生命周期内，规划、建设、运营三个不同阶段对沿线房地产增值的时间影响进程和空间影响范围，从而便于从宏观政策层面有针对性地提出沿线土地的开发策略。继而，针对轨道交通沿线土地的混合利用，基于时间序列数据的前后对比，分析城市轨道交通对沿线土地利用混合度的异质性影响，进而明晰沿线土地的分类混合开发思路。而后，基于特征价格模型确定的空间影响范围，以最大化地实现土地开发收益为目标，提出站域混合功能的空间分布。此外，以空间范围内土地开发的最低覆盖人口为约束条件，利用门槛值倒推法对基准容积率进行测算，以实现轨道交通的健康、高效运营。

在城市空间环境层面，考虑到步行是短途接驳城市轨道交通最主要的交通方式，其对轨道交通搭乘率有重要影响，因此着重对步行友好导向下轨道交通站域的空间环境设计进行探讨。首先基于行为干预理论，探究影响轨道交通站域步行出行空间环境的因素，继而，分别从功能诱发、路径通达、精神愉悦三个方面探讨城市轨道交通站域的空间环境设计策略。

在轨道交通服务层面，重点围绕轨道交通服务质量、乘客满意度两个方面，分析影响乘客选择轨道交通出行的主要因素，进而对轨道交通运营服务进行优化提升。首先，基于问卷调查开展轨道交通服务质量的乘客满意度评价，而后综合运用模糊综合评价、结构方程等定量方法，对轨道交通服务质量进行等级评定，筛选影响乘客再次使用意愿的关键因素并提出优化轨道交通服务质量，提升乘客满意度的相应策略。

最后，基于这四个层面，开展天津市中心城区的实证研究，提出城市轨道交通网络化背景下中心城区的响应策略。要实现紧凑化的城市空间结构，就需要充分发挥轨道交通的支撑引导作用，在城区外围重点发展与中心城区功能互补的功能集聚区，形成与中心城区的错位联动发展；在城区内部重点结合城市功能定位，积极引导构建多中心的区域空间结构，将城市功能逐步由主中心向副中心以及社区中心进行多级分散、有机集聚。要实现城市轨道交通引导下的土地集约化开发与利用，则需依据开发现状及未来的功能定位引导沿线土地的分区段开发，并依托轨道交通廊道确定沿线功能的混合设置，对于轨道交通站域，则应统筹不同用地类型的增值收益，合理确定节点功能的空间分布及开发强度。在步行友好的设计导向下，城市轨道交通站域要加强城市支路建设，搭建立体网络体系，减少绕行距离与等候时间；合理配置城市路权，丰富道路两侧景观内涵；精心设计沿街界面，增加绿化内容与层次；完善标识引导系统，以人为本地配置街道家具。此外，城市轨道交通服务要从乘客的实际出行需求出发，围绕乘客心理感知要素，做好轨道交通站域的步行环境、运营服务、安全防灾等设计，提升乘客使用轨道交通的满意度，进而引导更多居民选择轨道交通出行。

目　录

01

第1章 绪 论

1.1 研究背景

近年来，伴随着我国经济的高质量增长、城镇化进程的快速推进，人口逐步向城市集聚，使城市交通系统面临日益严重的承载压力，交通拥堵、能源短缺、环境恶化给城市高质量发展带来严峻挑战。为此，大力倡导绿色交通，积极发展公共交通，引导出行者从选择小汽车模式转向选择公共交通模式就成为我国城市交通管理过程中的一项重要举措。城市轨道交通因其运量大、能耗低、污染少等特点，成为诸多大城市发展公共交通的重要方向。城市轨道交通建设的加速推进，不仅在缓解交通拥堵、减少环境污染等方面发挥了重要作用，还因其带来的可达性提升、节点功能集聚等效果，影响着城市的土地开发以及城市空间结构的发展变革。因此，面对城市轨道交通网络体系不断构建的现状，迫切需要协调好其与城市的空间发展，形成二者间的相互促进与整合优化，从而在提升城市轨道交通线网综合效能的同时，进一步优化城市空间格局，推动城市建设实现高质量发展。

1.1.1 快速城镇化与机动化引发城市空间发展失衡

进入21世纪，伴随我国工业化进程的加速，城镇化速度也在提升。国家统计局的统计数据显示，截至2018年末，我国城市中人口超过百万的有161座（按城市辖区人口），而在2000年时，我国人口超百万的城市只有50座（按城市非农业人口）。其中，人口在一百万至两百万的城市从2000年的27座快速增加至99座。人口超过两百万的城市从2000年的13座快速增加至62座。伴随着人口不断向城市集聚，为满足用地需求，城市规模呈现逐年扩大的趋势，城市空间则逐年扩展。数据显示，全国城市建成区面积在1990年时为12 856 km^2，十年后（2000年）则增加了近1倍，达到22 439 km^2。2018年末，则比2000年又增加了约1.6倍，达到58 456 km^2。伴随着城市规模的快速扩大，粗放、低效利用土地的情况十分严重。肖为周2010年的研究数据显示，在我国的城镇规划范围内存在大量闲置和批而未供的土地，近5%的土地闲置，40%的土地处于低效利用状态。

在城镇化的加速进程中，伴随着城市居民收入水平的提升，其对私家车出行的需求逐年提高。国家统计局的数据显示，我国民用汽车拥有量在2019年已达到25 387.20万辆。与此同时，城市居民家庭小汽车的普及虽极大地提升了居民日常生活出行的机动性，扩大了人们日常生活的活动半径，但引发了交通拥堵、环境污染等一系列城市问题，

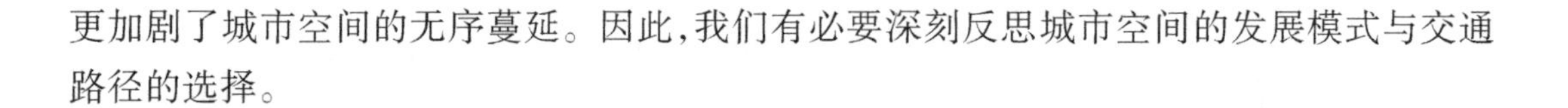

更加剧了城市空间的无序蔓延。因此,我们有必要深刻反思城市空间的发展模式与交通路径的选择。

1.1.2 轨道交通成为绿色城镇化的重要路径选择

2011 年,我国城镇人口占总人口的比重超过 50%,城镇人口超过农村人口,标志着我国城镇化发展进入了新的阶段,除工业化外,城镇化亦成为推动我国经济社会发展的重要引擎。潘家华 2019 年的研究认为,未来我国城镇化率将不断提高,至 2030 年城镇化率有望达到 70%。在这一过程中,伴随着大批量农村人口迁移至城市,对城市承载能力(包括资源、能源、城市基础设施等)的要求不断提高。如果仍然沿用过去的城镇化发展路径,不仅城市人口增长会带来严重的交通拥堵、环境恶化、资源紧缺等城市问题,同时无序发展的城市空间形态也会带来土地资源的低效利用和浪费。为了解决日益严重的城市发展问题,提高土地资源利用效率,更加突出集约化、高质量、全面可持续的城市绿色发展模式就成为我国未来在推进城镇化进展中的一个重要方式。为实现城市绿色发展,需要城市系统内各子系统均按照绿色化发展目标进行变革,因此,城市交通系统也需要按照绿色发展要求为居民的日常出行提供服务与引导。

城市轨道交通是公共交通系统的重要组成部分,具有能源消耗低、环境污染少等特点,是一种公认的绿色出行方式。同时,轨道交通具有运载量大、运行准时等特点,能够满足城市居民的日常出行需求,成为我国诸多大城市主要发展的公共交通方式。城市轨道交通的建设改善了周边地区的交通可达性,进而影响了房地产价值的空间分布,成为引导城市空间拓展、吸引带动城市人口聚集的有效调节工具,在疏解城市功能的过程中发挥着极其重要的作用。可以说,城市轨道交通将成为引导我国城市由灰色城镇化模式向绿色城镇化模式转变的重要工具。

此外,为缓解日益严重的城市交通问题(交通拥堵严重、交通事故频发等),很多城市在发展公共交通的同时,也积极采取相关措施(如拓宽道路、加密路网、修建快速道路等)来增加交通供给能力。姜洋 2011 年的研究指出,各地实践表明,虽然增加城市交通供给可以在短期内缓解交通拥堵,进而改善人们的日常出行环境,但从长期来看,交通出行环境的改善也会刺激人们选择更加灵活、便捷的小汽车作为首要出行方式,以满足其更加多元化、长距离、高频次的出行需求。这势必造成居民出行总量的大量增长,导致城市道路网系统荷载加大,从而引发新一轮交通拥堵现象的产生。肯尼思·巴顿在 2002 年的研究中提到,当斯定律(Downs Law)在总结以往研究的基础上指出:当人们的收入达到一定水平且家庭消费支出能够承受汽车消费后,如果此时政府部门缺乏对私家车出行的公共政策管控,那么新建的道路设施会吸引大量新的交通出行需求,从而打破前期交通供给与交通需求的平衡,使得交通需求超过交通供给,造成新的交通拥堵。综上,交通供给增长策略,通常仅仅能够在短期内缓解城市的交通压力,从中长期来看,不仅对缓解城市交通压力效果不显著,还会造成“拥堵—修路—再拥堵—再修路”的负面情况发生。

为解决上述问题,各地在解决城市交通问题时,逐渐将发展重点聚焦在提高公共交通在整个城市交通出行中的占比上,引导居民从过去依赖小汽车出行,转变为使用公共交通出行,从而实现降低交通拥堵、减少交通事故的目标。我国的《城市公共交通条例》提出:需要进一步加大国家在公共交通领域的资金投入力度,保障各城市优先发展公共交通,提高公共交通在城市交通中的占比,最终实现公共交通成为城市交通的主要出行方式选择。陆化普 2012 年的研究指出,当城市交通走廊单向最大高峰小时客流量在 1 万人以上时,应发展轨道交通,以满足常规公交难以实现的大客流量出行需求。因此,对于大城市而言,轨道交通已经成为支持其公交优先政策的重要选择。

1.1.3　轨交网络化为优化重构城市空间的关键时期

我国各地政府逐渐认识到轨道交通对于缓解城市交通问题、引导城市空间变革的作用,开始加大城市轨道交通的建设力度,多个大城市已经进入轨道交通加速成网的发展阶段。

中国城市轨道交通协会统计数据显示,截至 2019 年底中国大陆地区共 40 个城市开通运营城市轨道交通,运营线路共计 208 条,线路总长度 6 732.2 km。2019 年,我国大陆地区全年共完成城市轨道交通投资 5 958.9 亿元,当年在建线路 6 902.5 km,在建项目的可行性研究批复投资额累计达 46 430.3 亿元。此外, 65 座城市报批的城市轨道交通线网规划获得批复,规划的线路长度达到 7 339.4 km。

但在城市轨道交通快速发展的过程中,各城市的推进进度存在明显差异。北京、上海、广州、深圳等一线城市的轨道交通网络已经基本形成,目前正在加密网络和完善功能。而天津、南京、杭州、武汉等二线城市正在加速推进轨道交通建设,将逐步实现轨道交通网络化运营。由于轨道交通建设与城市空间发展之间存在互动反馈作用,此时也是进一步优化重塑城市空间结构、提升城市发展质量的关键时期。具体而言,城市空间的发展有其内在规律,它对于城市运行以及城市内部各项功能要素会产生一定的锁定效应和固化效果,会对城市交通起讫点以及空间方向的确定产生影响,而这些又会对居民的日常出行选择产生影响。当与公共交通模式相匹配的城市空间发展模式确立后,就会锁定居民的日常出行方式,从而引导更多居民选择公共交通作为主要出行方式。

美国的洛杉矶就拥有与私人小汽车出行模式相匹配的城市空间。它通过构建高效完善的高速公路网络体系,支撑周边郊区快速发展,通过低廉的汽油供给,引导当地居民大量选取私家车作为日常出行方式,这就导致其城市空间结构呈现出低密度蔓延的特征。根据上文提到的当斯定律,当城市中的机动车增长率超过道路增长率时,就会带来交通拥堵和环境污染等问题,从而使城市绿色交通发展面临挑战。有鉴于此,洛杉矶为了应对日益严重的交通问题,也采取相应措施发展公共交通,但由于已经形成了低密度蔓延的城市空间结构,城市内的整体交通状况依旧较为糟糕。为此,在我国低密度蔓延的城市空间发展格局尚未完全形成时,有必要加强轨道交通建设,积极引导城市由低密度蔓延型的空间格局向高密度紧凑式的空间格局转换,以便更好地解决日益增加的交通压力。

1.2 研究内容

当前,世界各国对于城市交通体系的发展目标已基本达成共识,即构建低碳、可持续的城市交通体系,从而能够有效应对城市资源、环境、安全等问题。作为城市交通体系重要组成部分的城市轨道交通,由于其具有大客运量、低碳节能、准时高效等优点,逐渐成为各大城市发展公共交通战略的重要支撑。随着轨道交通线网的不断成型,其在为居民日常出行提供便利的同时,也逐渐成为居民出行的首选方式。但城市轨道交通属于重资产投入的特大型城市基础设施,建成后,线路、站点就会相对固定,这使得其对于城市空间发展的导向作用将更加突出。因此,需要进一步协调好其与城市空间的互动关系,通过二者的有机整合,引导城市的绿色、可持续发展。

基于此,本书在当前我国主要大城市逐步进入轨道交通网络化运营的背景下,分析城市轨道交通在规划、建设、运营过程中对城市空间发展的变革影响,进而在提炼主要影响因素的基础上,有针对性地提出城市空间的发展响应策略。本书共分为三大部分。

第一部分背景篇,包括第 1 章绪论,主要对研究背景进行简要分析,进而介绍本书的研究内容。

第二部分变革篇,包括第 2 章和第 3 章,分别从理论与实证两个方面探讨轨道交通网络化发展所引发的城市空间的发展变革。第 2 章在总结交通体系对城市空间发展引导作用的基础上,对比分析不同交通方式的特征及优劣势,提出轨道交通与其他交通方式对空间发展的影响差异,以及轨道交通网络完善对居民日常出行方式选择的影响。基于此,研究分析轨道交通网络化进程所引发的城市空间发展变革。第 3 章在前述理论分析的基础上,以天津市中心城区为实证对象,从城市空间结构、土地开发利用、城市空间环境三个层面进一步分析轨道交通网络化进程所引发的城市空间发展变革。

第三部分响应篇,包括第 4 章、第 5 章、第 6 章和第 7 章,分别从城市空间结构、土地开发利用、城市空间环境、轨道交通服务四个层面分析轨道交通网络化进程中城市空间的发展响应策略。第 4 章从城市的外部空间形态、城市的内部功能组织两个方面,探讨紧凑化发展目标下轨道交通引导城市空间结构的作用机理。第 5 章基于经济视角,以轨道交通沿线房地产为研究对象,运用特征价格模型从时空双维度分析轨道交通对房地产价值的影响机制,进而从轨道交通沿线、轨道交通站域两个层面,探讨集约化发展目标下的土地开发策略。第六章基于步行友好视角,探讨影响轨道交通站域的步行出行因素,继而从功能诱发、路径通达、精神愉悦三个层面提出轨道交通站域的空间环境设计策略。第七章在详细分析了轨道交通服务质量与乘客满意度、再次使用意愿之间相互关系的基础上,从乘客出行优化的视角出发,就提升轨道交通的服务质量提出对策和建议。

02

第2章 轨交网络化引导城市空间发展的理论分析

交通系统是城市空间结构的重要支撑体系，伴随着现代交通技术的不断革新，城市交通体系也在不断更新发展，从而更好地解决当前的城市交通问题，满足城市居民日常出行中的各种需求，适应不断调整的交通政策。可以说，交通方式的演化、交通技术的进步、交通格局的演变都是城市交通在发展过程中的具体体现，而这些变化也是诱导城市空间不断演化的重要原因。城市交通对城市空间发展的影响主要是通过改变交通方式的机动性以及改善区域空间的可达性来实现的。一般情况下，新技术的涌现是交通工具变革的起源，而交通工具改变所带来的运输方式的变化则是最终的结果。当前交通科技的迅猛发展，也为城市机动性的增强提供了技术保障，极大地提升了现代城市交通的机动性，拓展了人们的日常出行半径，提升了城市的空间可达性，而可达性的提高又作用于区域土地开发，带动周边土地增值，从而使得城市功能布局在土地价值变动的引导下实现新的开发与平衡。

当前，我国多数城市以慢行交通（步行、自行车）、公共交通、私家车为主导的交通出行方式与城市路网结构体系相适应。但以私家车为主导的出行需求不断增长，导致城市交通拥堵、安全事故、环境污染等问题日益严重。为解决上述问题，我国各大城市逐渐将发展方向转为大力发展城市轨道交通。相较于当前慢行交通（步行、自行车）、公共交通、私家车交通等方式而言，轨道交通的快速发展必然会对城市空间的发展模式产生显著的影响。与此同时，伴随着我国城市轨道交通建设的快速推进，其网络化进程正逐渐加速，而线网的形成必将大大提升其对乘客的吸引力，从而使得轨道交通对城市空间的作用更加显著和强烈。有鉴于此，本章首先分析城市交通体系对于空间发展的引导、变革作用，进而通过对比分析不同交通出行方式（慢行交通、公共交通、私家车交通）的特点和优劣势，找出轨道交通与其他交通方式对城市空间发展影响的异同，并探讨轨道交通网络形成前后对居民日常出行的影响变化。最后，以影响变革的作用机制为落脚点，分析网络化背景下轨道交通对于城市空间的影响机理。

2.1 城市交通体系对空间发展的引导作用

城市巨系统包含多个功能子系统，城市交通作为其重要组成，能够对城市中的人流、物流以及信息流进行传输。可以说，交通系统在引导城市空间拓展和发展演化过程中发挥着重要作用，是推动城市发展的重要动力源泉。而在交通系统中，不断发展演化的交通方式、交通网络的组织架构是两项核心要素。在交通方式演化方面，随着科技水平的不断提高，交通技术也在不断革新,从而使得城市的交通方式呈现出随交通技术变革而不断演进的发展趋势。不同交通方式所对应的空间出行范围不同,与之相适应的土地开发利用模式也存在较大差异,而不同的土地开发利用模式必然会投射到城市空间的组织形态之上,使得城市形态因交通方式的不同而产生差异。在交通网络的组织架构方面,不同的组织模式也会对出行方式产生影响,进而作用于城市空间结构,改变城市空间形态。

2.1.1 交通方式演化引导空间形态演变

如前所述,在交通方式不断演化的过程中,城市空间随之进行相适应的形态演变。纵观步行、有轨电车、小汽车等不同时期,每一次交通出行方式发生变革,在拓展人们出行活动半径的同时,也会对城市的空间形态产生巨大影响,从以城市中心为圆心的高密度饼状空间发展到沿轨道线路的轴向空间,再到以小汽车为主要出行工具的沿高速公路的同心圆式空间(图 2-1)。

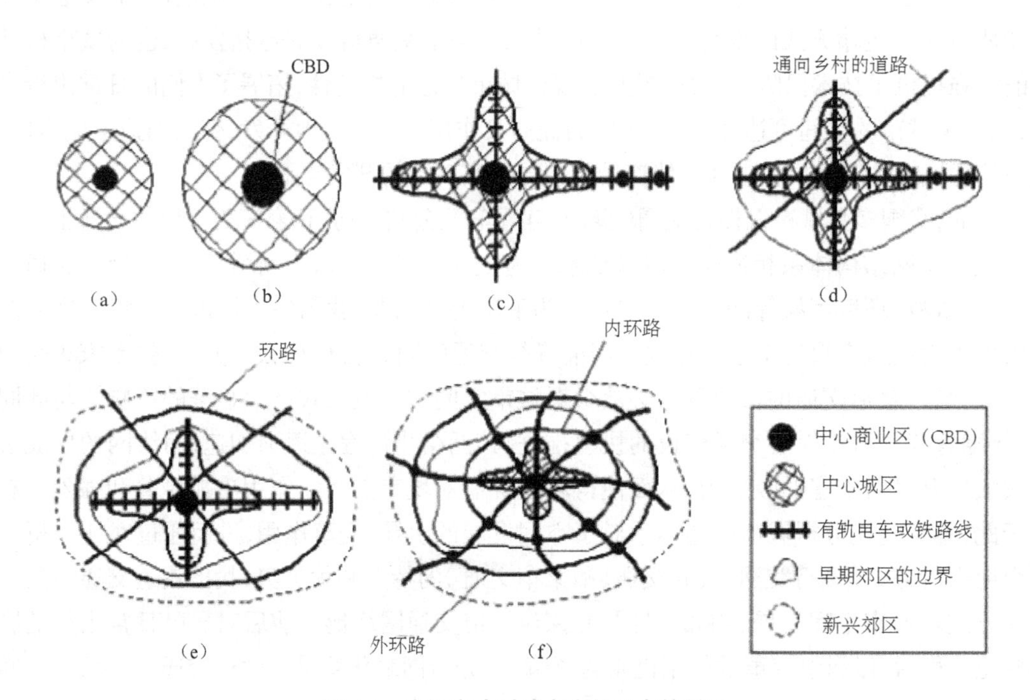

图 2-1 交通方式对城市空间形态的引导

(a)步行时期 (b)马车时期 (c)有轨电车时期 (d)小汽车作为休闲工具时期 (e)高速公路时期 (f)外环路和郊区中心时期

资料来源:潘海啸等,1999

潘海啸等人于 1999 年的研究中指出,在步行与马车时期(1800—1890 年),受到出行速度的限制,人们的出行半径相对较小,因此,城市空间呈现出围绕城市中心、以 3~5 km 为半径的高密度饼状发展特点。与这一特点相适应,人口大量集中在城市中心区域,如这一时期(1860 年)美国费城的人口密度达到了 3.64 万人/km²。在有轨电车时期(1890—1920 年),电车的出现极大地扩展了人们的日常出行半径,使得原来中心区内拥挤的人口不断向外围疏解(距中心城区 10~15 km),同期,美国费城的人口密度下降到 1.29 万人/km^2。而此时疏解的人口主要沿轨道周边集聚,轨道沿线出现大量住宅,此时的城市形态呈现星状发展的特点。在小汽车时期(1920—),随着小汽车在个人家庭中的不断普及,人们的日常出行半径(50~70 km)得到进一步拓宽,同时日常出行的灵活性也得到极大的提高,使得人们的居住更加分散。由此,在过去城市星状发展的基础上,城市形态逐步演变为沿高速公路不断向外围扩展的趋势,最终呈现低密度蔓延的空间形态。王玮 2010 年的研究指出,欧洲的城市,由于受到土地资源、政府财力、支持政策等因素的影响,相较于美国城市而言,其城市格局仍然基本保持着原有基础上有限度的分散。以英国伦敦为例,运营的地铁与城郊铁路仍然为市中心的高效运转提供强有力的支撑保障。

2.1.2　交通网络架构固化城市空间格局

可以说,交通方式的良好运行需要依靠交通基础设施的有力支撑。近年来,不断建设完善的城市交通基础设施,进一步增加了城市中交通节点的数量,使得不同交通设施间逐渐形成网络化结构。基于此,任意两个节点均可通过网络建立起联系。因此,这种网络连接极大地提升了日常交通出行的机动性和便捷性。同时,交通网络体系的建立,也使得更多的城市空间可以被交通基础设施所覆盖和连接,从而进一步诱发人们选择该交通出行方式,进而固化与之相适应的城市空间形态。

1. 纽约:小汽车导向下,城市空间形态呈现低密度蔓延

作为典型的小汽车引导发展的国家,美国在 20 世纪初通过大力发展汽车产业,使得小汽车在美国家庭得到迅速普及,同时为了鼓励个人使用私家车,美国主要大城市(如纽约等)在城市道路中专门设置了汽车专用道。当前,纽约市的汽车专用道已经超过 3 000 km,总长度位居世界第一。城市道路系统的完善与优化,在鼓励居民日常出行使用小汽车的同时,也潜移默化地改变了居民的出行习惯、居住地选择以及生活交往方式。人们在选择居住地时,从过去集中于市区,开始向市郊转移,从而使得城市空间也由集中、高密度开发转变为分散、低密度开发,这就形成了美国主要大城市的典型空间形态。此外,随着居住的郊区化,城市公共交通系统难以保证充足的客流以支撑其良性运转,而大幅增加的居民日常出行半径,也进一步制约了居民日常短距离通勤行为的发生和绿色交通方式的选择。

2. 东京:轨交网络导向下,城市空间形态呈现高密度紧凑化

19 世纪 60 年代开始,日本东京市开始建设轨道交通,在山手线周边,主要分布着城镇化发展较好的地区。尽管当时的轨道线网还未像现在这样高密度,但相较于步行、马车等慢行交通,轨道交通极大地提高了人们出行的机动性和出行距离,因此也使得大量居民选择在轨道线路周边居住和生活,形成人口集聚区(图 2-2)。1900—1920 年的 20 年间,东京市区内开始加速建设轨道交通,其线网密度得到了迅速的提升,这不仅适应和满足了日本经济在此期间快速增长带来的人口大量集聚的出行需求,同时也对当时的东京通过推进工业化、城镇化引导城市空间不断拓展产生了显著的影响。此后的 30 年间,山手线沿线地区在实现快速城镇化的基础上，逐步向外围地区扩展，并伴随网络干线的建设形成了新的城市空间结构（舒慧琴等，2008），进一步推动了服务轨道网络的市、郊支线的快速建设。1950 年后，东京市的人口、产业都越来越向轨道交通线网集聚，且随着线网的拓展，城市空间不断扩张。目前，东京是世界各大都市中轨道线网密度最大的，线路总长度超过 2 300 km，高密度的线网也吸引着人们更加集中地选择轨道交通出行，其分担率也是世界各大都市中最高的。

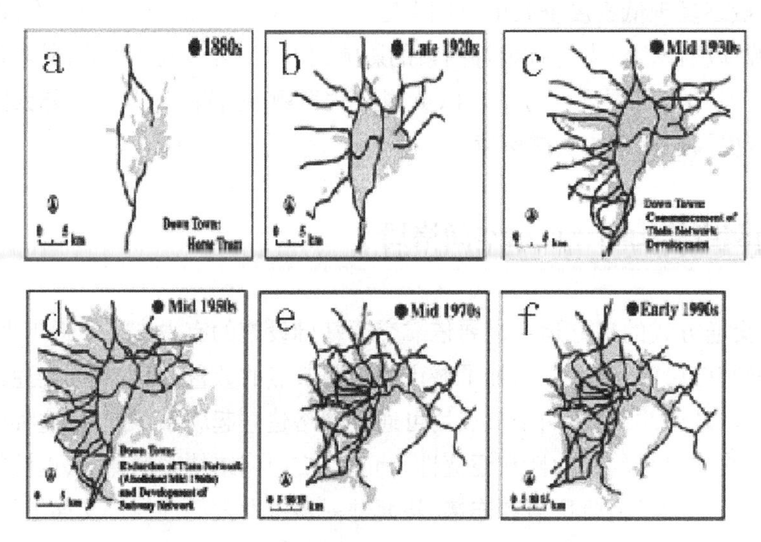

图 2-2　东京轨道交通发展与人口分布演变

资料来源：陆化普，2001

3. 哥本哈根：轨交 + 自行车导向下，城市空间形态呈现轴向伸展

在丹麦的哥本哈根，当地政府十分重视绿色交通，因此，在其政策制定时，多倡导并鼓励居民在日常出行过程中选择步行、自行车、公共交通等绿色、低碳的出行方式。当地设置了超过 400 km 的自行车道，既包括完全隔离的自行车专用道，也包括专用的路边自行车道，这些自行车道极大地方便了居民日常的自行车出行，使其能够通过自行车便捷地到达目的地。当地政府在设置自行车道的同时，对沿线街道也做了大量的改造和提升，如缩减道路宽度，设置环形交叉口，为保障骑行安全设置减速丘（约翰·普切尔等，2012）等，从而降低机动车在这些区域的行驶速度，保障自行车出行的安全和便捷。正是由于这些举措的实施，在当地自行车出行已经成为一种主要的出行方式和重要的出行文化，完善的自行车路网体系、良好的出行环境以及一系列的交通管控措施，使得当地居民的自行车出行占比达到 36%。每天当地居民的骑行总距离超过 100 万 km，在世界各主要城市中位居第一，这为当地二氧化碳减排做出了积极贡献。据统计，每年能减少排放二氧化碳超万吨。相关研究预测，至 2050 年，当地的自行车出行比例有望达到 50%。为鼓励绿色出行，当地也大力发展轨道交通，作为人们中远途出行的主要选择方式，受此影响，当地的城市空间形态呈现出指状伸展的发展模式，这也使得城市的开发建设主要集中在轨道沿线的周边区域，从而形成轴向伸展的集约、紧凑的城市空间形态特征。

从以上分析可以看出，三地（纽约、东京、哥本哈根）采用了不同的交通组织方式，这使得城市根据不同的交通发展方式进行自适应，进而在自适应的过程中不断推动城市空间的发展演化。当然，城市交通模式，除了受城市交通网络组织的影响外，还受城市交通发展政策的影响。城市管理者会运用路网供给、需求管理、政策引导等综合手段来对交通发展策略进行引导和落实。与此同时，居民在选择出行方式时首先考虑的是出行便利性、出行舒适性、出行安全性等因素，而城市交通体系在形成网络效应后，能够极大地提升居民出行的便捷性，从而使得城市交通网络的组织架构对空间发展形成一定的固化和引导作用。

2.2　轨交变革城市空间格局的独特特性

在影响城市空间发展的诸多因素中，交通体系是一个重要方面，而不同的交通方式由于属性存在差异，其影响城市空间发展的途径与程度是不同的。城市客运交通体系，既包括步行、自行车等慢行交通，也包括常规公交、轨道交通（地铁、轻轨）等公共交通，还包括小汽车等私人交通方式。本节在对比分析不同城市交通方式属性特征的基础上，进一步归纳总结轨道交通相较于传统交通方式在变革和引导城市空间发展方面的独特特性。

2.2.1　轨道交通的“时空收敛”特性

运行速度通常是居民选择城市交通方式过程中首要的考虑因素，在制定城市交通政策时，运行速度也是政策制定者所关注的一个主要技术指标。通过对运行速度及其影响因素的分析可以看出，在城市的交通出行方式中，轨道交通具有较快的运行速度，且在运行过程中受外部环境的干扰较小，从而能够在相同时间范围内扩展出更为广阔的空间距离。由此，可以说轨道交通相较于其他交通方式而言表现出更为明显的“时空收敛”特征。

1. 运行速度较快

事实上，居民在日常生活中，大多将交通出行作为一种手段，很少会为了享受交通出行而出行，多数人的出行多是为了满足他们日常生活、社交、教育、休闲娱乐、工作、上学等目的。因此，基于不同的出行目的，人们会对出行时间有不同的要求（表 2-1）。事实上，出行时间受出行距离和出行速度的影响，因此，在确定了出行目的及出行距离后，出行速度是居民选择交通方式的主要考虑因素。根据表 2-2 可知，相较于小汽车而言，轨道交通的运行速度更快，因此更适合城市中的中远距离出行。

表 2-1　日常活动的出行时间要求

出行目的	出行时间要求（min）		
	理想	可接受	可容忍
上班	10	25	45
上学	10	20	30
业务	10	30	60

续表

出行目的	出行时间要求（min）		
	理想	可接受	可容忍
购物	10	30	35
休闲	10	30	85

资料来源：郭寒英，2007

表 2-2　不同交通方式运行速度的影响要素比较

技术属性	步行	自行车	常规公交	轨道交通		小汽车
				轻轨	地铁	
运行速度（km/h）	4~7	10~15	15~25	20~40	25~60	40~60
路权特征	专用道或混合道路	专用道或混合道路	专用车道或混合流车道	独立路权专用车道	独立路权专用车道	混合流车道
信号特征	独立信号或混合信号	混合信号	混合信号	独立信号	独立信号	混合信号
外界干扰	较大	较大	较大	小	小	较大
准时性能	较高	较高	较低	高	高	较高

资料来源：王炜等，2004；管驰明等，2003；孙华强，2003；刘嫚等，2007

2. 运营受外界干扰较小

一般情况下，运行速度不仅受交通工具自身的特点、属性影响，同时也与其在运行过程中的道路路权特征、信号控制、外界对其的干扰等有较大的关联性（表 2-2）。相对于其他交通出行方式而言，轨道交通具有独立的专用车道，因此能够享受独立的路权和信号，不受其他交通方式的干扰。为鼓励居民选择步行、自行车、常规公交出行，政府通常会设置专用道路供上述交通方式使用。在此情形下，这些交通方式在运行过程中很少会受到外界环境的影响，而当上述交通方式没有专用道路时，它们的运行就会受小汽车、货车等的一定干扰，从而使得运行速度、运行安全等受到较大影响。而对于采用小汽车作为出行方式的居民而言，他们在驾驶过程中，行驶速度主要受城市路况影响。目前，随着我国城市家庭机动车保有量的快速上升，多个大中型城市在上下班高峰时段，都存在不同程度的道路拥堵情况。

由此可知，轨道交通相较于传统交通方式，在运行速度方面有其独特优势，能够满足人们快速、远距离的出行需求。因此，它改变了人们对时空相对关系的认知，进一步减小了基于同一空间距离下的时间距离，从而表现出更加显著的“时间—空间收敛”效应。运行速度的提升，扩大了同一时间距离所对应的空间范围，从而进一步降低了城市外围地区的开发成本，增大了区域发展中重点关注的规模经济效益，使得城市中心区域、外围区域、乡村区域都能够依靠可达性的提升获取各自发展所需的各类要素集聚。与此同时，该效应也便于各产业部门与不同企业间的物流、人流与信息流进行沟通，从而便利企业发挥规模经济的作用范围得到拓展，进而降低以往规模经济的各类准入门槛与要求。

2.2.2 轨道交通的"节点集聚"特性

根据城市轨道交通的特点可知，尽管它是一种大运量的交通出行工具，但其对于土地的使用却是相对集约的。与此同时，由于轨道交通是封闭运行的，站点地区是其与外界进行沟通、交流的唯一区域，使得此处人流汇集与释放的区域所表现出的"节点集聚"效应更加显著。

1. 占地面积较小

从运量来分析，地铁的最大单向高峰每小时客流量达 3 万 ~ 6 万人次，轻轨为 1.5 万 ~ 3 万人次，它们是目前运量相对最大的公共交通出行方式，分别是一般常规公交客运量的 5~10 倍、2~5 倍。不仅运量存在较大差异，不同交通方式对土地资源的占用也有明显区别。在小汽车、常规公交和轨道交通三种不同的交通方式中，小汽车在同样的用地面积下，容量最小，常规公交其次，轨道交通最高。研究表明，相较于常规公交，在单位静态占地面积方面，小汽车是其 20 倍；在单位动态占地面积方面，小汽车是其 30 倍（表 2-3）。王玮 2010 年的研究指出从载客量这一指标来分析，常规公交约是小汽车的 20~30 倍。如用每小时每平方米的通行人数来对道路的使用情况进行测度，则常规公交为小汽车的 10~15 倍。相较于常规公交和小汽车而言，轨道交通具有更大的运量、更快的运行速度以及更高的运载效率，因此，它对城市空间具有更高的使用效能。何玉宏 2009 年的研究指出，通常一条双向六车道的单向每小时客运能力为 1 万 ~ 2 万人次，占地面积则为 $8 \times 10^4 m^2$ 左右。而地铁几乎建设在地下，所占用的土地仅为城市快速路的 5%。

表 2-3 不同交通方式的运量和占地面积比较

技术属性	自行车	常规公交	轨道交通		小汽车
			轻轨	地铁	
单向客运能力（万人次/（车道·小时））	0.2	0.6~0.9	1.5~3	3~6	0.3
单通道宽度（m）	1.5	3.5	2.0（高架） 3.5（地面）	0（地下） 3.5（地面）	3.25
单位静态占地面积（m^2/人）	1.5	0.9~1.6	—	—	18~26.7
单位动态占地面积（m^2/人）	3	1	0.2	0~0.2	32

资料来源：马国强，2006；何玉宏，2009

2. 站点为联系的唯一媒介

在运行速度、与道路的衔接、是否受外部干扰等方面，传统交通并未有特别要求，所以传统交通方式的节点集聚效应一般不强。城市通常沿着道路纵向延伸进行空间形态布局。而轨道交通则是站点进出，全程相对封闭运行，从而使得各类要素资源在轨道交通站点地区进

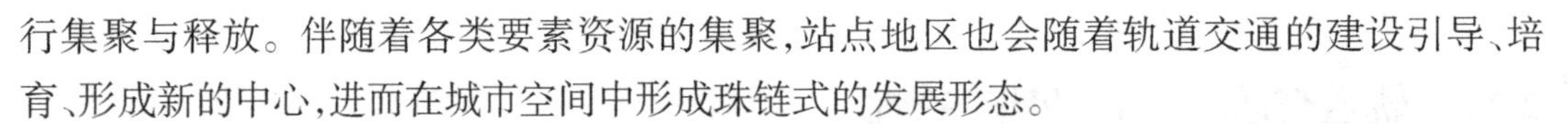

行集聚与释放。伴随着各类要素资源的集聚，站点地区也会随着轨道交通的建设引导、培育、形成新的中心，进而在城市空间中形成珠链式的发展形态。

相关数据显示，东京都市区的 320 个商业中心中有 99 个营业面积超过 10 000 m²，这 99 个商业中心的营业额均高于 100 亿日元/年，属于城市的核心商业中心（一至三级中心）。而在这 99 个商业中心中，95 个均位于地铁站点周边地区，只有 4 个虽不临近地铁站点，但也位于城市主干道周边，同时有多条公交线路到达，方便人们从不同地区前往。胡宝哲 2000 年通过开展回归分析发现，营业面积和紧邻站点的日客流量之间存在相关性，相关系数 R 值为 0.949 39，且随着商业中心等级的提升，R 值也越大。其中，一级商业中心的 R 值为 0.567 28，二级商业中心为 0.425 46，三级商业中心为 0.247 41。此外，1979—1989 年间，东京都市区新增的 42 个商业中心中有 26 个选址于轨道交通站点附近。

2.2.3 轨道交通的“等级联系”特性

目前，轨道交通已成为城市公共交通体系的重要组成，成为人们日常出行活动的一种重要选择。但相较于小汽车出行而言，轨道交通具有线路固定、封闭运行的特点，且多在地下运行，因此是目前单位造价最高的基础设施之一，高昂的建设成本使得其线路建设具有稀缺性的特点。与此同时，轨道交通的长建设周期也限制了其快速发展。线路的稀缺性使得轨道交通不能服务城市全部区域，只能有部分地区享受到其运营的便利，其他地区则需要通过与其他交通方式接驳才能实现使用，这就造成轨道交通的线路走向具有一定的目的导向性，由此其产生明显的“等级联系”特性，从而造成城镇体系及产业体系等各方面的等级差异。

1. 轨道交通线路建设的稀缺性

在城市的客运交通中，几乎所有的出行方式（除步行外）均需使用一定的交通工具，而不同的交通工具，对于道路交通网络的需求是不同的。从对路网平均每公里造价、运营成本等因素的对比分析可以看出，在不同交通方式中，它们的经济属性存在较大差异（表 2-4）。城市道路体系承载着步行出行、自行车出行、常规公交出行、小汽车出行等多种交通方式，为此将上述依托城市道路体系的交通方式进行统一考量。

表 2-4 不同交通方式的经济属性

经济属性	常规交通方式	轨道交通	
		轻轨	地铁
平均每公里造价（亿元）	0.1	2~3	6~8
建设周期	短	较长	长
运营成本	低	较低	高
对沿线经济的带动	弱	强	强

据初步的测算分析，当前，我国的城市道路建设成本一般在 0.112 亿元/ km 上下，而轨道

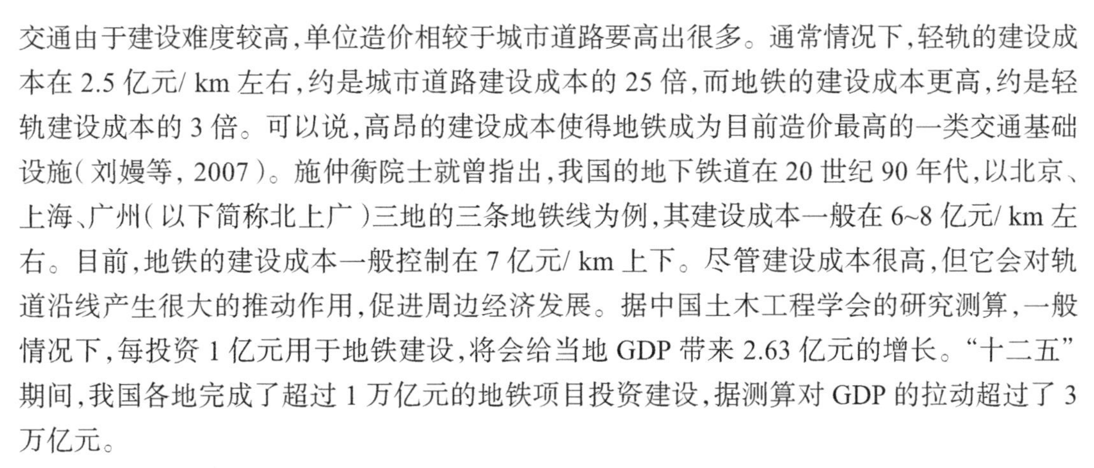
交通由于建设难度较高，单位造价相较于城市道路要高出很多。通常情况下，轻轨的建设成本在 2.5 亿元/ km 左右，约是城市道路建设成本的 25 倍，而地铁的建设成本更高，约是轻轨建设成本的 3 倍。可以说，高昂的建设成本使得地铁成为目前造价最高的一类交通基础设施（刘嫚等，2007）。施仲衡院士就曾指出，我国的地下铁道在 20 世纪 90 年代，以北京、上海、广州（以下简称北上广）三地的三条地铁线为例，其建设成本一般在 6~8 亿元/ km 左右。目前，地铁的建设成本一般控制在 7 亿元/ km 上下。尽管建设成本很高，但它会对轨道沿线产生很大的推动作用，促进周边经济发展。据中国土木工程学会的研究测算，一般情况下，每投资 1 亿元用于地铁建设，将会给当地 GDP 带来 2.63 亿元的增长。“十二五”期间，我国各地完成了超过 1 万亿元的地铁项目投资建设，据测算对 GDP 的拉动超过了 3 万亿元。

2. 轨道交通线路走向具有目的性

由于轨道交通线路具有稀缺性的特点，这就使得线路走向与其他出行方式相比更具有目的性。由于轨道交通的建设目的主要是满足人们的日常出行需求，因此，在线路及站点设置上主要向人口聚集区、城市主要公共活动中心等地区倾斜。一旦轨道交通线路在这些区域开通运营后，就会吸引人们向该节点集聚，从而促进公共活动中心等区域的快速发展，提升其规模效益。相应地，位于站点周边的地区会逐渐发展成为区域中心，不断发挥对周边地区的辐射带动作用。而对于那些与轨道交通站点距离较远、联系相对不紧密的城市功能区，由于出行的相对不便利，其对人们的吸引力有所下降，导致当地的发展出现衰落。可以说，轨道交通的建设极大地提升了人们出行的便利性，从而对城市中心的等级结构产生显著影响。

林耿等人于 2008 年在对深圳轨道交通研究的基础上，发现轨道交通的开通运营使得原有的罗湖区南部商业空间发生了巨大改变，在其影响下，包括东门商业街区、宝安南商业街区等都发生了显著变化，其通过提升居民到达这些地区的便利性，带动了区域的演化更替。其中，人民南商业街区与宝安南商业街区对于居民的吸引力就出现了此消彼长的发展态势。由于在宝安南商业街区设置了轨道交通站点，从而将人民南商业区的人流逐步吸引到在该街区的万象城，导致人民南商业区出现衰落，当地商铺月租金在 2004—2006 年间，从 600 元/m^2 逐步下降到 450~500 元/m^2，降幅超过了 20%。与此同时，在这一商区内的百货广场大厦出现了大面积的物业闲置，仅写字楼就出现约 40 000 m^2 的闲置，经济损失在 5 年内达到 4 亿元。与之类似，天津市也出现类似情景，由于地铁 2 号线在南开区大悦城商圈设置站点，开通运营后吸引大量人流前往，仅 2011 年 12 月 25 日一天，该商圈就吸引 25 万人，这一数字打破了当地商业设施开业当天的最高客流记录。

2.3　轨交网络化吸引居民出行的显著作用

鉴于城市轨道交通建设具有长周期性的特点，轨道交通网络体系的形成是一个长期的过程，在这一过程中，轨道交通对人流的吸引呈现出不同的阶段性特征。

2.3.1 轨道交通的客流成长过程

从北上广三大城市轨道交通的运营情况可以看出，其运营客流变化（图 2-3、2-4、2-5）呈现出以下特征。

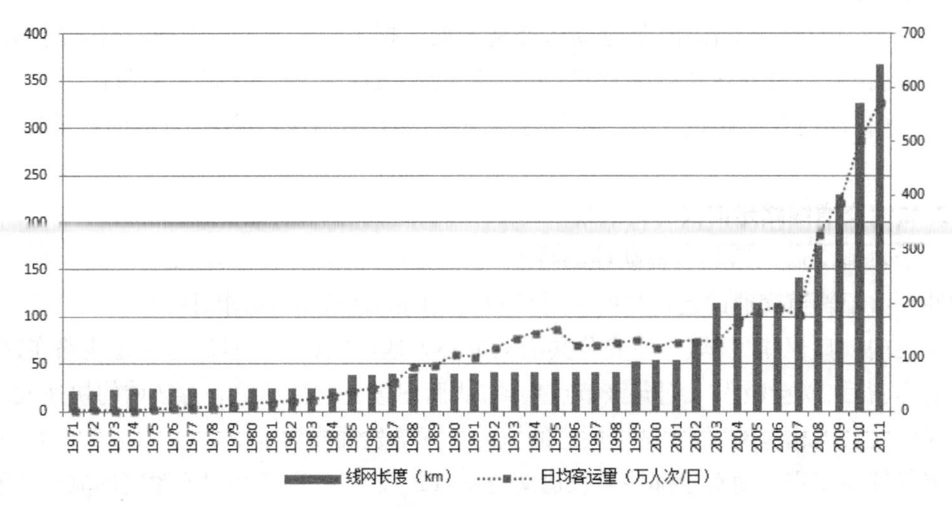

图 2-3 北京轨道交通线网增长与客流变化

资料来源：房霄虹等，2012

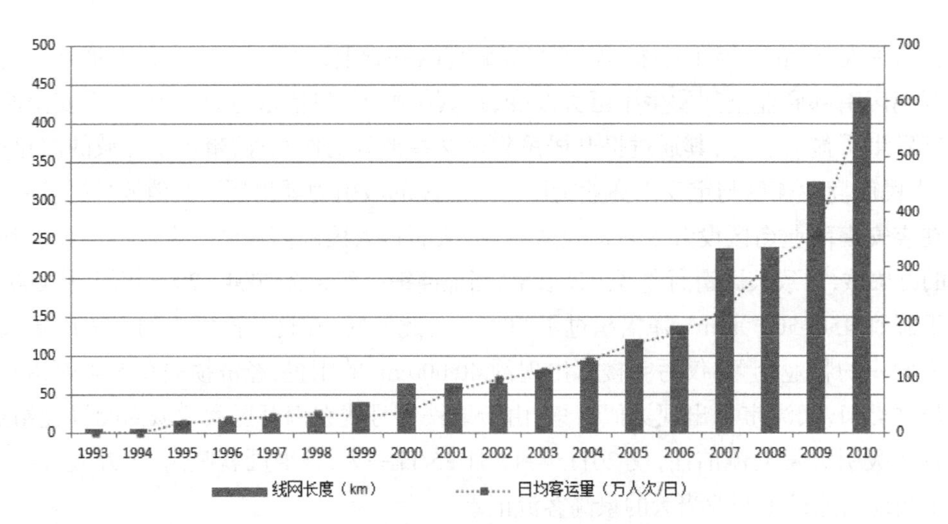

图 2-4 上海轨道交通线网增长与客流变化

资料来源：房霄虹等，2012

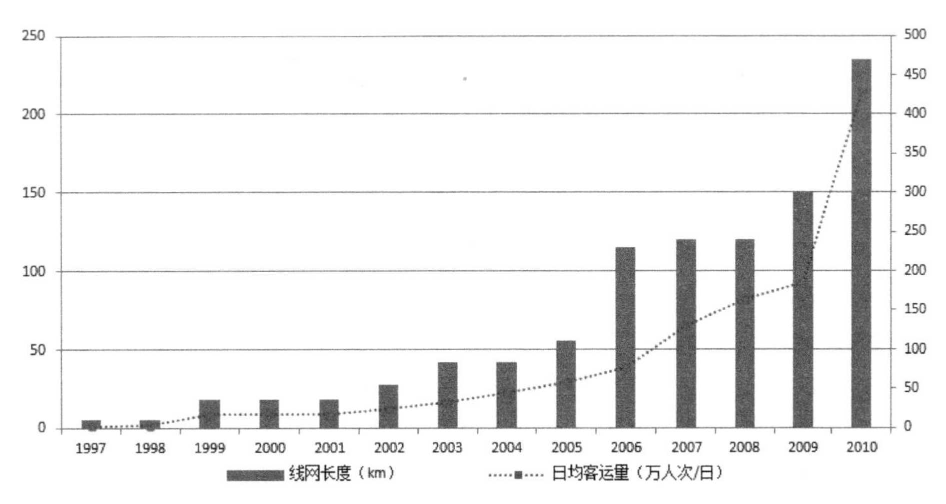

图 2-5　广州轨道交通线网增长与客流变化

资料来源：房霄虹等，2012

1. 导入阶段

在仅有一条轨道交通线路运行时期，单条线路所能服务的沿途区域相对较小，使得乘客在选择出行方式时较少考虑轨道交通。此时选择轨道交通作为出行方式的乘客多为中长距离出行。所以，在这一阶段，线路运营里程与客流量都相对较小，轨道交通大运量运输的作用与优势很难发挥。

2. 培育阶段

随着轨道交通线路的建设，当运营线路数量达到 2~4 条时，就会实现各条线路间的部分关联，增强线路间的交互关系，而这种关联性的提升，也会增加线路的可达性和便利性，进而进一步扩展线路的服务范围，此时，人们在日常出行中会开始倾向于选择轨道交通作为出行方式。在这一阶段，线路的客流量呈现稳步上升的趋势，但无论是客流量增长的绝对值还是客流量增长的相对值都较小。

3. 快速增长阶段

在经历客流培育阶段后，轨道交通线路的建设使得网络不断完善，线路间的关联性、耦合度也进一步提升，从而使得交叉互通的网络型运营体系得以形成，线路间的相互补充、相互协同实现。随着便利性的提升，越来越多的居民在日常出行中选择轨道交通，这一时期的轨道交通客流量呈现快速增长的态势，增速远超前两个阶段，同时这一增长趋势也会保持较长的一段时间。

4. 成熟阶段

从国外城市轨道交通的发展情况来看，轨道交通网络的发展受城市形态、人口规模、经济发展等因素制约，不会无限制地扩张，通常会在与城市交通需求基本平衡的时刻进入成熟期。在这一时期，网络规模和客流量都维持在较高的程度上。也就是说，轨道交通的客流发展从导入阶段到培育阶段，在进入快速增长阶段后，随着线网的不断完善进入成熟阶段（图 2-6）。

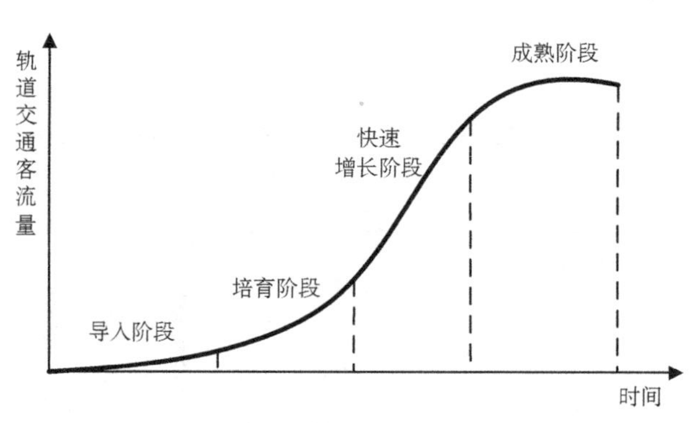

图 2-6　城市轨道交通的客流变化趋势

资料来源：房霄虹等，2012

以法国巴黎为例，它在 1900—1940 年间开始大规模建设地铁线路，这一时期，越来越多的人开始选择地铁作为主要的出行方式。但 1940—1965 年间，巴黎市基本停止地铁的建设，城市地铁以 165 km 的运营里程承载了约 300 万人次/日的客流量，其负荷强度为每天每千米 1.8~2.0 万人次左右（表 2-5）。1970—1990 年间，巴黎市又建设了 35 km 的地铁。1990 年后，地铁的运营里程达到 210 km，承载了约 350 万人次/日的客流量，其负荷强度为每天每千米 1.67 万人次左右，形成了较为稳定的轨道客流。

表 2-5　巴黎地铁的客流量情况

年份	运营里程（km）	年客流量（亿人次）	日均客流量（万人次）	负荷强度（万人次/km·日）
1940 年	157.6	6.50	178.08	1.13
1945 年	160.0	15.08	413.15	2.58
1950 年	163.0	11.29	309.32	1.90
1955 年	165.0	10.78	295.34	1.79
1960 年	165.0	11.66	319.45	1.94
1965 年	165.0	12.02	329.32	2.00
1990 年	200.0	12.21	334.52	1.67
1995 年	203.0	10.29	281.92	1.39
2000 年	210.0	12.47	341.64	1.63
2002 年	210.0	12.83	351.51	1.67

资料来源：吴娇蓉等，2007

从以上案例分析可知，城市轨道交通的客流成长是有一定规律的。伴随着轨道交通线网的建设与完善，各条轨道线路间的沟通联系更加便捷，从而使得人们的出行路径选择得到进一步丰富和拓宽，这不仅方便了居民的日常出行，也极大地提升了轨道交通的服务范围和服务半径，而便利的出行方式又进一步吸引人们广泛使用轨道交通。其中，不仅单条线路向两端延伸会带来本条线路人流的增加，新建线路也会影响既有线路的人流变化，从而提升整个轨道交通网络的客流量，充分发挥轨道交通大运量运输的优势。

2.3.2　运营线路延伸带来客流增长

目前，在城市轨道交通线路的建设实践中，通常会采用分段、分期的模式开展建设。而后期线路的补充开通，会增加整条线路的运行范围，覆盖更多的区域，使得过去需要换乘其他方式到达的目的地现在可以直接到达，极大地方便了居民的日常出行。同时，既有运营线路的延伸会覆盖一部分过去无法覆盖的区域，从而使得在这些过去未被覆盖区域的人们选择乘坐轨道交通。根据表 2-6 可知，上海、深圳等地在开通既有运营线路的延伸线后，整条线路的客流量产生了较大幅度的增长。从中可以发现，当开通既有运营线路的延伸线后，会在原有客流基础上增加大约 30% 的客流量。与此同时，延伸线的开通，也相应增加了线路的总站点数，使得一期线路的起始站与终点站在开通延伸线后变成了中间站点，中间站点的旅客使用率显然较起终站点高很多。

表 2-6　轨道交通线路延伸前后的客流量对比

城市	事件	原线路长度（km）	延伸段长度（km）	开通前线路日均客流量（万人次/日）	开通后线路日均客流量（万人次/日）	增长率
上海	2004 年 12 月 28 日 1 号线北延段开通	21.35	12.45	62.54	80.76	29.1%
	2006 年 12 月 30 日 2 号线西延段开通	19.10	6.16	48.40	63.33	30.8%
	2006 年 12 月 18 日 3 号线北延段开通	25.00	15.40	26.64	34.72	30.3%
深圳	2011 年 6 月 15 日 1 号线西延段开通	20.78	20.20	44.99	57.83	28.5%
	2011 年 6 月 16 日 4 号线北延段开通	4.48	15.95	6.97	12.41	78.1%

资料来源：房霄虹等，2012

2.3.3　新线路投入带来客流提升

在仅有一条轨道交通线路运营的时期，它所能服务的范围仅仅是沿着线路走向的一条“地铁带”，这就造成距离“地铁带”位置较远的乘客使用不便利，从而缺乏吸引力。而随着轨道交通新线路的不断开通运营，多条线路之间可以通过换乘的方式来实现乘客不同目的地之间的通达，这就极大地拓展了轨道交通的服务范围，使得其由过去的“地铁带”转变为现在的“地铁面”。“地铁面”的形成，极大地方便了乘客的日常出行，从而增强了地铁的吸引力。通过对比 1995—2005 年间上海市地铁 1、2、3 号线的客流变化情况(表 2-7)可以发现,1995 年地铁 1 号线建成并开通运营后,它的客流量一直保持在较为平稳的增长区间内①。而当地铁 2 号线与 3 号线在 2000 年开通运营以后,带动地铁 1 号线的客流也出现大幅增长,2001 年的年均涨幅接近 40%。

表 2-7 1995—2005 年上海地铁 1、2、3 号线的客流量情况

年份	1 号线		2 号线		3 号线	
	日均客流量(万人次/日)	年均增长率	日均客流量(万人次/日)	年均增长率	日均客流量(万人次/日)	年均增长率
1995 年	17.8	—	—	—	—	—
1996 年	24.5	37.64%	—	—	—	—
1997 年	28.1	14.69%	—	—	—	—
1998 年	34.5	22.78%	—	—	—	—
1999 年	29.9	-13.33%	—	—	—	—
2000 年	30.0	0	—	—	—	—
2001 年	41.5	38.33%	23.9	—	11.6	—
2002 年	49.3	18.80%	29.4	23.01%	19.3	66.38%
2003 年	54.1	9.74%	34.8	18.37%	23.8	23.32%
2004 年	62.5	15.53%	42.3	21.55%	24.3	2.10%
2005 年	80.8	29.28%	51.2	21.04%	27.1	11.5%

资料来源:房霄虹等,2012;吴娇蓉等,2007

从表 2-8 可以看出,北、上、广三地的轨道交通都随着新线路的引入带动了原有线路客流量的大幅上涨,新线路与既有线路的协同作用日益提升。与此同时,如果新建线路与既有线路二者的线路走向是平行而非交叉的,也就是说这两条线路的服务对象、服务范围产生部分重叠时,那么新开线路就会对原有线路的客流产生一定的分流。但在经过一段时间的运营后,新旧线路的协同配合作用会逐步显现,换乘车站的增多、服务范围的扩大、出行便利程度的提高都会促使人们在日常出行中选择轨道交通作为主要的出行方式,进而使得客流量增加,而且其所增加的客流量也大于单条线路开通后所吸引的客流量,增速也更快。

表 2-8 新线路开通后对既有线路客流的影响

城市	事件	影响线路	新线接入前既有线路日均客流量(万人次/日)	新线接入后既有线路日均客流量(万人次/日)	增长率
北京	2003 年 12 月 7 日八通线开通	1 号线	57.0	69.9	22.7%
	2009 年 9 月 28 日 4 号线开通	2 号线	66.2	80.1	20.9%

① 上海地铁 1 号线于 1999 年 3 月使用了新的自动票务检票系统,并相应地取消了原有纸质票,同时,对票价重新进行了调整,由原来的 2 元乘坐 13 站调整为 3 元,3 元乘坐 13 站以上调整为 4 元。随着票价的上涨,客流在当时出现了下降。

续表

城市	事件	影响线路	新线接入前既有线路日均客流量（万人次/日）	新线接入后既有线路日均客流量（万人次/日）	增长率
上海	2004 年 12 月 28 日，1 号线北延段上海火车站至共富新村段开通	2 号线	42.3	51.2	21.2%
	2007 年 12 月 29 日，4 号线、6 号线、8 号线一期、9 号线一期开通	2 号线	63.3	77.1	21.7%
		3 号线	34.7	40.6	17.0%
广州	2006 年 12 月 30 日，3 号线客村—番禺广场、天河客运站—体育西路段开通，4 号线新装—黄阁段开通	1 号线	40.0	55.4	38.4%
		2 号线	33.0	45.8	38.9%

资料来源：房霄虹等，2012

2.4　轨交网络化引发城市空间的发展变革

在城市空间的发展过程中，交通是其健康发展的主要动力源和基础性保障，交通方式的演化以及交通网络的组织架构成为影响城市空间发展的重要因素。在网络化时代的背景下，轨道交通逐渐根据其网络化运营的特点，开始对城市的空间结构体系产生深刻影响，而且随着网络体系的加密、完善，轨道交通对城市空间的影响越来越大，影响效果越来越显著。在这一过程中，轨道交通网络主要在城市的空间结构、土地的开发利用、城市的空间环境这三个方面作用于城市空间，影响其发展变革。

2.4.1　引导重组城市的空间结构

一般情况下，我们将城市要素在空间范围内的分布情况以及它们的组合状态称为城市空间结构，它是城市的社会、经济结构等在空间上的映射，也是城市的社会、经济要素在空间上的表现形式。顾朝林等人在 2000 年的研究中认为，城市空间结构包括两个层次：外部空间结构与内部空间结构。其中，伴随着城市地域规模的不断扩展，城市所呈现出的空间形态的发展演化关系称为城市外部空间。对于城市外部空间，轨道交通更为显著的"时空收敛"特性会改变人们原有的空间尺度观念，并极大地扩展人们的日常出行半径，从而带动城市外围空间沿着轨道交通轴线伸展。城市功能在城市不同地域上配置以及组合的状况称为内部空间结构。对于城市内部空间，轨道交通更为显著的"节点集聚"以及"等级联系"特性会吸引城市功能不断向站点地区进行集聚，而在集聚过程中又会引发功能等级的重新排序。

1. 引导城市外部空间扩展

通常，在一个地区引入轨道交通之前，相较于市中心而言，城市边缘地区的土地价格较低，此时开发商通常会依靠现有的城市基础设施、交通体系和较低的土地开发成本，通过提供多样化的住房类型来吸引居民购买边缘地区的住房，人口的流入会逐步带动城市外部空间以圈层式的方式蔓延发展（丁成日，2005）。但在发展的同时，随着人口的集聚，该区域也会受到一些负面影响（如交通拥堵、房价上涨等），这些负面影响需要加强研究，妥善处理。基于此，学者们通过反思单中心、圈层式空间发展模式的优劣势，逐步将目光聚焦于霍华德田园城市思想下的城市分散主义，即通过建设“卫星城”来对城市空间的增长进行有效的疏导与控制，将城市中过去在工业、服务业等产业中的部分经济职能外迁，吸引部分城市人口向“卫星城”转移，从而有效控制中心城市的人口规模，促使城市功能更合理地在各区分布。但通过观察英国新城的建设情况发现，由于功能转移的不充分，新城难以对中心城区人口产生足够的吸引力，也就是其“反磁力”效应没有很好地发挥出来，从而对中心城区的人口疏解没有起到应有的作用，人口仍然大量集中于中心城区。受当时交通技术的限制，在中心城区与新城之间，缺乏大运量的交通方式将二者进行有效串联，从而造成临近中心城区的新城逐渐被中心城区所融合，而远离中心城区的新城由于缺乏对人口的强吸引力，逐渐呈现出衰落的态势。

城市轨道交通线路的规划、建设以及投入运营，不但能够将中心城区人口快速、安全、大运量地输送到外围城区，而且能充分发挥外围城区房屋价格较低的优势，吸引人们在外围城区安家置业。人口的大量集聚，不仅带动外围地区不断完善城市生活基础设施，而且不断提升了当地的活力水平，使得外围地区的吸引力进一步提升，促进地区开发建设强度不断增加。段进于2006年的研究中认为，这一作用模式验证了H. 霍伊特提出的扇形理论，该理论基于伯吉斯提出的城市空间发展的同心圆理论，对交通线路对城市发展的引导作用进行了探讨。事实上，世界上一些主要城市都对交通引导城市以及相关轴线发展的规划设计思路开展了广泛的探索。而这当中，哥本哈根与斯德哥尔摩都是较为有名的典型城市，二者分别呈现指状发展与星状发展特征。新城沿轨道交通线路进行设置，新城内的主要城市功能（如居住、工作、公共活动等）都大量集中于轨道交通沿线，既方便了居民的日常出行，同时也为线路的良好运行提供了大量人流，便于发挥轨道交通大运量的运载特点，二者有机配合，形成良性的互动关系。以轨道交通网络为主，并辅之以常规公共交通、自行车、步行等交通方式所形成的大公共交通体系成为引导城市有序发展、疏解中心城市人口压力的有效模式，并且使城市能够在这一系统中实现高效运转。

2. 重组城市内部空间结构

在对比分析了世界上30余个大城市样本的基础上，J.M. 汤姆逊通过系统研究发现，城市中心因其便利的功能设施具有强大的吸引力。作为集中了城市服务功能的城市中心，根据区位、功能的不同，可以划分为市级中心、区级中心、社区中心等，这些不同等级的中心组成了城市的中心体系。伴随着城市轨道交通网络的不断建设与投入运营，轨道交通站域的可达性得到极大提升，为站点地区吸引了大量客流，带动了周边地区的开发，使得站点地区不断与城市中心体系相互耦合、衔接、协同发展（图2-7）。一般情况下，轨道交通建设都晚于城市中心地区的开发建设，所以在中心地区开展土地再开发的费用会显著提升。为合理控制轨道交通的建设成本，在站点选址时，通常会选择在城市的外围地区进行建设。轨道交通站点的设置，能显著提升站区周边的可达性，极大地便利周边居民的日常出行，从而吸引越来越多的居民选择在轨道交通站点地区居住，大量的客流也会吸引配套的商业服务设施在此集聚。在这一过程中，城市中心的商业活动会受到轨道交通的影响，客流出现一定程度的分流，但在起始阶段这一效果尚不明显。随着站点地区配套商业设施的逐步完善，城市中心就会产生较大的竞争压力，如果中心区的可达性弱于站点地区，中心区的部分功能就会逐步向站点地区转移。目前，轨道交通站点地区逐步开展联合开发模式，通过综合化、立体化的高强度开发，进一步促进站点及周边区域开发的不断完善。在开发强度不断提升的同时，开发品质也不断提高，从而促进该功能区域等级与定位的提升。而那些与轨道交通连接较为不紧密或不方便的区域，则会逐渐因为人流量的降低而出现衰落。

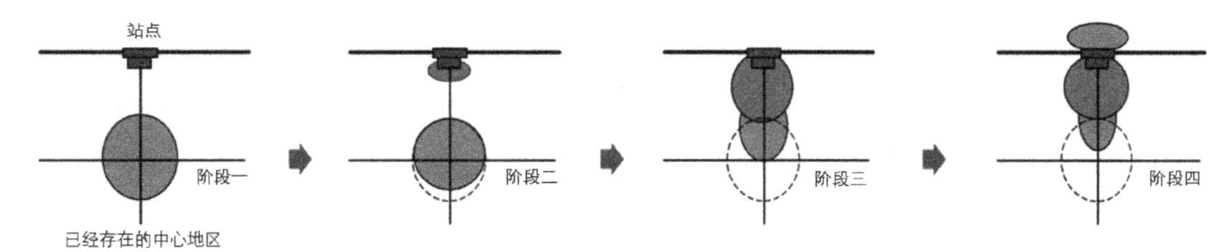

图 2-7　轨道交通与商业中心的耦合发展过程

资料来源：潘海啸等，2005

在轨道交通逐渐形成网络化体系的过程中，它不仅能够进一步强化城市中心的等级体系，而且能够根据乘客需求进一步丰富城市中心的功能、类型。对于城市主中心而言，它往往拥有优越的区位以及便利的交通出行条件，因此能够便利企业间的沟通联系及商业活动的开展。在此情况下，城市中心区的商务办公活动比其他区域更为活跃，从而产生一定的规模优势。在世界一些主要大型经济中心城市中（如美国纽约、英国伦敦、日本东京等），金融业、商业服务业等大多聚集在城市中心的中央商务区内。塞韦罗 1998 年的研究表明，从 1950 年开始，美国纽约大都市区内，金融业、商业服务业更多地向曼哈顿地区集聚，特别是高档酒店、高端服务、面向高消费群体的零售业、文化基础设施等。但是，随着这些功能设施在城市中心的集聚，城市中心区域内单位面积的土地承载压力越来越大，各种负面影响不断呈现（交通拥堵、环境污染等）。为解决上述问题，这些大型经济中心城市都大力发展城市副中心，并将城市中心与副中心之间用轨道交通进行连接，来缓解城市中心面临的发展压力。在这一过程中，城市形态也从过去的单中心向多中心逐渐转变。而城市副中心为了吸引人流，也会进一步集聚居住、办公、休闲娱乐等功能，从而形成区域次结构自平衡的多功能中心系统。例如，东京在城市中心周边分别新建了新宿、涩谷、池袋等城市副中心，用以分担城市中心的部分功能，取得良好效果。在这一过程中，轨道交通网络发挥了重要的串联作用，进一步提升了城市副中心的吸引力。此外，城市中心与副中心的功能结构、业务类型等成为其吸引人们前往的主要因素。过去的单一功能开始向复合型转变，更多的商业综合体（商业、办公、娱乐、运动等多种功能于一体）开始吸引人流前往，更好地满足人们多样化、个性化的生活需求和服务需求。

2.4.2 带动土地利用格局的调整

轨道交通线路是城市交通走廊的重要组成,它不仅能引导城市沿轴线方向伸展,同时也能将城市部分功能与人流不断吸引到轨道站点周边。在这一过程中,它不仅改善了人们的交通出行环境,同时也对城市内的土地供需产生了较大影响,进而通过提升站点周边的土地价值带动周边土地的开发与再开发。

1. 带动轨道沿线土地价值增长

从区位理论与地租理论可知,不同土地基于各自的空间位置,所产生的地租是存在差异的。而不同交通区位的土地,由于交通出行的时间成本和经济成本不同,也会造成地租的差异。在地租和运输成本之间,存在一定的互补关系,这就使得二者具有一定的相互替代性,构成了城市运输与土地利用之间的本质关系。从图 2-8 可以看出,地租 L_r 和运输成本 T_c 相加为一常数,不断提升和改善的城市交通条件会带来运输速度的提高和运输成本的降低,当运输成本减少到 T_c' 时,相应地,地租将增加到 L_r'。因此,开发建设大容量、快速高效的轨道交通可以显著改善区域的交通条件,提升区域的空间可达性,进而显著带动沿线土地价值的增长。

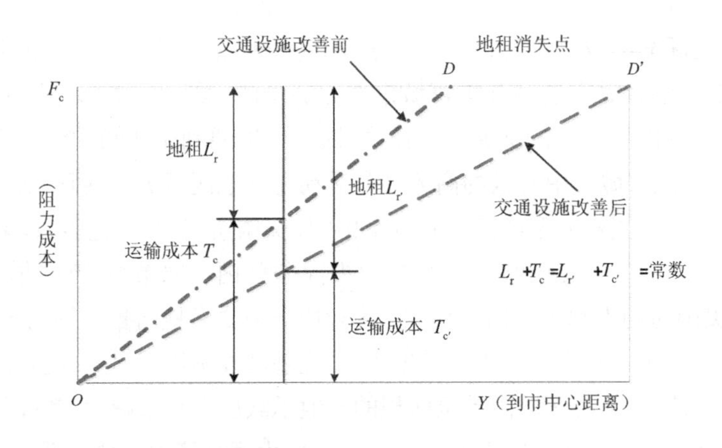

图 2-8 交通可达性提升前后地租与运费的关系

资料来源:何宁,1998

2. 带动轨道沿线用地性质调整

轨道交通的投入运营可以有效减少居民日常出行所花费的时间,并降低相应的出行成本,从而使居民更倾向于沿着轨道交通线路集聚。同时,随着地铁的投入运营,沿线的土地价值和房地产价值显著提升,大量人流聚集于地铁站点周边,为区域发展带来大量客流与强大消费力,并活跃地铁站点周边的商业氛围,为商业活动创造条件,而商业设施不断聚集到地铁站点周边,促进地铁沿线的土地使用更加符合市场规律。这种变化不仅丰富和改善了城市功能,而且带动了金融业、服务业、商贸和房地产业等的快速发展。

3. 带动轨道沿线开发强度提升

轨道交通在调整城市空间可达性的基础上，对沿线土地的利用性质及开发强度产生影响。受地铁沿线土地资源的限制，城市在发展建设过程中会更加向空间要效益，采用立体化的开发模式来承载更高强度的功能需求。同时，由于站点周边地区的地租较高，开发商通过增加单位土地面积上的投资强度从空间中寻求收益，从而降低单位建筑面积的土地开发成本。因此，地铁沿线的开发和利用往往是高密度和高强度的。根据国际典型城市的轨道交通开发案例，轨道交通站点地区一般都选择高强度的土地开发，容积率一般为 5，最大值约为 11（表 2-9）。

表 2-9　轨道交通站域的功能开发与容积率

地区	项目名称	用地功能	地块面积（ha）	开发容积率
华盛顿	国际广场	商业、办公、服务业	0.99	11.39
池袋	阳光城 60	商务办公、高级旅馆、百货商店、餐饮、健身、城市俱乐部、住宅等	6.1	10.74
	大都会广场	百货商场、美术馆、餐厅、商务办公	1.5	9.94
日比谷	有乐町	百货商场、电影院、餐饮	0.8	9.5
蒙特利尔	博纳文图尔	旅馆、展览、办公、商场	2.4	8.5
多伦多	谢泼德中心	办公、零售、住宅、娱乐、餐饮	2.6	5.52
六本木	Ark Hills	高级酒店、展示厅、音乐厅、商务办公、住宅、零售、餐饮	5.6	4.77
町田	站前地区	百货商场、餐饮、零售	2.1	4.77
惠比寿	公园广场	商务办公、零售、餐饮、美术馆、健身馆、博物馆、住宅	8.2	4.76

资料来源：陈卫国，2006

2.4.3　改变城市空间环境设计导向

随着城市轨道交通网络系统的发展与完善，便捷的出行体验使得轨道交通的空间覆盖率和出行利用率得以不断提高，站点周边的土地在城市开发建设中得到越来越多的关注与重视。与传统的交通方式相比，轨道交通在影响空间发展的过程中能发挥独特作用，对站点周边的空间环境带来较为显著的影响，为配合城市轨道交通的建设，需要推动整个城市的空间环境设计与之相适应。

1. 城市交通战略更加关注步行交通

近年来，城市机动化进程的迅速发展带动城市空间实现加速扩展，但低效率的扩展导致城市整体的空间形态出现秩序混乱、特色美感不断消失等问题。日常生活中，人们重视机动交通的通行效率,因此,为适应机动化的快速发展,城市中的主要道路和街道被逐渐拓宽,建筑物间的间距不断增大,在新城和新区中这一特征更为显著。这既造成城市空间的混乱和人文历史传承的消失,同时也导致各城市间的差异性逐渐减小,缺乏特色。实际上,城市是为人服务的,人是城市生活的主要参与者,因此,在城市空间环境的设计中应该以人为本地创造高质量的城市空间环境。

随着轨道交通网络体系的逐步形成和完善以及轨道交通出行便利性的不断提升,轨道交通在城市交通出行中所占的比重逐渐增加。然而,由于轨道交通线路的固定性与相对稀缺性,它很难为居民的日常出行提供“点对点”的运输服务,因此需要与其他交通方式相互配合,以扩大它的服务对象与服务范围。在城市轨道交通的接驳方式中,步行是最重要的一类。北京 2005 年的交通调查报告指出,有 66.26% 的乘客会选择步行方式进站,而 74.65% 的乘客会选择步行方式离站。根据对上海轨道交通徐家汇站日常出行方式的调查,在各类接驳方式中,57.8% 的乘客选择步行前往站点,34.5% 的乘客选择常规公交作为前往轨道站点的接驳方式。因此,轨道交通站域的步行舒适性应是进行空间环境规划设计时需要重点考虑的因素之一。20 世纪 60 年代,德国就在加快建设轨道交通的同时,积极促进本地区步行环境的改善,从而形成二者相互协同、相互促进的良性发展局面,进而推动城市的高效运营及环境质量的改善。近年来,受日益严重的能源短缺、城市环境恶化和公共卫生事件频发等问题的影响,更多的大城市开始大力发展轨道交通。与此同时,为更好地吸引居民在通勤过程中选乘轨道交通,城市管理者开始将关注重点放在改善轨道交通站域的步行环境,而这也是推动城市绿色、可持续性发展的重要元素。例如,波士顿(1998 年)、芝加哥(2009 年)、伦敦(2004 年)和多伦多(2009 年)等城市都不约而同地制定了行人环境设计指南,旨在营造轨道交通站域步行友好的空间环境。

2. 城市交通建设更加关注步行网络

轨道交通站域引导居民采用步行方式接驳具有两方面的内涵:一是重视作为城市生活个体的行人的需求,鼓励和引导居民采用步行方式出行;二是鼓励将“轨道 + 步道”作为城市交通出行的一种主导方式,对城市交通结构进行调整和优化,并强调将绿色低碳、环境友好、可持续、多样化作为基础的城市生活价值理念,向以人为本的城市空间环境设计回归。在居民的日常出行中,需要依靠完善的交通网络系统来确保其出行的安全、便利。因此,在建设城市交通系统的过程中,应不断加强和完善居民的步行交通网络。

3. 城市环境设计更加关注步行出行

城市承载着居民的日常生活,其环境品质会影响居民出行的舒适感和满意度,进而影响居民日常通勤过程中出行方式的选择。可以说,城市空间环境是居民是否选择公共交通作为出行方式的重要影响因素。美观且充满活力的城市公共空间、连续便捷的街道、完善且人性化的步行服务设施,对于鼓励和促进轨道交通与步行系统的使用具有重要意义。因此,加强轨道交通站域与城市绿色开放空间的有机融合,对于丰富步行空间体验、创造舒适的步行出行环境具有重要意义。

2.5　本章小结

（1）城市交通系统在引导城市空间发展的过程中发挥着决定性作用。城市交通技术的创新不断带动交通方式的发展和演化，而不同类型的交通方式所适应的出行范围、土地开发利用方式都有所差异。这就导致了在不同交通方式主导下的城市空间发展模式存在一定的差异。同时，随着城市交通网络的逐步发展和完善，城市交通出行的机动性和便利性得到了极大改善和提高，城市交通基础设施的空间覆盖范围也在这一过程中得到了极大扩展，进而鼓励居民使用相应的交通方式，并进一步固化城市空间的发展模式。

（2）与传统的交通方式相比，快速高效的轨道交通运输较少受到外界干扰，这就使其具有更为强烈的“时空收敛”特性。而封闭的设计使得站点地区成为大量客流使用轨道交通的唯一出入口，成为其与外界进行沟通联系的唯一媒介，由于其所承载的人流在站点地区被集中地汇集与释放，轨道交通也就形成了更加突出的“节点集聚”特性。与此同时，轨道交通具有建设和运营成本高昂的特点，这就决定了线路具有一定的稀缺性，因此在线路选线和站点建设中的目的性更为明确，使城市空间的发展具有更加明显的“等级联系”特性。

（3）城市轨道交通的客流发展可以分为四个阶段，分别为导入阶段、培育阶段、快速发展阶段和成熟阶段。随着轨道交通网络系统的逐步形成和网络结构的逐步完善，网络中任意两个节点的联系紧密度和交通便利性不断提升，这不仅可以丰富乘客在出行过程中的路径选择，而且能有效提高轨道交通的运输能力和运输效率。在此过程中，其服务范围和服务半径也得到极大的扩展，并显著提高了人们在日常出行中选择轨道交通的可能性。

（4）目前，我国很多大城市已经步入了轨道交通网络化时代，与传统的交通出行方式相比，轨道交通的独特特性将不可避免地给当前的城市空间系统带来极大的影响与变革。随着轨道交通建设的不断推进和轨道交通网络的日益完善，这一变革的进程将不断提速，而这种变革作用概括起来可以归纳为以下三个方面，即城市空间结构的引导重构、土地开发利用的格局调整、城市环境设计的导向变革。

城市轨道交通具有较为强烈的“时空收敛”特性，从而使得人们最初对于空间规模的观念被显著改变了。它不仅有效扩大了居民在日常生活过程中的空间范围，而且有效引导了城市外部空间形态沿轨道线路的轴向扩展。与此同时，轨道交通具有较为显著的“节点集聚”特性和较为明显的“等级联系”特性，使得城市功能随着轨道交通建设不断集聚到站点地区，不仅增强了城市中心的功能配置，而且丰富了城市中心的活力和吸引力，实现城市内部空间结构的优化与提升。

轨道交通的开发建设极大改善了沿线地区的交通状况，显著提升了沿线地区的空间可达性，可以说，可达性的提高能够显著提升沿线土地的价值，从而带动沿线土地利用方式做出调整，实现整体开发价值的最大化。轨道交通的发展，使得需要大量人流和较高承租能力的商业活动和城市功能集中于轨道站点地区。然而,由于轨道交通沿线土地资源有限,城市的开发建设将更加密集和集约,从而提高了土地的利用效率。

城市轨道交通的不断发展和网络结构的不断完善,不仅对居民的日常出行产生显著影响,而且更加便于基于“轨道+步道”的交通出行模式的建立。因此,为吸引居民在出行过程中选择此种组合方式,需要回归以人为本的城市空间环境设计导向。

03

第3章　轨交网络化引导城市空间演化的实证分析

为了引导空间发展、解决交通需求,各大城市都将轨道交通作为重要的交通基础设施进行大力开发建设。相比于传统的交通方式,轨道交通具有独特的性质,因此,一直以来以传统交通方式为支撑的城市空间格局,在轨道交通的引导和冲击下不断地发展演化。继北京之后,20 世纪 70 年代的天津成为中国内地第二个建成并运营地铁的城市。纵观天津城市轨道交通的建设历程,自 2001 年升级改造既有地铁线路的工程启动,到 2006 年的全线开通运营,天津正式开启了轨道交通的开发建设进程,向着构建国际化都市的现代化交通体系这一目标奋力迈进。轨道交通发展建设日益加快的同时,其网络化的格局体系也在不断地形成与完善,城市空间发展所受到的影响作用逐渐显现。基于此,本章选取天津城市轨道交通发展建设已较为成熟的中心城区作为实证研究对象,分析城市空间体系在轨道交通体系的引导与冲击下是如何发展与演化的。

3.1　天津市中心城区轨道交通现状

天津地铁于 2001 年正式启动既有线路的升级改造工程,截至 2019 年底,中心城区共有六条已开通投入运营的轨道交通线路(图 3-1),运营线路总长度约 233 km,共设车站 143 座。2019 年的日均客流量约为 143.85 万人次,初步显示了其高效、快捷、大运量的特点。

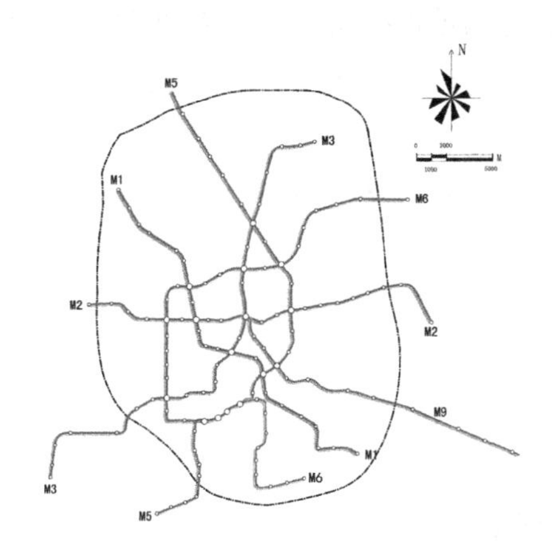

图 3-1　天津中心城区轨道交通现状(2019 年)

3.1.1 运营线路基本情况

目前,中心城区已投入运营的六条轨道交通线路分别为地铁1、2、3、5、6号线和津滨轻轨(轨道9号线)。具体来看,地铁1号线为既有线路的改造线路,自2006年全线通车以后,成为中心城区西北—东南方向的主干线,途径小白楼商务区、滨江道商业中心和鼓楼商业街等若干城市核心地区。地铁2号线是中心城区东—西方向的主干线,于2012年7月开始分东西两段运营,次年8月全线通车,串联起了天津站、滨海国际机场等大型城市交通中心以及老城厢、意式风情区、丽苑住宅区等人流量较大的地区。途经天津北站、天津站等交通枢纽以及解放北路金融街、华苑产业园等重要地区的地铁3号线,于2012年10月全线投入使用,现已成为中心城区西南—东北方向的主干线路。而地铁5号线与6号线则分别作为东南半环和西北半环,一起组成了中心城区地铁线网的"O"形环线。轨道9号线,又称津滨轻轨,分别于2004年和2012年10月完成一、二期工程并投入运营,是目前唯一一条连接中心城区和滨海新区的轨道交通线路。

随着轨道线网的不断加密,中心城区的换乘枢纽数量不断增加。目前,拥有一个三线换乘站:天津站(2、3、6号线)。六个两线换乘站:西南角站(1、2号线)、营口道站(1、3号线)、西站站(1、6号线)、长虹公园站(2、6号线)、北站站(3、6号线)、红旗南路站(3、6号线)。

虽然相比于北上广等大城市的轨道交通建设,天津中心城区的轨道交通规模仍有一定差距,但已基本形成了轨道交通网络的基本骨架。目前的轨道交通线路基本覆盖了东、东北、西北、西、西南、东南等城市主要的交通出行方向。

3.1.2 在建线路基本情况

天津中心城区目前在建的地铁线路共有五条:地铁4、7、8、10、11号线。其中,地铁4号线是中心城区西北—东南方向的主干线,途径7个行政区,可实现与地铁1、2、3、5、6、7、10号线的换乘。地铁7号线贯穿中心城区南北,覆盖中山路、老城厢、卫津南路、大寺等人流密集地区,途经6个行政区。地铁8号线则是进一步加密中心城区西—东南方向的轨道线路。而地铁10号线将北部新城地区连接起来,是中心城区西南—东北方向的轨道交通主干线,可实现与五条线路的换乘(1、2、4、5、6号线)。在建的轨道交通线路可以有效增强轨交网络的有机连接,同时也使得西南、西北、东南、东北等主要出行方向得以被更全面地覆盖,实现轨道交通网络化结构的日益发展与完善。

3.2 城市空间结构演化

城市交通方式的不断发展演化和交通网络组织架构的逐步形成完善既是城市空间发展的基础保障,也是城市空间发展的影响因素和主要动力。在以航运为主的年代,天津的城市形态主要呈现为沿着海河的轴向延伸。新中国成立后“三环十四射”的路网体系逐步建立，城市形态又演变为沿放射性道路向纵深地带延伸的特征，但城市开发建设仍然在市区范围内集聚，从而使得城市的空间形态从带状向块状演化。随着城市开发建设的不断推进，中心城区的人口压力和城市问题不断凸显，此时如何通过外围地区的发展来疏解中心城区内的人口与功能就成为亟待解决的问题。而大运量的公共交通运载工具就成为外围地区发展建设的重要支撑与引导。

当前是天津市中心城区轨道交通网络逐步形成完善的阶段，城市空间的发展模式也正处于由道路交通体系引导向轨道交通引导转化的时期，城市外部空间的拓展正处于在轨道交通引导下的区域多中心空间结构的构建之中，城市的内部空间则处于在轨道交通引导下的“一主两副、一轴多点”空间结构的形成之中。

3.2.1　新中国成立前：城市空间形态沿海河轴向延伸

天津城市地位的正式确立是以明初卫城的设立为标志的。天津城坐落于海河西侧、南运河南侧的旧三岔河口地区，呈现东西长而南北短的矩形城垣形态。城市内部的空间格局完全符合中国传统的营城模式：城市中心为鼓楼，十字轴线相穿，官府衙署居于北，文东武西各自分。鸦片战争结束后，天津被开辟为通商口岸，封建城市封闭而内向的格局被逐渐打破，各国列强在老城以外的海河下游地区逐渐建立起租界。1900 年，天津被八国联军入侵后，华界也发生了巨大变化。旧城的城墙被破拆移除，又重新开辟了东西南北四条马路。三年之后，袁世凯下达了开发河北新区的命令，新区面积约为 6 km^2。自此到天津解放前，天津的城市结构一直保持着租界和华界对立的二元结构。海河下游各国租界的建设和城市北部河北新区的开发，使得天津的城市空间形态停止向东西方向延伸，而是呈现出向东南方向迅速蔓延的特点，反映了沿海河向下游发展的自然态势，城市西北至东南方向的线性空间形态也更加明显。

3.2.2　新中国成立后：环放式路网结构引导圈层扩展

1949 年之后，我国的城市规划编制和管理体制逐步建立完善，城市规划愈发成为影响城市空间发展的重要因素之一。“二五”期间，天津的社会经济和城市建设都进入大规模发展阶段，单一市区的开发模式已经不能适应当下的现实需要。因此，《天津城市初步规划方案》（1959 年）提出了针对城市工业布局的大分散、小集中、分散与集中相结合的原则，通过调整重组和技术改造实现对市区内原有工业的迁、并、撤、留。随着市区的继续扩展，郊区也开始发展。以机械制造工业为主的杨柳青、以化工工业为主的军粮城、以轻工和仪表工业为主的咸水沽等若干近郊卫星城都开始在规划的指导下逐步投入开发建设。此次规划有机结合了城市的空间布局和产业格局，较好地引导了城市经济的快速发展。然而，不久之后，由于国民经济发展进入调整时期，基本的城市建设规模被不断压缩，原有的规划方案也难以得到有效落实。

1986年,天津市提出了新版城市总体规划方案,这是新中国成立之后随着天津城市规划事业的逐步恢复,国务院批准的天津第一版城市总体规划。规划中提出了"工业发展重点东移,大力发展滨海新区"的城市发展战略,及"一条扁担挑两头"的城市空间结构,确立全市以市区为中心,以海河为轴线,与近郊、滨海卫星城、远郊县城和农村集镇组成四个层级的城镇体系结构。就中心城区来说,规划第一次提出了建设外环线和其外侧宽达500~1 000 m的绿化林带以防止建成区无序蔓延的构想。与此同时,"三环十四射"的路网格局也在规划的指导下逐步形成,并且引导了城市的土地开发利用沿圈层式发展。

3.2.3 城市外部空间扩展的区域多中心模式构建

天津1996年版的城市总体规划,在1986年版城市总体规划布局结构的基础上,将中心城区近郊卫星城的发展模式调整为中心城区的外围组团模式,即由中心城区(外环绿带内)和八个外围组团(杨柳青、双港、双街、小淀、咸水沽、新立、军粮城、大寺)组成的分散组团式布局。各个组团之间、组团与中心城区之间,通过绿色空间相隔,如绿地、耕地、果园、水面等,并通过城市快速交通系统如快速路、高速公路等紧密连接。但是,因为当时的中心城区和外围组团之间缺少大运量的公共交通运载工具,所以居民的日常出行出现时间长、成本高等问题,限制了外围组团对中心城区人口以及功能的吸引力,疏解效果并不明显。

天津2005年版的城市总体规划,基于市域城镇现状格局,形成四级城镇体系结构(城市主副中心—新城—中心镇——般建制镇)。其中,城市的主副中心分别为中心城区和滨海新区核心区,近郊区则以新城、中心镇为核心,实施两者带动的城镇化战略。中心城区总面积371 km^2,即外环线绿化带以内的地区,2020年的人口规模计划控制在470万以内。新规划在1996年版城市总体规划的基础上,将"外围组团"调整为"外围城镇组团",由西青新城、小淀镇、双街镇、双港镇、青双镇、新立街、大寺镇和大毕庄镇共同组成。值得注意的是,除了大寺镇这一组团,其他的外围城镇均规划了轨道交通线路(图3-2)。由于中心城区和外围城镇的快速交通联系得以实现,规划的这些组团将承接中心城区人口和功能的疏散,从而达到规划中关于外围组团的发展目标,即"产业特色明显、职能分工明确、城市功能完善、服务设施齐全"。目前,中心城区外围的城镇组团在此版城市总体规划的指导下,基于轨道交通开发建设的引导而不断发展壮大,城市的外部空间形态开始从"单核生长的同心圆拓展"模式向"多核引领的组团式增长"模式转变。

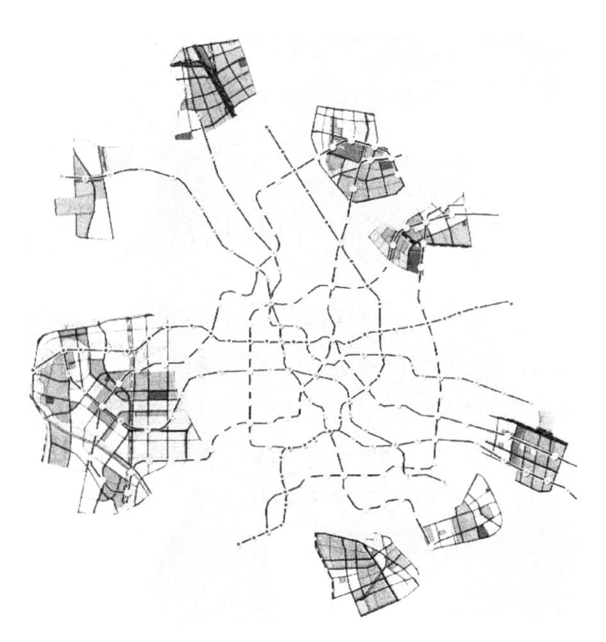

图 3-2 《天津市城市总体规划(2005—2020)》提出的外围城镇组团与规划轨道交通线路

资料来源:《天津市城市总体规划(2005—2020)》

3.2.4 城市内部一主两副的空间结构开始形成

地铁 1 号线和津滨轻轨是中心城区最早通车运营的轨道交通线路,它们的运营增强了城市以海河沿岸为发展主轴,沿西北—东南方向拓展的城市空间形态。城市中分散的各级城市中心也随着轨道交通网络体系的逐渐形成而增强了彼此间的有机联系,最终形成了网络化的城市中心等级体系。多个市级中心,如小白楼商务中心、和平路—滨江道商业中心和解放北路金融街等的有机串联,缩短了功能区之间的时空距离,整合了三大区域,促进小白楼地区城市主中心的规模化发展。同时,轨道线路的换乘站或者与其他交通出行方式的换乘枢纽处,由于其更为突出的"节点集聚"效应,更容易发展成为大量人流、物流、信息流集聚的城市副中心。因此,中心城区也规划并着力于在多条线路的交汇处打造天钢—柳林地区和西站地区两个城市副中心。通过城市主中心、副中心、区级中心、社区中心多个层级间的相互促进,共同引领均衡协调的中心城区建设,形成向心的高端服务业产业集聚,引导服务产业梯次扩散,塑造经济带、文化带和景观带交相辉映的城市特色。当前,西站地区城市副中心的开发建设已经开启,中心城区内部"一主两副、一轴多点"的多中心空间结构正在逐步形成。

3.3 土地开发利用格局

天津市中心城区以环线与放射线相辅相成的路网组织架构不仅引导着城市内的土地开

发沿着放射性道路不断向外拓展，还促使基于道路交通网络的土地利用模式得以形成。但是，伴随着轨道交通网的不断加密，轨道交通的出行分担率日益上涨，基于轨交可达性的土地开发利用模式逐步显现。

3.3.1 以道路可达性引导开发的模式仍占据主导

基于2012年天津市第四次综合交通调查的统计结果，从中心城区人口与岗位分布的情况来看，城市主干道两侧总体来说是人口密度相对较高的区域。同样，主干道沿线土地的开发强度也高于非沿线区域。究其原因，主干道周围便捷的交通出行条件对城市人口的空间集聚有一定的促进作用，较高的空间可达性使沿线地区的土地价值得到了一定提升，推动着城市功能和开发建设活动不断地汇聚于此。但是，主干道两侧分布的大量商业设施，在提升了生活便利度的同时也给人们带来了由于人车过度集中而造成的交通出行困扰。

3.3.2 轨交沿线土地增值日益显现，但更新滞后

与传统交通方式相比，轨道交通体系拥有更强大的"时空收敛"特性。伴随其不断发展建设，相应空间距离所对应的时间距离大大缩短，区域内的空间可达性也随之增强。这些变化快速提升了站点周边的房地产价值。位于天津河北区的首创·宝翠花都小区距离地铁1号线西北端的刘园站约1 000米，成交均价在不到一年的时间内从2006年6月开盘销售时的4 725元/m^{2}提升到2007年5月的5 550元/m^2，价格涨幅达17.46%，明显高于板块整体的价格变化。而如今，临近地铁站点也已经成为房地产销售的主要卖点之一。

然而，考虑到城市土地开发建设本身的固有时间周期，对于那些土地开发建设已经比较成熟的老城区，轨道交通体系的带动更新作用就有一定的滞后性。地铁1号线是天津市中心城区最早投入运营的轨道交通线路，从对其站点周边土地开发利用情况的分析可知，除去若干市级中心站点外，1号线沿线的土地开发性质和开发强度并未与非沿线地区表现出明显差异。站点周边的土地开发也大体呈现出与其他地区相似的居住和公共设施用地相混杂的格局，一些站点的影响范围内还存在土地开发强度不高的工业用地，平均容积率约为1.6。

究其原因在于地铁1号线当时的开发建设只从疏解城市的交通需求出发，没有考虑其带动周边土地增值的作用，也没有充分认识到交通和土地协调整合的必要性。与1号线类似，天津地铁2号线和3号线也都没有就沿线土地的开发利用进行前期策划，以至于当前地铁沿线土地的开发强度普遍不高，没有充分发挥出轨道交通建设带动老城区更新改造的触媒作用。

3.3.3 轨交逐渐成为影响用地规划调整的主要因素

上文提到天津地铁1、2、3号线的开发建设没有充分考虑其带动沿线土地增值的影响作

用,也没有同步开展沿线土地利用的更新调整。但由于见证了地铁 1、2、3 号线沿线房价的快速增长,地铁 5 号线和 6 号线在开工建设前,就已经开展了开发利用沿线土地的策划工作,且保证了地铁建设和沿线用地更新改造工作的同步开展,城市逐渐呈现出基于轨道交通可达性的土地开发利用模式。比较分析外环线以内地铁 5 号线和 6 号线两侧各 500 m 范围内(约 80.3 km^2)土地的开发利用现状和策划方案,可以发现规划方案中的工业用地大幅减少(图 3-3),公共管理与公共服务用地显著增加,同时土地开发的容积率也明显提升。

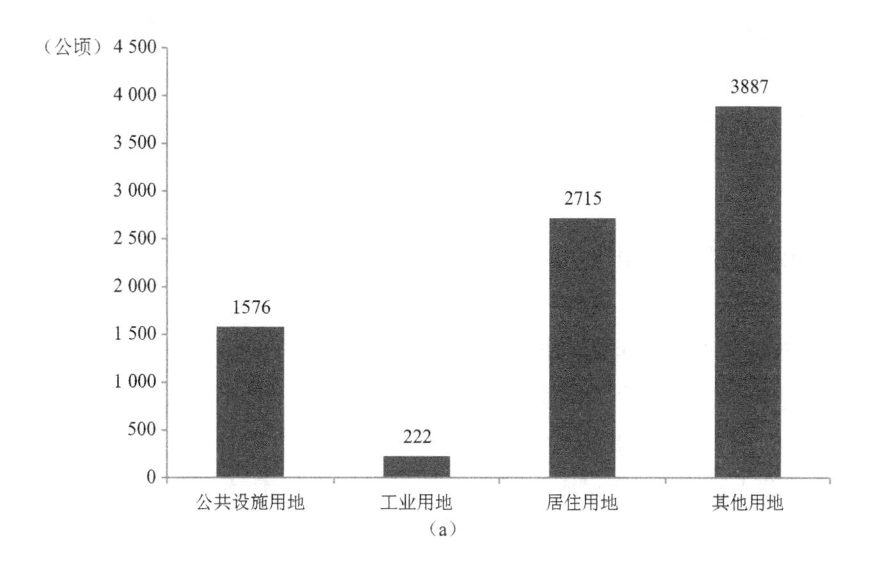

(a)

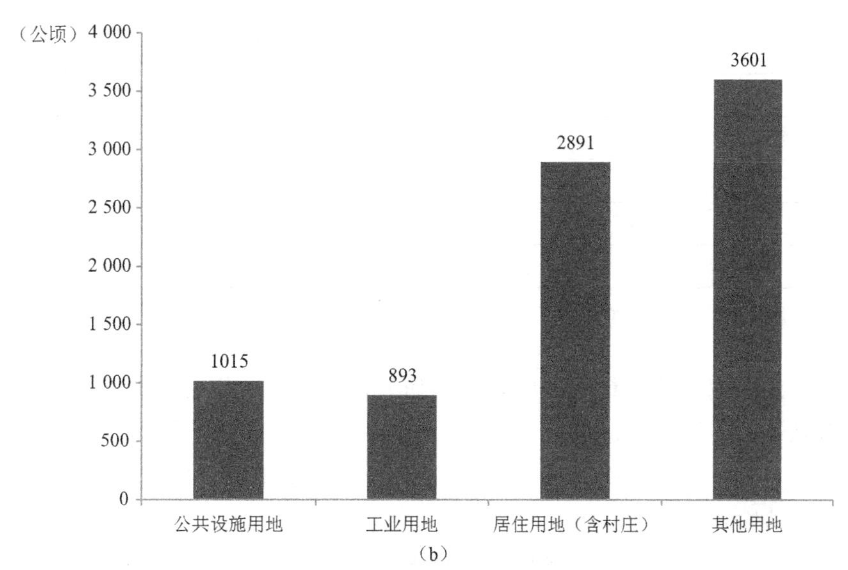

(b)

图 3-3　地铁 5、6 号线沿线用地情况对比

(a)规划用地统计　(b)现状用地统计

资料来源:天津市城市规划设计研究院,2011

3.4 城市空间环境设计

天津市第四次综合交通调查显示,随着天津市家庭机动车拥有量的迅猛增长,城市交通结构中机动交通的出行比重不断上升,中心城区的交通结构也逐渐由非机动化加速向机动化转型。城市空间环境的设计导向呈现出为车行服务和提高机动车运行速度与舒适度的趋势。但近年来如火如荼的城市轨道交通体系建设,也使得其出行分担率不断提升。作为轨道交通最主要的接驳方式,步行对于其服务范围的扩大具有重要意义,因此在当前大力倡导城市轨道交通发展的背景下,完善提升步行出行环境成为塑造优美城市空间的重要内容,也是构建"轨道 + 步道"绿色交通体系的重要途径。

3.4.1 车行为本的思想仍占据主导

中心城区交通基础设施的投资和建设力度在城市机动车拥有量快速增长的刺激下不断提高。2011 年的统计数据显示,中心城区共拥有快速路 117 km、主干道 415 km、次干道和支路 956 km,道路总长度 1 488 km,道路网密度 4.47 km/km²(表 3-1)。机动交通在城市交通出行中所占比重的不断提高,使得城市环境设计倡导车行为本,致力于营造便捷舒适的机动交通出行环境。

表 3-1 2011 年中心城区道路指标一览表

区域名称	建成区面积(km²)	道路长度(km)	道路面积(km²)	道路网密度(km/km²)
内环内	15	135	3	9.09
内环—中环	56	381	9	6.81
中环—外环	263	973	28	3.71
中心城区合计	333	1 488	40	4.47

资料来源:天津市第四次综合交通调查,2012

天津市肿瘤医院是我国最大的肿瘤防治研究基地之一。该院汇集了医疗、科研、教学、预防等众多功能,是规模最大的肿瘤专科三级甲等医院。院内每天的人流量和车流量皆十分巨大,但停车位有限,导致医院周边的人行道、自行车道被临时停放的机动车占用等现象十分常见。在地铁 6 号线肿瘤医院站的建设期间,医院正门前的宾水道不再贯通,于是交通压力完全转移到了与之相交的两条城市道路上。原非机动车道被改造为两条机动车道,人行道则完全被施工建设所占用,这导致步行或自行车出行的弱势群体只能和机动车"抢道",埋下了巨大的安全隐患。

3.4.2　步行环境改善日益受到关注

国内外的大城市都会定期开展城市综合交通调查以全面系统地掌握城市的交通发展状况，从而更加合理地配置交通资源，创造便捷、舒适、安全的城市交通体系。天津市的综合交通调查共历经四次，分别在 1981 年、1993 年、2000 年和 2011 年。通过梳理历次中心城区交通结构的发展变化（表 3-2）可知，城市非机动交通出行的比重逐渐下降，取而代之的是快速增长的机动交通，但这其中，公共交通的增长速度却远远不及小汽车。因此，以第四次综合交通调查的结果为基础，天津市出台了相应的交通发展战略，旨在优化完善中心城区的交通结构，大力倡导公共交通，改善慢行交通的出行环境。

表 3-2　中心城区交通结构发展变化

交通方式	1981 年	1993 年	2000 年	2011 年
步行	42.6	28.0	34.7	34.9
非机动车	44.6	62.5	53.4	35.7
公共交通	10.3	7.1	8.7	16.0
小汽车及其他	2.5	2.4	3.2	13.4
合计	100	100	100	100

资料来源：天津市第四次综合交通调查，2012

在天津市的交通出行结构中，步行是仅次于非机动交通的出行方式，分担率在 30% 左右。因此，提升改善步行出行环境是提高居民出行便捷度、舒适度与愉悦度的重要内容。此外，公共交通发展策略提出要优先发展轨道交通，但轨道线路的稀缺性和站点设置的固定性，使其不能直接提供"点到点"服务，需要与其他交通方式接驳以扩大服务范围、提高搭乘率，而步行则是其最主要的接驳方式。就天津地铁 1 号线而言，到达和离开的客流中步行的比重分别为 79% 和 86%。常规公交位居其次，到达和离开的比例分别为 10% 和 7%，而其他方式的占比均不高（图 3-4）。至于花费时长，步行作为主要的接驳方式，到达和离开站点所花费的时间均较短，平均为 11 min 和 9 min。总体来看，0~5 min 占据了接驳时间的主体，到达和离开分别占总体的 40% 和 46%（图 3-5）。从以上数据可以看出，步行出行环境的改善也可以提升轨道交通的出行分担率，是中心城区交通发展策略的重要内涵。

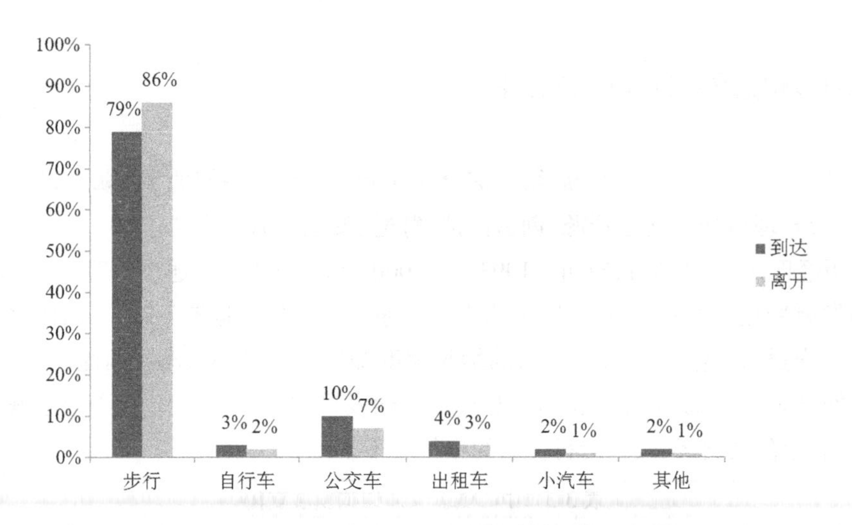

图 3-4 地铁 1 号线接驳方式构成

资料来源：天津市城市规划设计研究院，2012

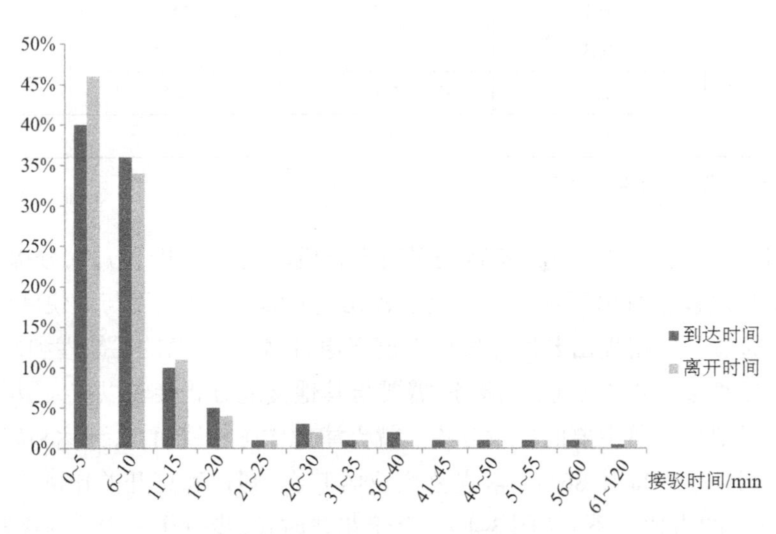

图 3-5 地铁 1 号线接驳时间分布

资料来源：天津市城市规划设计研究院，2012

3.4.3 绿道建设增强景观风貌提升

城市绿道，大多结合步行系统、自行车系统、城市道路、河流等载体进行建设，串联起多个城市主要公共节点，连通环外绿道，从而有效弥补城市内部集中开发造成的绿地的缺乏。在当前“美丽天津”建设思想的指导下，中心城区内城市林荫绿道的建设力度不断加大。“天津绿道公园”作为首座城市巨大型绿色沿线公园在 2014 年建设完成并免费向市民开放。该公园于废置不用的陈塘铁路沿线布置了 2.6 m 宽的“滨水步道”，于复兴河北岸布置了宽 2 m 的“滨水跑道”。这样的设置不仅保留了铁路沿线的场所记忆，同时有机串联起地铁 1 号线的复兴门站和 6 号线的黑牛城道站，既强调了舒缓闲适、绿色慢行的设计理念，又营造了风景优美的流动性空间，既丰富了步行体系的景观风貌，又提高了城市整体的空间环境品质。

3.5　本章小结

（1）天津市中心城区的轨道交通网络体系建设目前正处于发展和完善阶段。轨交网络的基本骨架由已经开通运营的线路奠定，而不断加密的线网则使得网络化的结构更加完善。单条轨道线路的客流量随着网络化体系的不断发展而迅速增长。尽管如此，相较于北京、上海、广州等国内主要大城市线网规模相当的时期，天津市中心城区整个轨道网络的总客运量相对不高，目前依旧处于客流培育阶段。

（2）城市轨道交通体系对于城市空间的影响作用正在逐渐加深。目前，中心城区的空间发展模式正处在以道路交通体系为引导载体向轨道交通引导的转化阶段。城市空间结构层面，轨道交通引导下的外部空间拓展呈现出区域多中心结构体系的构建之状，内部空间则开始形成“一主两副、一轴多点”的空间结构。土地开发利用层面，依托道路交通可达性的土地开发模式仍占据主导地位，但是轨道交通对沿线土地的带动增值作用正在日益显现，正逐渐成为重构土地价值空间分布的重要因素。城市空间环境层面，虽然占据主导地位的仍然是以车为本的设计导向，但开始逐步向步行友好的导向回归，步行环境改善已经成为中心城区交通发展战略的重要组成部分。

04

第4章　基于轨道交通引导建设紧凑型城市空间结构

城市空间中不同功能的分离诱发了交通出行的需求，人们为了满足日常生活需求，需要在不同功能之间移动。城市的空间结构会对城市的运行和各类功能要素的配置产生一定的锁定作用，从而影响人们从起点到达终点所采用的出行方式以及居住地的选择。一旦建立了与某种交通模式相适应的城市空间结构，就很难调整与空间结构相适应的交通出行方式。因此，有必要构建与交通系统相适应的城市空间结构，以支持其高效运行，通过城市空间结构与交通系统的协调整合，推动城市实现可持续发展。

作为一种可持续发展的城市空间形态，紧凑型城市能够显著提升城市内土地的开发强度与利用效率，通过功能的集中设置增强对居民的吸引力，进而带动城市活力的提升。在这个过程中，为实现城市功能的紧凑化，需要营造良好的商业环境，同时保护好城市的绿色开放空间。此外，紧凑型城市还可以有效缩小居民的日常出行半径，为公共交通的良性运行提供充足的客流，从而实现低碳发展。在推动城市低碳发展的背景下，越来越多的城市逐渐向紧凑型城市空间结构转型。伴随着方创琳等学者对紧凑型城市的深入研究，其核心内涵已从高密度、单中心的集聚结构转变为通过集聚和扩散引导城市集约化发展，也就是说，在构建紧凑型城市空间结构的过程中，集聚和扩散是实现这一目标的重要手段。

集聚效应是指在某一空间内将多种产业和经济活动进行集中，由此形成规模效益进而促进区域经济的发展。它是推动城市更新、提升的重要因素和动力源泉。城市人口、各类社会经济活动和城市各种功能要素在空间上的不断集聚，不仅能提高城市中各类资源的使用效率，还可以减少城市交通基础设施等固定资产的投资，同时，功能的集聚使得居民的出行时间和出行成本相应降低，极大地提升了城市的整体运行效率。但是，随着城市功能的不断集聚，有限的区域空间所承载的人口、各类经济活动、功能要素等越来越多，区域内的规模经济开始递减。因此，城市在集聚的过程中，随着规模经济与规模不经济之间不断相互平衡而实现发展和演化。从空间层面分析，由功能集聚所带来的规模经济提升了城市的吸引力，进而促进了城市的发展和功能的提升，而由于功能过度集聚所产生的规模不经济则带来发展的排斥力，限制城市规模的扩展。正是在规模经济与规模不经济的相互作用下，城市的发展得到促进，其自我功能得到提升和完善。在这一过程中，相较于传统交通出行方式而言，城市轨道交通由于具有显著的“时空收敛”“等级联系”以及“节点集聚”等特性，能够有效引导和带动城市的发展，从而使得城市空间的外部扩散以及城市功能的内部集聚得到促进。伴随着城市轨道交通如火如荼的建设，其逐渐形成网络化的出行体系，使

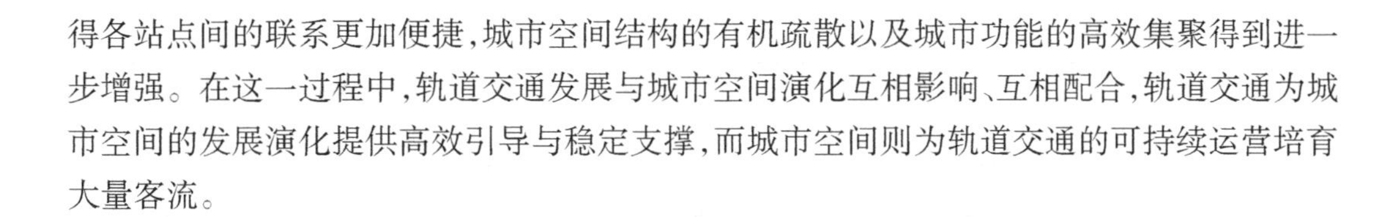

得各站点间的联系更加便捷，城市空间结构的有机疏散以及城市功能的高效集聚得到进一步增强。在这一过程中，轨道交通发展与城市空间演化互相影响、互相配合，轨道交通为城市空间的发展演化提供高效引导与稳定支撑，而城市空间则为轨道交通的可持续运营培育大量客流。

4.1　外部空间形态的紧凑

由城市功能过度集聚所带来的规模不经济，导致城市内出现地价房价大幅上涨，交通情况持续恶化，环境污染日益严重等一系列问题。为此，国际上很多大城市通过疏散中心城区功能来缓解其高强度土地开发、高密度人口集聚以及高强度经济活动所带来的压力。潘海啸 2001 年的研究认为在这一过程中，城市通过集聚与扩散不断进行自我调节，以实现功能的完善与提升，进而增强竞争力，更好地落实健康、可持续发展的目标。其中，城市轨道交通体系作为重要的沟通媒介，承担着高效连接中心城区与外围新区的作用，帮助居民在两地间实现快速位移，带动城市空间不断拓展。

4.1.1　功能上的疏散

20 世纪 50 年代以来，日本经济实现了快速增长，大量产业工人迅速涌入大城市。与此同时，日本的人口生育达到一个高峰。在双重因素的叠加影响下，日本主要大城市的人口家庭结构出现了较大改变。原有的以血缘关系为纽带的大家庭结构不断瓦解，以个体家庭为主的新兴家庭结构取而代之，于是大城市的住房需求出现大规模增长。而为了缓解城市内日益加剧的住房压力，日本各主要大城市纷纷在城市外围地区大规模开发住宅和与之相配套的商业服务设施，新城规划至此成为历次城市总体规划的重要内容。

东京通常将新城选址在与市中心相距 15~50 km 的范围内，过长的空间距离使得轨道交通成为新城与东京的连接纽带，承载居民的日常出行。同样是以轨道交通引导新城的开发建设，在世界上轨道交通运营效率最高的东京却既有成功的经典案例，又有失败的惨痛教训。在此，分别选取最为成功和不甚理想的两个新城进行对比，分析产生差异的主要原因。

1. 多摩田园都市

位于东京西南部的多摩田园都市是开发建设最早的新城，规划于 1953 年，历经 13 年逐渐开发建成。新城的规划人口为 42 万，占地面积为 31.6 km^2，建成 20 年后就基本达到预期目标，40 年后的实际居住人口和用地开发面积则分别约为规划的 1.4 倍和 1.6 倍（表 4-1），因此它被誉为东京开发建设最为成功的新城。其中，东京急行电铁（东急）田园都市轨道交通线是其重要的依托与支撑。

表 4-1　多摩田园都市的人口变化

新城规划		新城建成 20 年（1986 年）		新城建成 40 年（2006 年）	
人口（万）	面积（km^2）	人口（万）	面积（km^2）	人口（万）	面积（km^2）
42	31.6	40	—	57.7	50

资料来源：谭瑜等，2009

在开发建设的过程中，多摩田园都市十分注重功能设置的多元化，提供丰富的就业岗位。此外，它整合新城土地与轨道站点在站域进行高密度、立体化、复合化的统一开发建设。在人流、物流、信息流高度集聚的轨道站点地区，多摩田园都市通常布局公共服务功能，如商业、办公、教育等，而在主要枢纽的站点周边，则布局大型购物中心，为公共服务设施提供足够的客流支撑。围绕这些高强度的公共功能开发区，它通常布局需要一定私密性和较好环境品质的住宅功能，通过中、高强度的开发提供多元化的居住类型。

2. 多摩新城

作为政府投资建设的规模最大的新城，多摩新城距离东京 25~35 km，规划面积 29.8 km^2，计划承载人口 34.2 万。其规划建设的主要目的有二：一是缓解城市内居民的住房紧缺压力，为东京都居民提供更多的住房选择；二是缓解市中心的人口压力，有序疏散中心区的部分功能，提升中心区的环境品质（陈劲松，2006）。随着多摩新城的开发，连接新城与东京的轨道交通加速建设（图 4-1），虽然这带动了东京人口前往多摩新城购房居住（图 4-2），但这一疏散进程的持续时间较长。从 1971 年新城建立至 1991 年的 20 年间，多摩新城的入住率刚刚超过 40%，到 2001 年入住率才仅达到 55%（谭瑜等，2009）。

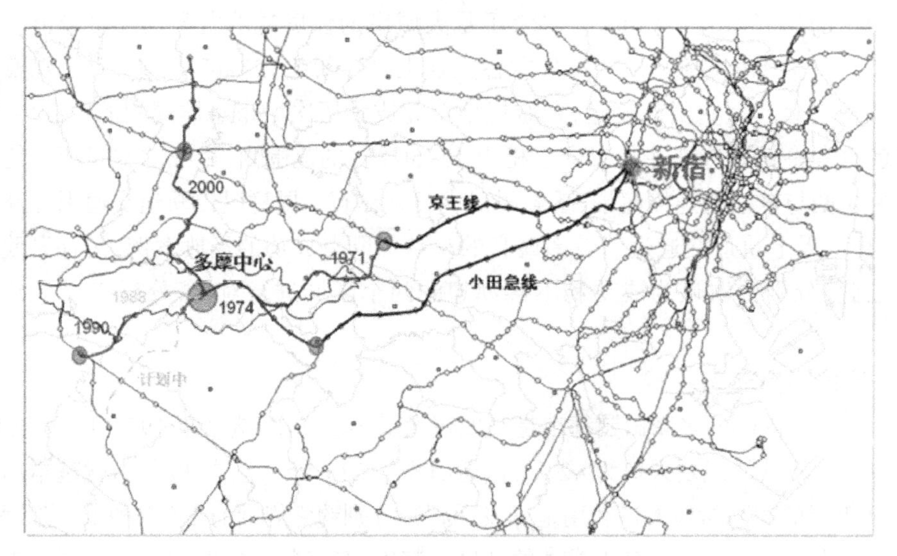

图 4-1　多摩新城的轨道交通建设

资料来源：王宇宁等，2016

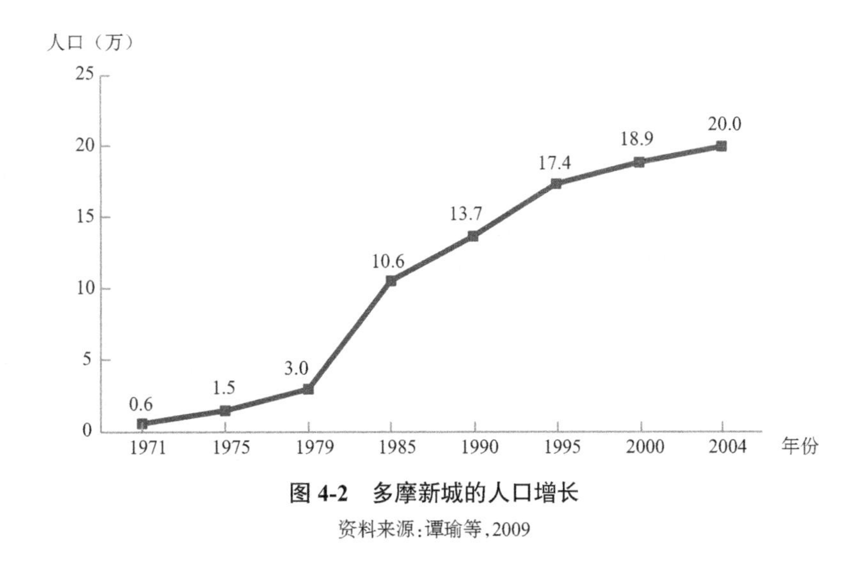

图 4-2　多摩新城的人口增长

资料来源：谭瑜等，2009

多摩新城最初的功能定位为东京的卧城。目前，经过近 50 年的发展，当时第一批入住的居民逐渐年老，他们的孩子逐渐长大成人。但由于新城内的就业机会相对缺乏，难以满足年轻一代的就业需求，年轻人离开新城去寻找工作，新城人口数量不断下降。同时，年轻人的离开使得新城内的新出生人口随之减少，新城内的人口结构呈现老龄化倾向。邓奕 2006 年的研究表明，目前多摩新城约有 20 万人口，已征用未开发土地约 244 km^2，与原计划疏散超过 30 万东京人口的目标差距较大。此外，大量的基础设施投资产生较多负债，新城目前的赤字总额达到 134 亿日元，给当地轨道交通的可持续运营带来巨大压力和挑战。由于多摩新城缺少满足当地居民需求的工作岗位，工作日期间，多摩新城与中心城区之间形成了明显的潮汐性通勤出行格局，即早、晚高峰时期，轨道交通承担着巨大的单向客流运输任务。与此同时，由于新城内缺少其他服务型公共设施，轨道交通在非高峰期间的使用率又非常低。

王睦等人 2012 年的研究显示，从东京新城开发建设的实践来看，轨道交通在推进城市发展的过程中实际上是一把双刃剑。一方面，它可以有效带动人口从中心城区向新城快速疏散；另一方面，会使新城更加依附于中心城区，出现难以依靠自身实现平衡发展的问题。如多摩新城仅定位为中心城区的卧城，缺少就业岗位以及相应的生活服务设施，对中心城区依然有着较强的依赖性，早晚大量的通勤人流不仅难以真正实现对中心城区的人口疏散，还给轨道交通的可持续运营带来较大挑战。因此，在当前我国诸多大城市以郊区新城作为中心城区人口疏散地及功能承载地的背景下，对于郊区新城的功能定位应从区域发展的视角进行合理规划，通过打造对中心城区具有“反磁力”效应的区域增长极，真正引导轨道交通与新城开发的相互协调与可持续发展。

4.1.2　空间上的集聚

将部分非核心功能疏散到边缘城镇，是中心城区缓解过度功能集聚引发的规模不经济的有效方式，也是推动城市外部空间扩散的重要前提。尽管快速高效的轨道交通扩展了居民日常出行的时空距离，有效推动了中心城区边缘城镇的发展建设，但是较长的出行距离增加了与之相配套的交通基础设施的建设长度和相应的建设成本。随着轨道交通的网络化运营，它在便利居民日常出行、扩大出行范围、降低出行成本的同时，也由于网络体系中换乘节点数量的增多而增加了居民的出行时间。

《城市综合交通体系规划标准》(GB 51328—2018)对此有相关规定：城市内部出行中，95%的通勤出行的单程时耗，规划人口规模100万及以上的城市应控制在60 min以内(规划人口规模超过1 000万的超大城市可适当提高)，100万以下的城市应控制在40 min以内。其中，出行时间包括居民购票、检票、候车所花费的时间，以及列车的运行时间。根据轨道交通的行驶速度，结合居民的出行时间分配，可以计算出住宅到工作场所之间较为适宜的行驶距离。也就是说，轨道交通具有一定的服务范围。因此，受轨道交通服务半径的制约，城市开发需要限定在一定的空间范围之内，过度地无序蔓延会显著增加居民的出行距离及日常通勤所花费的时间。2012年，《中国工作场所平衡指数调查报告》发布的相关调查数据表明，北京市居民日常通勤所花费的时间为全国最长，约为1.5 h。这主要是由于北京每年都会吸引大量人口，城市空间迅速扩展，人口的过度集聚又显著加剧了交通拥堵。此外，北京的居住郊区化现象较为普遍，工作在市中心、居住在郊区的职住分离也导致居民需要在日常出行中花费较多时间。这表明，以轨道交通为导向的中心城区边缘城镇的建设应着眼于城市功能的同步疏散，实现以城市功能转移为导向的人口迁移，以功能疏散和空间集聚推动外围城镇的开发建设。

4.2 内部功能空间的紧凑

在设置轨道交通线路的过程中，一般都遵循“客流追随”和“开发引导”这两个重要原则。特别是在城市外围地区，相关配套设施的建设还不太成熟，轨道交通作为一类重要的交通基础设施，对于引导区域发展、带动经济增长发挥着重要作用。在中心城区，土地开发强度较大，聚集的大量人口对于日常出行的交通需求相对较高。城市轨道交通具有运载量大、节能环保等优点，通常会覆盖城市各主要中心节点，服务城市中的大部分人群。轨道交通的运营一方面加速城市各类功能要素集聚到节点区域，进一步丰富节点区域的功能组成，提升其辐射范围；另一方面，它带动外围城镇的发展建设，有效疏散中心城区的部分非核心功能，在缓解中心城区由于过度集聚所带来的规模不经济的同时，推动区域的整体协同与可持续发展。

4.2.1 功能上的集聚

伴随着轨道交通网络化进程的不断加速，轨道交通对城市的服务范围日益扩大，人们越来越多地选择轨道交通出行，选择在轨道交通沿线购置住宅，从而带动了沿线房地产价值的快速上升。而人口的集聚吸引各种城市功能向站点区域集聚，不仅使得各种资源要素在城市的空间分布得到重新配置，而且也使得区域功能不断根据居民需求进行更新、完善，区域整体的空间环境品质得到提升。

根据经济学的相关原理，集聚经济是在把区域内企业共享的公共财产作为一种生产投入时所形成的。共享机制作为实现城市集聚经济的微观机制，主要包括物（公共基础设施）的共享与人（劳动力）的共享两个方面。在物的共享方面，有更多的使用者使用公共基础设施，可以降低其单位使用成本，由此发挥城市集聚经济的优势。作为一项共享型的公共基础设施投资，城市轨道交通不仅推动了区域内各类资源要素的共享，而且通过集聚效应有效降低了人们的生活成本和企业的生产成本，促进了当地经济的发展和城市品质的提升。同时，区域内更多企业的聚集使得企业间沟通交流的成本大大降低，方便企业了解当前的市场动态、技术更新情况等，从而提高企业应对市场变动的能力。以世界三大金融中心（纽约、东京和伦敦）为例，其 CBD 几乎涵盖了大部分全球 500 强公司的总部、金融机构，其每天的金融交易规模（表 4-2）在全球占据绝对比例。其中，城市轨道交通对于服务这些企业员工的日常出行发挥了重要作用。在城市中心区域，通常有多条轨道交通线路与之连接，这极大地方便了居民的日常出行，提升了区域对居民的吸引力，区域内选择轨道交通作为出行方式的居民占全部居民人数的比例甚至超过 70%（表 4-3）。

表 4-2　世界三大金融中心的基本情况

项目		纽约	东京	伦敦
全球 500 强公司总部数量[①]		28	89	33
外资银行数量[②]		356	115	479
证券交易所的市场价值[③]	股票（百万美元）	2 692 123	2 821 660	858 165
	债券（百万美元）	1 610 175	978 895	567 291
外汇日交易额[④]（亿美元）		1 920	1 280	3 030

资料来源：陈瑛，2002

表 4-3　世界三大金融中心 CBD 范围内的轨道交通情况

项目	纽约	东京	伦敦
核心区面积（km^2）	23	42	27
核心区线网密度（km/km^2）	3.17	2.00	2.56
轨道交通出行比例（%）	70	75	77
城区面积（km^2）	786	621	1 579

① 陈瑛：《特大城市 CBD 系统的理论与实践——以重庆和西安为例》，上海，华东师范大学，博士论文，2002。

② Sassen. S：The Global City，Princeton：Princeton University Press，1991.

③ 《东京股票交易所 1992 年年鉴》，见李沛：《当代全球性城市中央商务区（CBD）规划理论初探》，北京，中国建筑工业出版社，1999，14 页。

④ 根据纽约储备银行 1992 年 10 月 24 日公布的调查结果。见陈瑛：《特大城市 CBD 系统的理论与实践——以重庆和西安为例》，上海，华东师范大学，博士论文，2002。

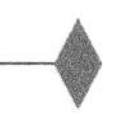

续表

项目	纽约	东京	伦敦
城区线网密度（km/km^2）	0.76	0.79	0.74
轨道交通出行比例（%）	32	56	26.3

注：核心区的范围分别选取曼哈顿商务中心区、东京都心区和伦敦区中央。

资料来源：陈瑛，2002

在日本，东京都心区作为城市的中央商务区，包括千代田区、中央区和港区3个行政区。其中，千代田区多聚集金融机构，东京超过1/5的金融机构均选择在此落户，约1 220家。此外，很多国际银行（如富士银行、第一劝业银行、兴业银行等）的总部、大型企业（如第一生命保险公司、东京海上生命保险公司、富士、三菱等）的总部也都设立于此。而中央区则多集中商业办公和部分金融机构，集聚着超过44 700个事务所、1 800家金融机构。港区同样吸引了大量金融机构落户，约有1 030家。此外，很多大型企业（如东芝、伊藤忠等）的总部也都设立于此。作为东京金融机构和公司总部的高度集中区域，东京都心区通过轨道交通较好地与外围地区实现了有机串联。东京都心区内，很多金融机构总部和大型企业总部都位于距离轨道交通站点1 km的范围内。在东京从事外币兑换业务的银行中有超过一半位于其之内，近一半的上市公司总部在选址上也都选择这一区域（陈瑛，2002）。

在伦敦市中心，有8条轨道交通线路通过这一区域，线路总长度超过18 km，在CBD"硬核"的2.6 km^2内有12个地铁站点。所谓的CBD"硬核"，最早出现在墨菲和范斯所提出的关于CBD的指数理论中。他们指出，中央商务区（CBD）是一个土地集约利用程度很高的区域，其内部中心功能与土地开发强度有关，可以通过中心业务高度指数（CBHI，Center Business Height Index）和中心业务强度指数（CBII，Center Business Intensity Index）来表征。其中，中心业务高度指数＝中央商务区总建筑面积/总建筑基底面积。中心业务强度指数＝中央商务区用地总建筑面积/总建筑面积，$CBHI>1$且$CBHI>50\%$的区域可被定义为CBD。1959年，戴维斯在对开普敦开展研究的过程中发现，上述定义的CBD范围较大，应排除电影院、酒店、办公总部、政府机构等用地。他提出，$CBHI>4$且$CBHI>80\%$的区域为"硬核"，其他区域属于"核缘"。在伦敦的CBD"硬核"区域内，共有45条公交线路可与轨道交通接驳。在日常的交通出行中，超过80%的居民选择公共交通作为其出行方式。早高峰期间，在人们前往中心城区所使用的各种交通方式中，84.6%的人选择使用公共交通，包括铁路、地铁、公交等（黄昭雄，2009）。

劳动力共享思想作为实现城市集聚经济的另一个微观机制，最初是由阿尔弗雷德·马歇尔所提出的。马歇尔指出，某一区域由于存在技术工人的共同市场，本地产业发展具有了充足的劳动力，进而能获得较大的经济收益。可以说，劳动力共享极大地促进了区域内产业的协同发展，带动了区域经济的增长，进而促进了城市功能集聚，使得城市集聚经济呈现出一定的收益递增的特征。其中，城市轨道交通不仅能够满足企业职工的上下班需求，同时也能为站点周边的商业中心带来较大人流，提升当地商业活动的活力，促进区域生产活动和商业活动的同步增长（宋培臣，2010）。

各种功能的集聚为东京都心区提供了多样的工作机会，使得大量人口被吸引并向此聚集。1995 年，东京都心区的常住人口只有 11.36 万，但便捷、高效的轨道交通线网为该地区输送了 253.19 万的就业人口，都心区内 75% 的就业人口选择轨道交通作为其日常的出行方式。千代田区的常住人口约为 3.5 万，而当地的就业人口则达到了约 94 万，约为常住人口的 27 倍。中央区常住人口约为 6.4 万，而当地的就业人口约为 76 万，为常住人口的约 12 倍；港区常住人口约为 1.5 万，而当地的就业人口达到约 83 万，是常住人口的近 56 倍（表 4-4）。

表 4-4　东京都心区的居住与就业人口（1995 年）

	居住人口（万）	就业人口（万）	就业人口/居住人口
千代田区	34 780	937 900	26.97 %
中央区	63 923	760 701	11.90 %
港区	14 885	833 261	55.98 %
都心区共计	113 588	2 531 862	22.29 %

资料来源：陈瑛，2002

随着城市轨道交通线路的不断建设，其逐渐开启网络化运营，这不仅会对城市资源在空间上的分布产生影响，而且也会促进站点周边区域生产和商业活动的升级。轨道交通的优势是可以快速疏散大量人流、物流和信息流，这为企业在日常生产经营活动中解决员工的出行问题提供便利，使得诸多企业选址于轨道交通站域。然而，轨道交通站域的土地属于稀缺性资源，这将不可避免地引发各类企业对其展开竞争，而竞争的结果必将提高企业获取土地的准入门槛，并最终通过市场化方式保留具有核心竞争力的优质企业。激烈的竞争会促使企业间采取纵向一体化或横向一体化的方式抱团取暖，提升企业抵御市场风险的能力，进而推动企业不断转型升级，提升区域的整体竞争力。

天津地铁 1 号线是天津市首条投入运行的轨道交通线路，为中心城区西北—东南方向的轨道交通主干线。其中，营口道站是地铁 1 号线和 3 号线的换乘站，位于天津市核心商业区（滨江道商业区）内，每天承载着大量客流。站点周边汇集天津市主要的大型商业购物中心，包括伊势丹、大悦城、国际购物中心等高端百货，以及诸多商务办公楼宇。2006 年，香港和记黄埔集团地产（天津）有限公司在营口道地铁站周边投资了 34 亿元以建设一个约 26.4 ha 的地铁上盖城市综合体项目，其建设内容旨在打造一个包括商业办公楼、大型购物中心、酒店和住宅公寓的高端化、复合化的城市功能区。该商业综合体项目是地铁 1 号线各站点周边开发强度最大的一个，项目容积率超过 13。随着项目的建成及投入运营，滨江道商业区对居民的吸引力显著提升，该地区对外的辐射范围也得到进一步提升。

4.2.2　空间上的扩散

在城镇化的发展过程中，各种生产要素逐渐向具有区位优势、交通优势、原材料优势、人力资源优势的地区集中、扩散，以实现各类资源要素的最佳整合，从而帮助利益相关者实现对区域各种要素的最优选择。随着轨道交通网络化进程的加速推进，不仅城市外围空间得到逐步扩展，而且城市各类功能由于轨道交通更为突出的“节点集聚”特性也不断集聚到站点周边区域，从而使得轨道交通站域的竞争力得到提高。但是，当一个区域的功能集聚超过一定规模，区域所能承载的人口、经济活动超过其所能承载的限度后，就会产生由于过度集聚而带来的规模不经济现象。一方面，各类功能的集聚会导致城市中心区租金等的持续上涨，增加企业的经营成本；另一方面，大量的人流汇集给当地的公共交通带来较大压力。因此，通过构建城市副中心并依托轨道交通网络体系进行高效衔接以缓解城市中心区域的发展压力，就成为许多国际大都市在应对过度集聚所带来的规模不经济时的重要手段。

20 世纪 50 年代，为了缓解产业和就业人口在东京都心区内过度集聚所带来的压力，并解决人口集中所带来的房价高、环境污染、交通拥堵、区域发展失衡等问题，日本相关学者提出建立依托轨道交通构建城市副中心的解决方案。在建设城市副中心的过程中，并非单一强调副中心“服务中心”的定位，建设“小而全”的缩小版东京都心区，而是打造具有特色的城市服务新核心。到目前为止，东京已经建立了 7 个城市副中心（图 4-3）。除了池袋是综合性的城市副中心外，其他 6 个都具有特定的功能定位。其中，新宿强调商务和休闲娱乐，涩谷倡导信息产业和时尚产业，大崎主导高端科技和信息产业，浅草则以传统特色产业为主，锦系町—龟户在功能定位上以文化产业为主，临海突出国际贸易和信息产业。与此同时，7 个城市副中心通过便捷高效的轨道交通实现相互间和与中心区的连接（表 4-5），从而有效分担中心区的就业和交通出行压力，形成较为合理的区域就业和人口分布。中心区提供约 1/3 的就业岗位，而其他的就业岗位则主要集中在 7 个城市副中心。将社会经济活动合理分布在“一主七副”的空间结构上，不仅有利于鼓励居民在日常出行过程中选择轨道交通，从而减少交通拥堵，减少碳排放，同时也有利于为轨道交通的日常运营提供长期稳定的客流支撑。

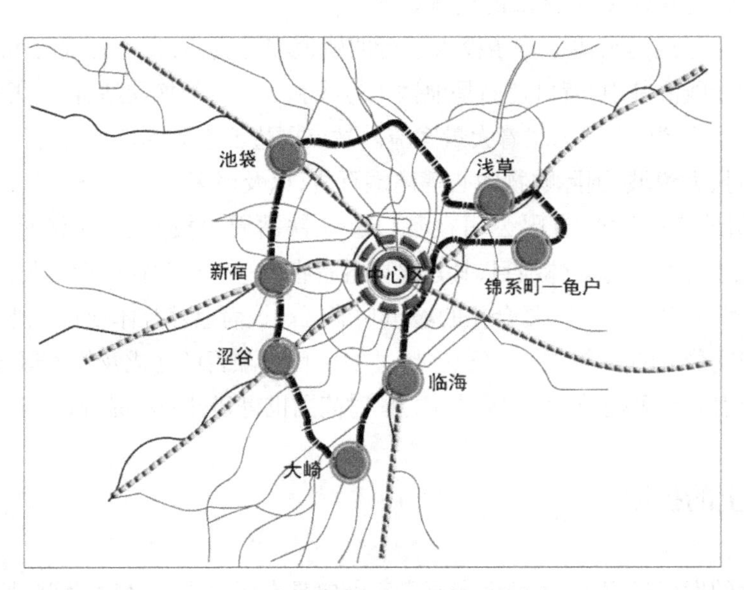

图 4-3 东京都“一主七副”位置示意

表 4-5　东京都主要的轨道交通换乘站

轨道站	可换乘的轨道线路(条)	可换乘的地面公交线路
东京站	12	17 条市内线路,12 条高速线路
新宿站	11	41 条市内线路,10 条高速线路,东京定期观光巴士
涩谷站	8	43 条市内线路,2 条高速线路,东京定期观光巴士
池袋站	9	29 条市内线路,6 条高速线路,东京定期观光巴士
上野站	9	14 条市内线路,东京定期观光巴士
新桥站	7	9 条市内线路
浅草站	3	14 条市内线路
品川站	4	19 条市内线路
有乐町站	3	16 条市内线路,东京定期观光巴士

资料来源:李仙德等,2011

2006 年,在新宿城市副中心,共设有 3 万多家办事处,雇员超过 60 万人,分别占东京地区全部办事处和雇员数量的 6.16% 和 8.40%。在那里,集聚了大量信息通信、商品批发零售、金融以及房地产等行业,企业数量和雇员区位熵①均大于 1,这表明这些行业的高度集聚性。其中,金融类企业共有 613 家,约占东京地区全部金融类企业的 7.6%(表 4-6),成为东京都的金融集聚区。同时,由于城市中心区域的土地开发已近饱和,很多房地产开发企业选择在新宿区进行投资,使得这一地区的房地产从业人员、企业数量都高于中心区。在新宿站,每天到达和离开的旅客量超过 300 万,其为新宿服务业、商业、零售业等业态的发展提供了充足的客流,进一步提升了当地的经济活力以及吸引力。2004 年,当地的零售业销售额超过 1.4 万亿日元,在东京 23 个区中排名第一。员工人数超过 100 人的商店共有 24 家,员工总数超 9 000 人,营业额超 7 000 亿日元。

表 4-6　东京都心三区与新宿区产业对比

区域	金融保险业				房地产业			
	办事处(家)	比重	从业人数(人)	比重	办事处(家)	比重	从业人数(人)	比重
千代田区	945	11.68 %	92 803	28.67 %	2 141	5.08 %	20 280	9.44 %
中央区	1 332	16.46 %	64 104	19.80 %	2 675	6.35 %	23 259	10.83 %
港区	918	11.34 %	39 400	12.17 %	2 966	7.04 %	24 940	11.61 %
新宿区	613	7.6 %	27 219	8.41 %	3 385	8.03 %	27 733	12.91 %
区部	8 093	100 %	323 736	100 %	42 131	100 %	214 760	100 %

资料来源:李仙德等,2011

① 区位熵,也称为专门化率,是特定工业部门在全国工业总门类中所占比例除以这一地区全部工业在全国工业总门类中的所占比例。熵是比率的比率。它最初由 P. Haggett 提出,并应用于区位分析。区位熵用以度量区域中各功能要素的空间分布,反映某一产业部门在该地区的专业化程度。其计算方法为区位熵 = 某地区 GDP 占全国的比重/某地区人口总数占全国的比重,区位熵越大表明该地区经济越发达。

伴随着城市轨道交通与商业购物中心之间的耦合作用不断加深,轨道站点周边区域逐渐形成许多社区中心,它们不仅方便居民的生活购物,也方便居民利用轨道交通通勤后的“顺路”购物。与以往不同,当前人们对于居住社区有着如商业、文化、教育、娱乐、体育和医疗保健等更多的功能需求,使得居住社区实现多种功能的高效整合。在东京,一些居住社区利用互联网实现了居家办公。但无论互联网系统如何发达,人与人之间的沟通、交流始终是生活中必不可少的。因此,构建社区中心需要将居住社区与轨道交通站点、商业服务设施有机结合,以推动城市公共空间体系的网络化、层级化发展。

基于以上分析,在城市轨道交通的引导下,东京的城市中心体系在发展过程中经历了四个阶段。第一阶段是城市的各类功能不断向主中心聚集,以实现规模效益。第二阶段是当主中心发展到一定阶段后,由于规模效益开始递减,出现部分城市功能由主中心到副中心的疏散。第三阶段是在疏散的过程中,各类功能不断向副中心集聚。第四阶段则是伴随着轨道交通不断的导入,社区中心与轨道交通站点的耦合发展不断被推动。城市中心体系的发展演化历程表明,城市功能的集聚与疏散不是绝对分开的,而是可以相互促进、相互转化的。城市功能从主中心扩展到副中心,不仅可以提升新开发区域的功能定位,也可以带动城市主中心不断调整优化功能结构,提升城市品质。因此,城市轨道交通的建设运营,不仅引导了城市各类功能加速向区域节点聚集,同时也进一步提升了城市中心的品质和对外吸引力。可以说,轨道交通在疏散城市功能过度集聚、引导城市优化发展的过程中发挥着重要作用。

4.3 天津市中心城区的空间结构响应

当前,天津城市轨道交通正在加速组网,对城市空间发展产生显著影响,中心城区逐渐形成以轨道交通为骨架的新的城市空间结构。基于此,本节结合城市轨道交通的网络化发展,探讨天津市中心城区的空间结构响应策略,以实现紧凑化的开发格局。

4.3.1 轨道交通引导外围城镇开发建设

随着中心城区人口的不断增长,交通、环境、能源等城市问题日益加剧。为此,天津市推动中心城区外围城镇的开发建设,以实现部分功能、人口的向外疏解。其中,中心城区与周边的外围城镇通过公共交通体系进行连接,便于两地间人流的迅速转移。随着城市轨道交通网络系统的不断完善,它对周边外围城镇的影响作用逐渐增强,因此,在推动周边外围城镇开发建设的过程中,需要重视轨道交通与土地开发之间相互影响、相互促进的作用机理,做好协同配合,以充分发挥轨道交通促进区域发展的带动引导作用,实现区域的可持续发展。

1. 外围城镇的空间选址

城市内部出行中,95%的通勤出行的单程时耗,规划人口规模100万及以上的城市应控制在 60 min 以内（规划人口规模超过 1 000 万的超大城市可适当提高），100 万以下的城市应控制在 40 min 以内。即是说，轨道交通作为城市公共交通的重要组成部分，其服务范围也应控制在一定的“时间距离”之内。以一次完整的通勤出行为例，以 1 h 为出行时间上限，结合城市轨道交通的运行速度、车辆发车间隔、换乘时间等，可以计算得出起讫点间的适当距离（张育南，2009）。具体计算公式如下：

居民在出行过程中，空间距离主要取决于住宅与工作场所之间的相对物理位置，而时间距离不仅取决于住宅与工作场所之间的相对物理位置，还与交通出行方式、车辆行驶速度、运营水平等因素有关。

$$T_{AB}=L_{AB}/V_{AB} \tag{4-1}$$

式中，A、B 分别表示住宅与工作场所，T_{AB} 表示住宅与工作场所间的时间距离（$T_{AB}\geqslant 0$）；L_{AB} 表示住宅与工作场所间的空间距离（$L_{AB}\geqslant 0$）；V_{AB} 表示居民的出行速度（$V_{AB}\geqslant 0$）。

对于选择轨道交通作为出行方式的居民而言，时间距离是他们在出行过程中所花费的全部时间（$T_{总}$），包括居民乘车所花费的时间、到达站点所花费的时间、安检时间、换乘时间、候车时间等。

$$T_{总}=T_{节点1}+T_{轨道站域}+T_{节点2} \tag{4-2}$$

式中，$T_{节点1}$ 和 $T_{节点2}$ 分别表示居民从起、讫点到达轨道交通站点所花费的时间，二者大致统一，但不完全相同。$T_{轨道站域}$则表示居民从到达轨道交通站点直至离开轨道交通站点所花费的全部时间。

而居民在轨道交通各节点外所花费的时间，一般可以划分为两部分，

$$T_{节点i}=T_{地段交通}+T_{接驳},i=1,2 \tag{4-3}$$

式中，$T_{地段交通}$表示居民从起点到达轨道交通站点的时间或者从轨道交通站点返回终点的时间，在这一过程中，居民可以选择步行、自行车、公交、自驾车等多种交通方式，因此，居民在这一期间所花费的时间受多重因素影响，包括空间距离的远近、交通方式的快慢、道路的拥堵情况等。$T_{接驳}$表示居民在出行过程中选择两种及以上的交通方式自起、讫点到达轨道交通站点的过程中，多种交通方式在接驳、转换过程中所花费的时间。例如，居民采用步行 + 公交的组合方式到达轨道交通站点，需要步行至公交站点，在公交站点等车，再从公交站点步行至轨道交通站点，在这过程中所花费的接驳换乘时间。

同时，居民在轨道交通站域所花费的时间，也可以分为两个部分，

$$T_{轨道站域}=T_{非付费区}+T_{付费区} \tag{4-4}$$

$T_{非付费区}$表示居民从轨道交通站点进入检票口所花费的时间，一般包括从站点下行至地下、安检、购买车票等环节，与轨道交通站内的人流情况、下行通道设计、自动与人工购票窗口多少等因素相关。

而一旦居民检票入内后，他们所花费的时间通常包括三个部分，

$$T_{付费区}=T_{乘车}+T_{进出站}+T_{转换乘} \tag{4-5}$$

式中，$T_{乘车}$表示居民乘坐轨道交通所花费的时间，它与起讫点间的出行距离有关，同时也受到轨道交通的运行时速影响。$T_{进出站}$表示居民在检票口进入站台，在站台等候列车，以

及到达目的地后从站台刷卡出站所花费的时间，它受站台内人流多少、列车发车频率、站台内管理情况等因素影响。特别是在高峰运行时段，由于人流量较大，乘客可能需要等待多趟列车后，才能乘坐轨道交通。$T_{转换乘}$表示居民为到达目的地，需要在多条线路间换乘所花费的时间，它受站台内人流多少、两条换乘线路的接驳路径距离、列车发车频率等因素影响。

假设居民在起、讫点均通过步行达到轨道交通站点。一般情况下，步行的平均行进速度为每小时 4~6 km，那么在 5~10 min 内，居民步行至轨道交通站点的距离约为 400~800 m。而进入轨道交通站点后，一般还需通过扶梯进入地下、排队买票、安全检查、步行至检票口，这一过程通常需要花费 3~5 min。根据公式（4-4），在经过检票口后，乘客一般还需在进入站台、等待列车和离开车站时花费约 2~5 min。因此，居民从起点出发前往轨道交通站点至发车前，或自轨道交通到站至步行返回终点，一般需要 10~20 min 的时间。为了便于说明问题，在计算过程中将其设为 10 min，也就是 $T_{总}=10+T_{乘车}+T_{转换乘}+10$，那么，在 60 分钟的总出行时间中，乘客花费在乘坐轨道交通以及转换乘上的时间大致为 40 min。

以天津城市轨道交通线网的运行情况为例（表 4-7），由于中心城区内的各站点距离较近，各条线路的平均运行速度仅为每小时 35 km 左右。而对于连接中心城区与滨海新区的轨道交通 9 号线，各站点距离较远，平均运行速度达到每小时 50 km 左右。因此，为保证居民对于乘坐轨道交通的满意度，在中心城区内，起讫点间的轨道交通出行距离应尽量控制在 20 km 以内；而在中心城区与滨海新区之间，起讫点间的轨道交通出行距离应尽量控制在 30 km 以内（王宇宁，2013）。

表 4-7 天津中心城区轨道交通线路的技术指标

线路名称	线路长度（km）	全程时长（分）	平均时速（km/h）	平均站距（km）	最小发车间隔（分）
1 号线	26.2	48	33	1.248	5
2 号线	22.79	41	33	1.266	6
3 号线	29.655	52	34	1.348	5
9 号线	52.759	64	50	2.931	5

2. 外围城镇的轨道通勤

我国快速的城镇化和不断扩大的城市规模导致居住郊区化、就业分散化的现象日益突出，城市的平均通勤距离随之扩展，居民对于交通方式的出行效率有着更高的期望。通勤是居民日常出行的主要内容，相对固定的空间区位和出行路径使得居民对于时间的合理把控性要求更高，因此，时间距离和空间距离一起成为考察通勤效能的两个重要维度。本部分内容即是在当前以轨道交通引导外围城镇开发建设的背景下，基于上节构建的“时间—距离”模型，模拟外围城镇的轨道交通通勤，进而合理评估外围城镇居民的出行效率及整个中心城区轨道交通线网的运行效率，以期进一步优化外围城镇的交通组织，提升轨道交通体系的综合效能。

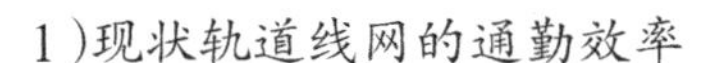
1)现状轨道线网的通勤效率

小白楼主中心一直是中心城区的商务办公区,以此作为主要的就业节点。而根据《天津市城市总体规划(2005—2020 年)》,主城区将建设“中心城区 + 外围城镇组团”的空间结构体系,即在环外地区依托城市交通干线着力打造 8 个边缘组团和 1 个新城,具体为大寺组团、新立组团、小淀组团、青双组团、空港物流园区组团、双街组团、双港组团、大毕庄组团和西青新城(图 4-4)。这九个外围城镇组团将以 254 km^2 的用地面积承载主城区 30% 的人口,约 210 万人。规划中仅大寺组团没有轨道交通线路通达,但目前,有轨道交通线路通达的仅有四个组团,即新立组团、小淀组团、大毕庄组团和西青新城。因此,以这四个外围组团作为主要的居住节点,基于当前的轨道交通线网,开展轨道交通通勤的时距范围模拟。

通过实地调研获取各轨道交通线路的运行时间。地铁 1 号线的全程运行时间约为 48 min,共设站点 21 座,平均每站的耗时约为 2.29 min。地铁 2 号线的全程运行时间约为 41 min,共设站点 20 座,平均每站需花费 2.05 min。地铁 3 号线共设站点 26 座,全程运行时间约为 52 min,平均每站需花费 2.00 min。地铁 6 号线一期开通 24 站,运行线路时长总计 48 min,平均每站的耗时约为 2.00 min。轨道交通 9 号线的全程运行时间约为 64 min,共设站点 21 座,平均每站的耗时约为 3.05 min(王宇宁等,2019)。

①主要就业中心的时距范围模拟

以主要就业中心小白楼地区为出行基点,开展轨道交通通勤的时距范围模拟。根据上节的时间估算, 45 min 和 60 min 通勤总时长所对应的轨道乘车和转换乘时间分别为 25 min 和 40 min。

下面,分三步计算相应的空间范围:

ⅰ在单一轨道交通线路上的运行时距;

ⅱ经一次换乘衔接其他轨道交通线路的运行时距,换乘时间按 5 min 计算;

ⅲ经两次换乘衔接其他轨道交通线路的运行时距。

如图 4-5 所示,小白楼城市主中心的轨道线网密度较大,且多条线路间的换乘衔接都较为便捷,其 1 h 的通勤范围覆盖面较广,涉及中心城区的大部分区域,对于外围的四个城镇组团,除新立组团外,均可通达。

②外围城镇的时距范围模拟

对于外围的城镇组团,如图 4-6 所示,西青新城以及大毕庄组团和小淀组团附近的轨道线网较密集,通达性较好, 1 h 内可以通达中心城区的大部分地区。与市中心空间区位最近的西青新城,由于临近换乘站,可以实现与多条轨道线路的高效衔接,其通勤范围最大。但周边轨道线路单一的新立组团,因远离换乘站,交通可达性不高,其通勤范围明显较小,且它主要集中在轨道交通 9 号线上,勉强可以在 1 h 内到达小白楼城市主中心。

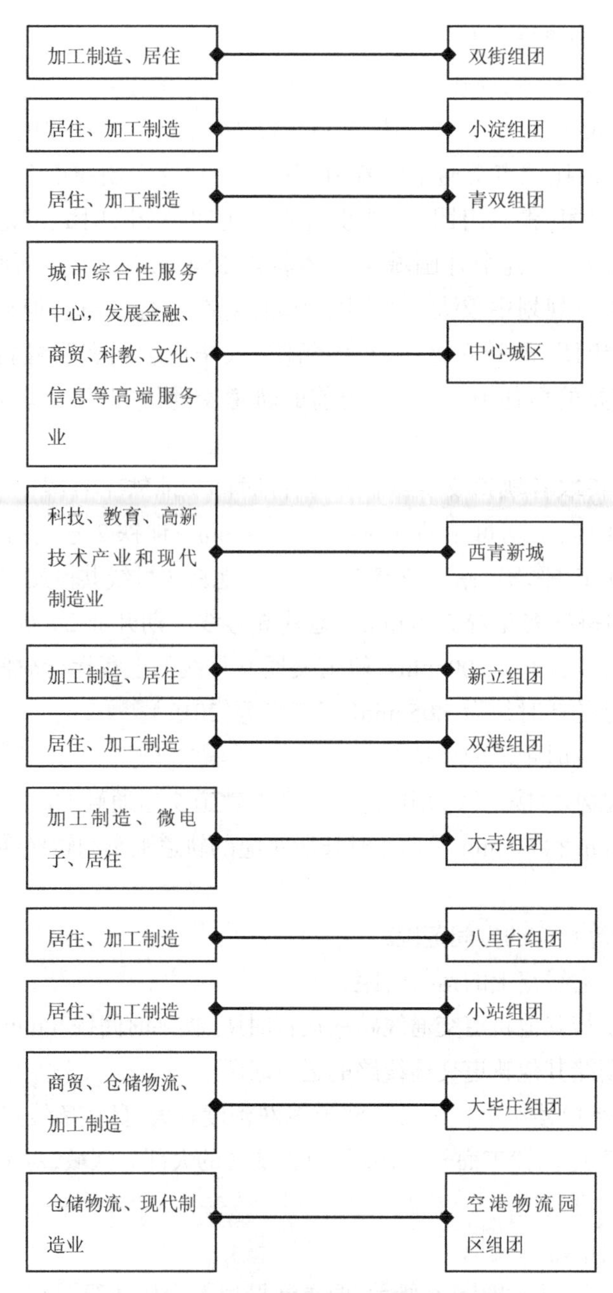

图 4-4　天津市城市总体规划确定的边缘城镇

资料来源:《天津市城市总体规划(2005—2020)》

为进一步分析城市轨道交通线网的通勤效率,定义轨道交通通勤时距覆盖率,即城市主要职住节点通勤时距范围内的轨道交通站点数量与城市轨道交通站点总数的比值。由表4-8可知,以上分析的五个节点中,小白楼城市主中心的时距覆盖率最高, 1 h内可以通达大部分外围城镇组团;而在外围城镇中,西青新城的轨道通勤时距覆盖率最高,约76%,仅为30.8%的新立组团位列最后。1 h内四个外围城镇均可以通过轨道交通到达小白楼城市主中心。

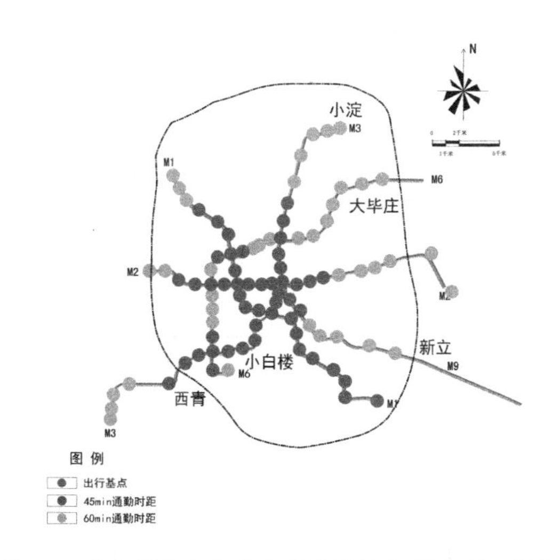

图 4-5　小白楼城市主中心现状的轨道通勤时距范围

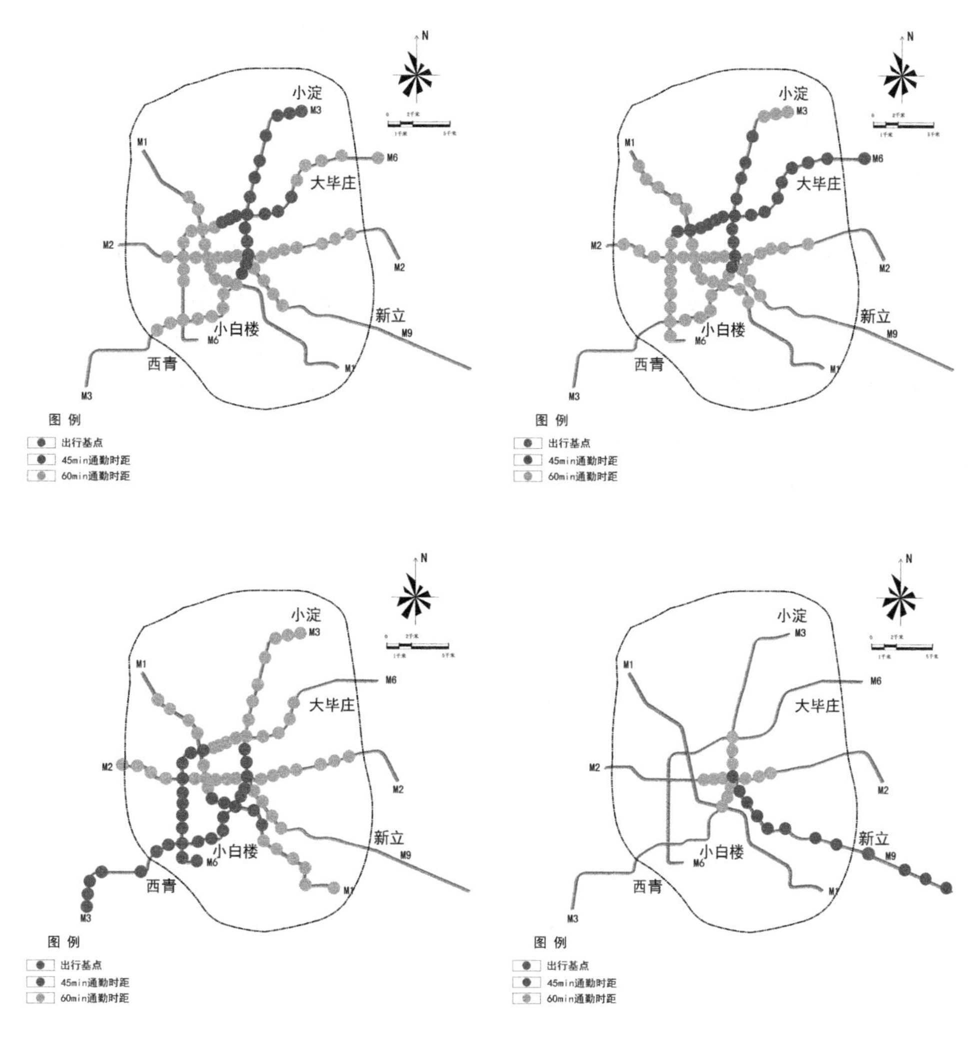

图 4-6　外围城镇的轨道通勤时距范围现状

表 4-8　城市主要就业中心和外围组团的轨道通勤时距覆盖率现状

节点性质	节点名称	45 min 时距覆盖率	1 h 时距覆盖率
就业中心	小白楼	49.0 %	85.6 %
外围组团	小淀	17.3 %	58.7 %
	大毕庄	21.2 %	60.6 %
	西青	29.8 %	76.0 %
	新立	15.4 %	30.8 %

2)规划轨道线网的通勤效率

随着天津轨道交通网络体系的逐步形成完善,城市空间结构进行了相应的调整。“一主两副”是天津市为疏解中心城区不断汇集的人口与产业,于 2010 年的《天津市空间发展战略规划》中提出的多中心城市空间结构体系。“一主”即小白楼地区城市主中心,“两副”则分别为西站地区城市副中心和天钢—柳林地区城市副中心。依据《天津市市域综合交通规划(2008—2020)》,中心城区的九个外围城镇组团中,除大寺组团外,均通达轨道交通线路。因此,下面将基于规划的轨道交通线网,以城市的“一主两副”为主要的就业节点,以大寺组团以外的其他八个外围城镇作为主要的居住节点,开展轨道交通通勤的时距范围模拟。

①主要就业中心的时距范围模拟

由于规划的轨道交通线路尚未全部开通,无法基于实际情况开展测算,因此,基于已开通运营线路的各站平均时耗进行模拟。如图 4-7 所示,小白楼城市主中心和西站副中心周边的轨道线网密度较大,且多条线路间的衔接较为便捷,1 h 的通勤范围覆盖面较广,涉及中心城区的绝大部分区域,对于外围城镇组团基本均可通达。但天钢—柳林副中心的轨网覆盖率则相对较低,1 h 的通勤时距范围难以覆盖小淀、双街和青双三个外围城镇组团。究其原因在于小白楼主中心和西站副中心距离中心城区的几何中心相对更近,且临近线路转换的枢纽节点;而天钢—柳林副中心的空间区位相对较偏,且周边的轨道线路换乘枢纽数量不足。

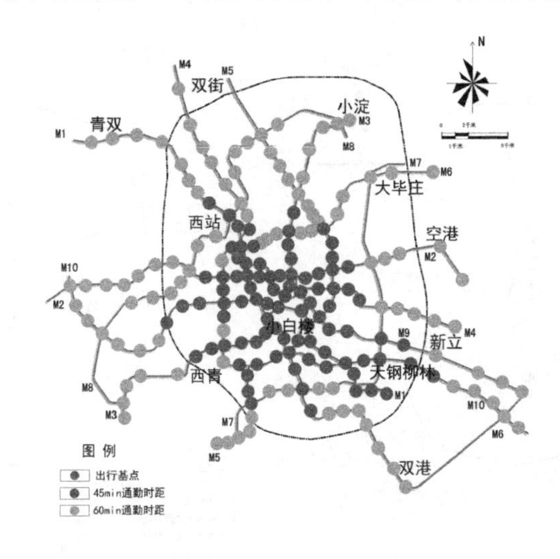

图 4-7　城市主副中心的规划轨道通勤时距范围

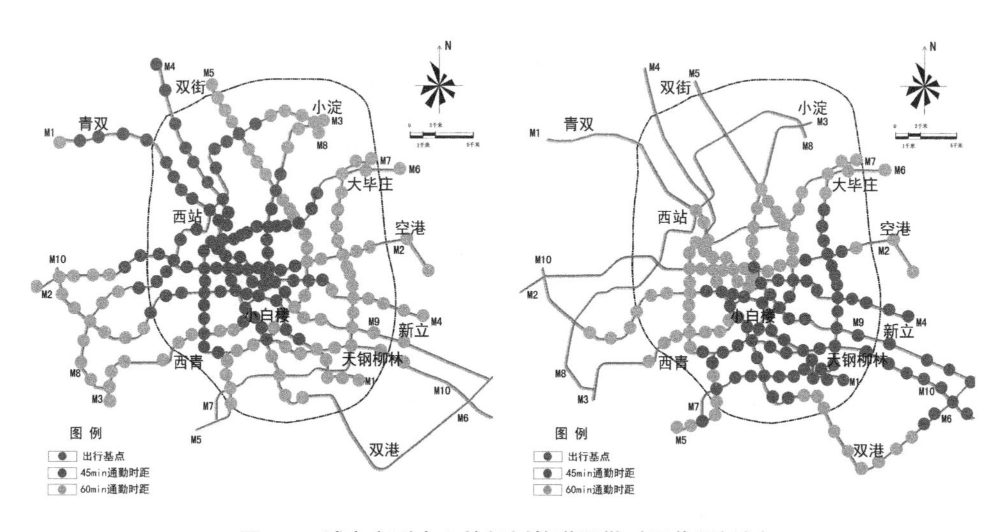

图 4-7　城市主副中心的规划轨道通勤时距范围(续)

②外围城镇组团的时距范围模拟

依据《天津市市域综合交通规划(2008—2020)》,除大寺组团外,其他的七个外围组团均规划了轨道交通线路通达,因此,以其为主要的出行基点开展轨道通勤时距分析。如图 4-8 所示,大毕庄组团、空港组团、小淀组团、新立组团和西青新城周边的轨道交通线网较为密集,站点覆盖率较高,交通通达性较好,1 h 内可以通达中心城区的大部分地区。尤其是大毕庄组团和西青新城,轨道交通的时距覆盖范围最大,1 h 内城市主副就业中心均可到达。新立组团、小淀组团和空港组团则均可到达其中的两个市级中心。双港组团、青双组团以及双街组团的交通便利性相对较差,通勤时距的空间范围相对有限。其中,轨道交通线网覆盖率最低的为双港组团,1 h 内只能到达西站城市副中心。

表 4-9 进一步反映了中心城区主要就业中心和外围城镇组团的规划轨道通勤时距覆盖率,从中可知,3 个就业中心的 45 min 时距覆盖率最高的为西站副中心,覆盖率为 40.1%;小白楼主中心的 1 h 时距覆盖率最高,达到 87.3%。而西青新城的 1 h 时距覆盖率位列八个外围组团的第一位,为 58.6%,覆盖率仅为 27.4% 的双港组团则是最后一名。

表 4-9　城市主要就业中心和外围城镇组团的规划轨道通勤时距覆盖率

节点性质	节点名称	45 min 时距覆盖率	1 h 时距覆盖率
就业中心	小白楼	37.6 %	87.3 %
	西站	40.1 %	83.1 %
	天钢—柳林	35.0 %	68.8 %

续表

节点性质	节点名称	45 min 时距覆盖率	1 h 时距覆盖率
外围城镇组团	青双	6.0 %	30.0 %
	双街	7.6 %	30.0 %
	小淀	11.0 %	40.1 %
	大毕庄	17.7 %	55.7 %
	空港	11.4 %	51.1 %
	新立	19.0 %	57.0 %
	双港	9.3 %	27.4 %
	西青新城	16.5 %	58.6 %

以上的研究结果显示，中心城区规划的轨道交通线网可以基本实现 1 h 通勤时长下外围城镇组团与城市主副中心的便捷联系。为进一步提高轨道交通的通勤效率，可以从以下两方面考虑。一是提高轨道交通线网的运行效率，可以增大外围城镇组团的轨道线网密度，提高站点覆盖率。与此同时，还可以增加外围城镇组团与中心城区之间的换乘节点，拓展外围组团出行的空间范围。但在进行换乘站点设计时，要尽量缩短换乘距离，提高换乘效率。二是提升非运行时间的通行效率，如增加高峰时段的安检人员数量以减少排队等候时间等。此外，针对轨道交通站点与职住地之间的“最后一公里”，可以采用配设停车场地、丰富接驳方式等措施减少出行时耗，进而延长轨道交通的出行时长，提升轨道交通的通勤效率。

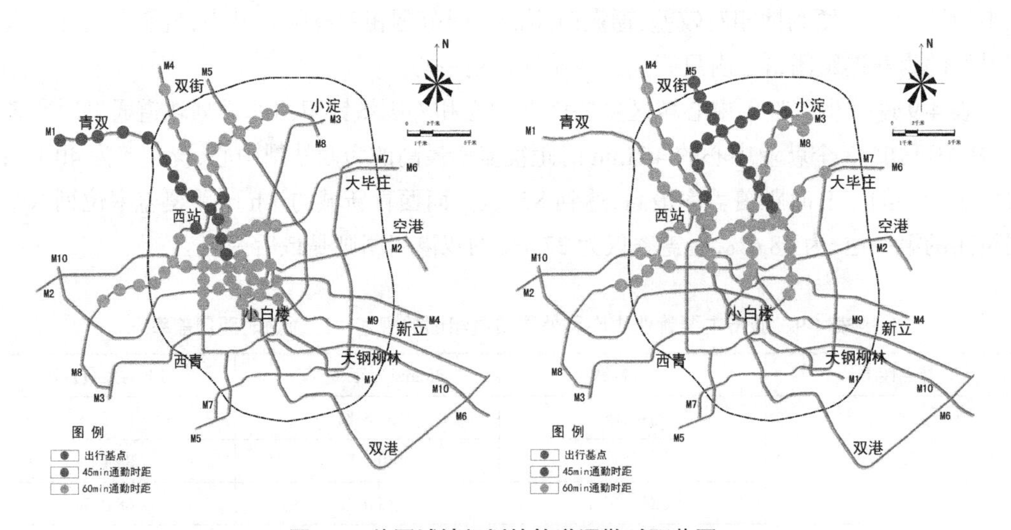

图 4-8 外围城镇规划的轨道通勤时距范围

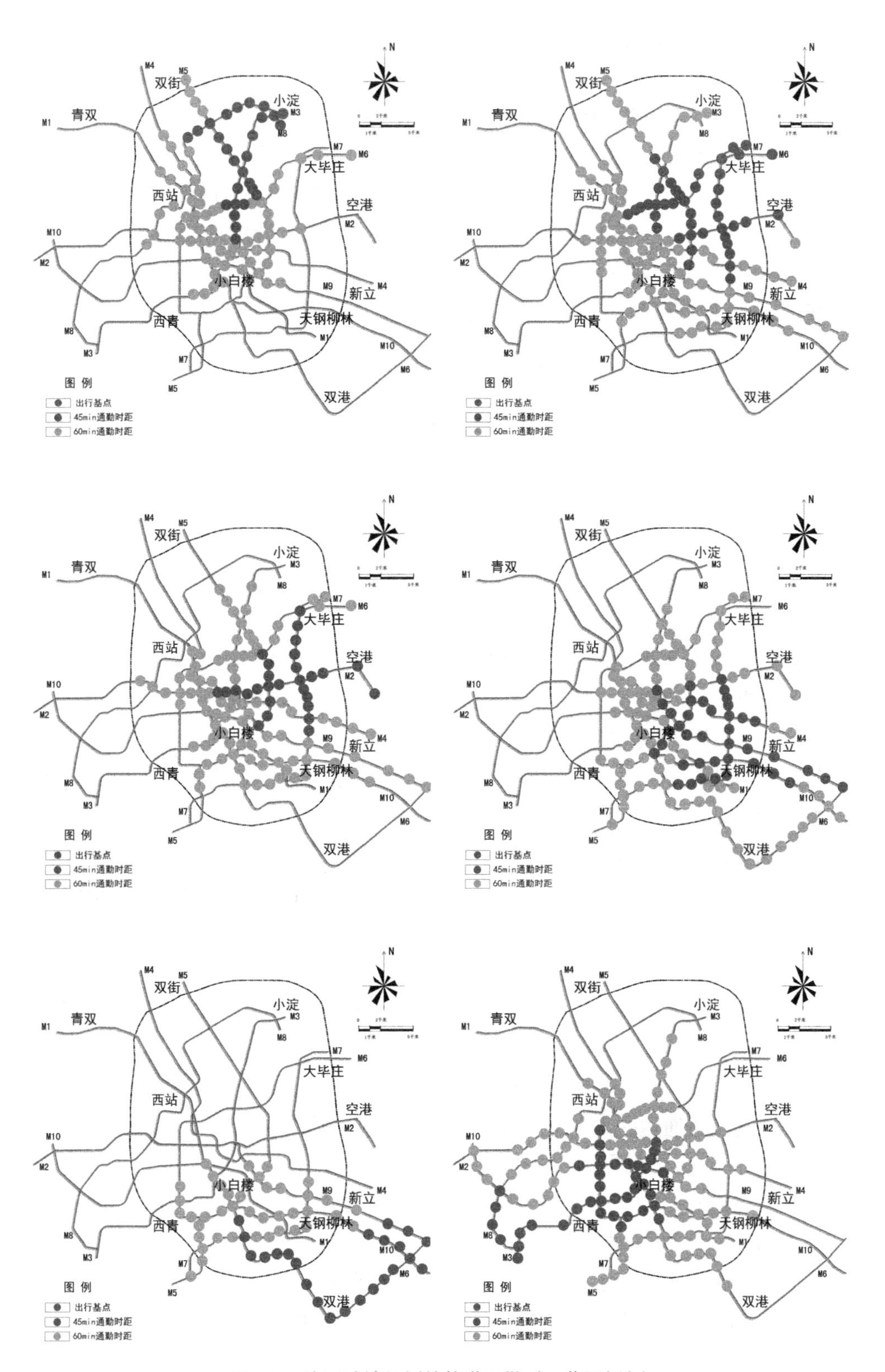

图 4-8　外围城镇规划的轨道通勤时距范围(续)

3. 外围城镇的功能定位

就城市发展而言,各类功能要素的扩散是推动城市空间扩展的动力。相较于传统交通方式而言,轨道交通因具有更为突出的"时空收敛"特性,可以显著改善和提升轨道交通站域的空间可达性,从而增强对周边居民的吸引力。但是,轨道交通只是一种出行手段,人们很少为了交通而交通。大多数人的出行目的,是要实现工作、学习、休闲娱乐、社交等功能需求。因此,只有中心城区与边缘城镇之间以商品、服务等功能为纽带建立起紧密的需求联系,才能充分发挥轨道交通更为显著的"时空收敛"特性,推动多中心一体化城市发展格局的形成。在这方面,巴黎以轨道交通引导中心城区周边新城开发建设的实践可以说取得了较大的成功。因此,本节将对比巴黎的新城建设,吸取其成功经验,进而更好地指导天津中心城区外围城镇的开发建设。

自 20 世纪初以来,为了避免巴黎城区的无序扩展,法国政府从区域整体层面引导城市发展。1934—1965 年间,法国政府制定了多个区域开发规划,包括《巴黎地区空间规划》《巴黎地区国土开发计划》《巴黎大区国土开发与城市规划指导纲要》等,旨在通过轨道交通市域线(RER 线)将中心城区与周边新城有机连接,推动区域整体发展。巴黎在中心城区周边建设了 9 个边缘城镇(分别为拉德方斯、圣德尼、博尔加、博比尼、罗士尼、凡尔赛、弗利泽 - 维拉库布莱、伦吉和克雷特伊),市区约 200 万人口被吸引到这 9 个城镇居住,同时约有 150 万人在当地实现了就业,进而逐步形成"多中心轴向扩展"的区域整体发展模式。而在推动区域整体发展的过程中,巴黎市政府十分重视轨道交通的引导作用,将其作为沟通中心城区与外围城镇、引导城市空间拓展的重要载体。

巴黎市中心和 9 个外围城镇之间,通过城市轨道交通线路和市域 RER 线进行连接,同时将这些外围城镇定位为城市副中心,从区域整体层面对主副中心的功能进行定位,保障了区域内城市功能的协调一致性,从而吸引更多居民前往这 9 个外围城镇。在城市轨道交通线和市域 RER 线的支持和带动下,巴黎还积极引导 9 个外围城镇与中心城区错位发展,在这 9 个外围城镇中聚集了多种城市功能,例如高校与科研院所、工业企业生产、医疗养老等(曾刚等, 2004),使其在发展过程中逐步形成对中心城区的反磁力作用。与此同时,外围城镇也成为推动城市经济发展的新核心,对周边区域的发展产生较强的辐射带动作用,吸引周边人口向区域中心集中和转移。

根据《天津市城市总体规划(2005—2020)》,结合城市用地和各类功能构成,将总体规划提出的有轨道交通通达的 8 个外围城镇组团分为 3 个层次:独立新城、半独立组团和产业组团。

1)独立新城:西青新城

西青新城是距离中心城区最近的一个郊区新城,聚集多种城市功能,包括商务办公、休闲娱乐、高校及科研院所、生产制造、商贸物流、居住生活等。新城内规划了 3 个核心区域,分别为休闲娱乐核心区、商务办公核心区、高端科技核心区。在每个核心区内,均有 2 条轨道交通线路穿过。其中, 2 号线和 10 号线的换乘站设在休闲娱乐核心区, 3 号线和 8 号线的换乘站设在商务办公核心区,8 号线和 10 号线的换乘站设在高端科技核心区(图 4-9)。

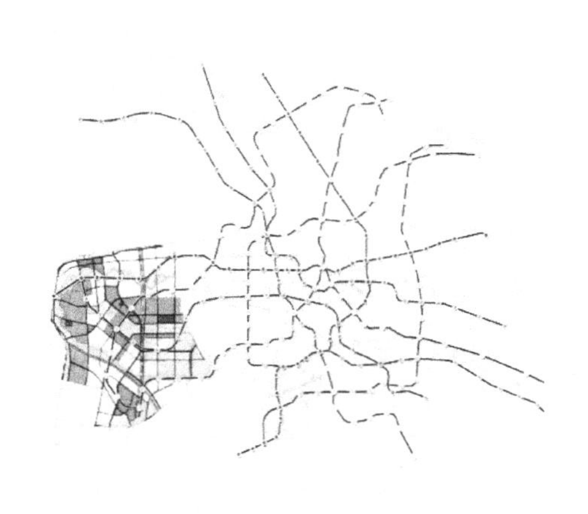

图 4-9　西青新城的用地规划与轨道交通体系

居住用地主要集中在 3 片核心区域的外围,而新城的其他功能则分别沿着 4 条轨道交通线路向外扩展,并借助便捷的交通优势,在轨道交通站点周边形成了汽车工业园、华苑高新技术产业园、循环经济工业园、医药生物产业聚集区和西青大学城等功能片区。

2)半独立组团:新立组团、大毕庄组团

新立组团与大毕庄组团是距离中心城区较近的两个半独立组团,组团内汇聚大量生产制造、深加工以及商贸物流企业。新立组团内有 3 条轨道交通线路通达,大毕庄组团内则有 2 条(图 4-10),且在组团内的大型购物中心、商品集散地、大型物流基地附近,均有轨道交通与之连通。便捷的交通出行环境,极大地提高了大型购物中心、商品集散地等对居民的吸引力,从而促进组团的进一步开发建设。

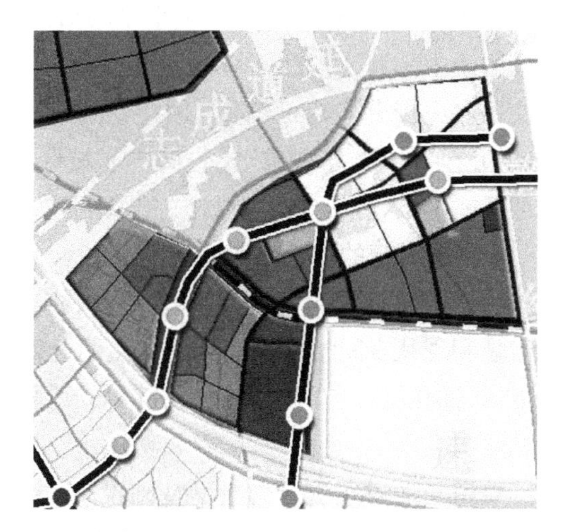

图 4-10　半独立组团的用地规划与轨道交通体系

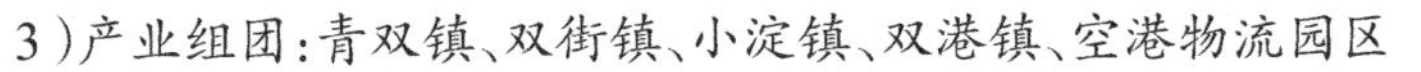

3）产业组团：青双镇、双街镇、小淀镇、双港镇、空港物流园区

青双镇、双街镇、小淀镇、双港镇、空港物流园区是临近中心城区的5个产业组团，组团内汇聚大量加工制造型企业，功能构成相对简单。在这5个组团内，居住用地的规模都较小，因此，与之配套的商业服务设施也相对较少。其自身吸引力不强，需要依附中心城区相应的功能，组团内有1~2条轨道交通线路与中心城区连接（图4-11）。

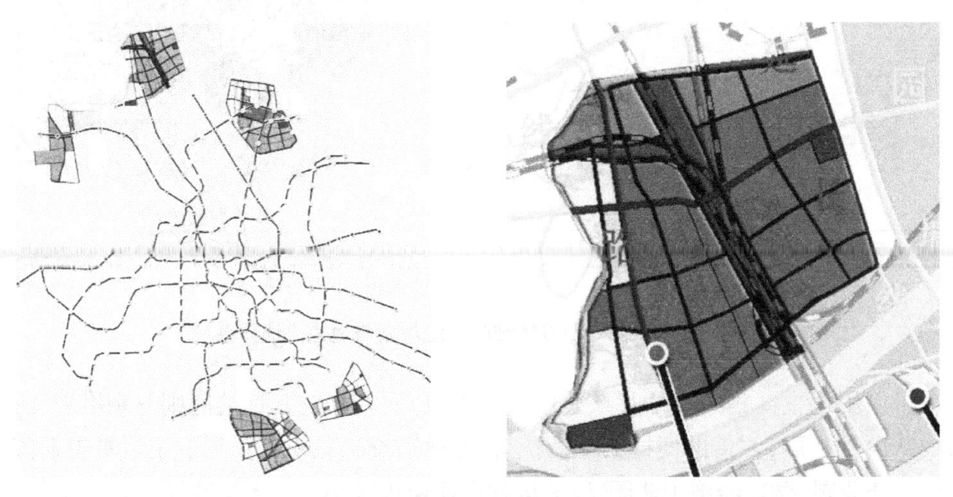

图4-11　产业组团的用地规划与轨道交通体系

从上述对中心城区外围城镇组团规划建设的分析中可以看出，尽管轨道交通将中心城区与外围城镇连接起来，但只有西青新城和小淀组团在功能设置上将其定位成区级中心，汇聚商务办公、物流、高等教育以及生活服务等多种功能，对周边人口产生较强的吸引力，提升了这两个城镇的对外辐射力。其他6个组团的功能定位均为中心城镇，主要接纳周边地区的居民，以生产性功能（如生产制造、物流加工、贸易等）为主。由于城镇定位相对较低，相关配套服务设施建设不足，很难吸引中心城区人口前往，因此在发展过程中，这6个组团更多地依附于中心城区，难以形成自身独立发展的格局。同时，其较少的居住用地也很难支撑轨道交通对大规模客流的需求。因此，在以轨道交通引导周边城镇开发建设的过程中，需要依托轨道交通的“时空收敛”特性将中心城区与周边城镇有机连接。与此同时，要提高周边城镇的功能定位，将其打造为城市外围新的增长极，从而形成对中心城区的“反磁力”效应。

4. 外围城镇的等级结构

为了推动整个区域的高效、协同、可持续发展，应根据中心城区以及外围城镇各自的功能定位和现状空间结构推动周边城镇的开发建设。清晰的城市等级体系可以扩展城市的发展方向，优化城市空间格局，而轨道交通则通过在不同区域设置运营线路来引导城市等级结构的重构。

轨道交通属于资金密集型基础设施，这就决定了线路具有稀缺性。线路无法覆盖区域的各个角落，主要辐射站点周边区域。基于此，巴黎通过控制轨道交通线路数量，引导中心城区与9个外围城镇形成了具有清晰功能定位的等级体系，从而极大地扩展了城市的发展方向，平衡了中心城区与9个外围城镇的空间布局，进而促进了城市空间结构的调整。沿塞纳河两岸已建成的4个外围城镇分别是拉德方斯、凡尔赛、罗士尼和克雷特伊（图4-12），每个城镇的人口规模在30万～50万之间，且均有3～5条轨道交通线路与中心城区连接。这4个外围城镇主要聚集了商务办公、医疗教育、商业购物、休闲娱乐等功能以服务居民的日常生活，且这些功能根据居民的现实需求不断地进行调整完善。而其他5个已建成的外围城镇则规模较小，分别为圣德尼、博尔加、博比尼、弗利泽－维拉库布莱和伦吉，每个城镇的人口规模约为20万，且均有2~3条轨道交通线路与中心城区连接。这5个外围城镇聚集了大量高端装备制造、仓储物流、高新技术等生产性功能，在平衡城市空间布局方面发挥着重要作用。

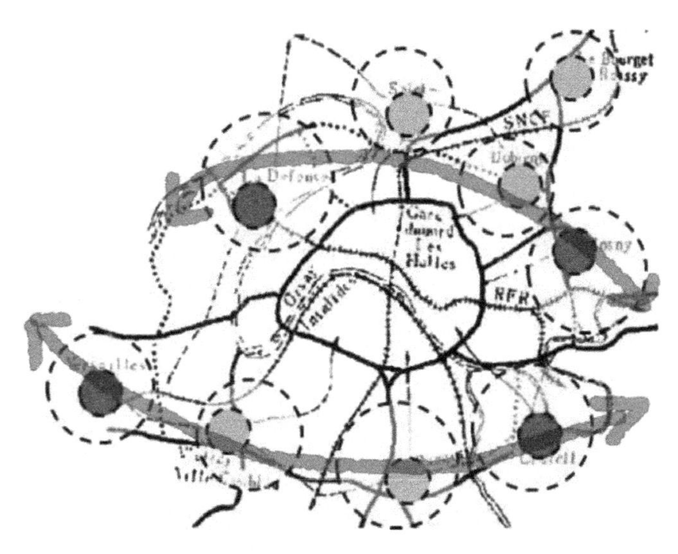

图4-12　巴黎近郊的外围城镇分布

资料来源：王小舟等，2004

目前，在天津市外围城镇的推动建设中，位于市中心西南部的西青新城是开发建设的一个重点。西青新城内，聚集了大量商业、休闲娱乐、高校及科研院所、高科技企业等。同时，为服务新城发展，规划了四条轨道交通线路经过这一区域，以吸引大量周边居民聚居此地，承载着约50万的人口。青双组团、新立组团和双港组团位于天津市空间发展的主轴线——海河发展轴上，功能定位均以居住、生产制造等为主，规划承载人口在10万以内。相较于其他外围城镇，这三个组团在主导功能、人口规模和轨道交通线路设置上并没有明显差异（表4-10），因此，其对于城市的扩展带动效果不强，难以实现对中心城区人口的有效疏解。目前，仅西青新城的建设规模相对较大，其他外围城镇组团的建设规模还有待提升，且空间布局也较为分散，难以通过区域内资源要素的有机整合来推动区域整体的协同发展。因此，这些外围城镇的集聚与规模效应难以充分发挥，难以实现对中心城区的"反磁力"作用。与此同时，分散布局导致城市基础设施重复建设，使得有限的资金未能发挥其最大效能。

表 4-10　边缘城镇的功能定位

城镇名称	主导功能	规划人口(2020 年)	轨道线路
西青新城	科技、教育、高新技术产业和现代制造业	50 万	2 号线、3 号线、8 号线、10 号线
青双组团	居住、加工制造	3.2 万	1 号线
双街组团	加工制造、居住	8.2 万	4 号线
小淀组团	居住、加工制造	20 万	3 号线、8 号线
大毕庄组团	商贸、仓储物流、加工制造	10 万	6 号线、7 号线
新立组团	加工制造、居住	10 万	4 号线、9 号线、10 号线
双港组团	居住、加工制造	7.5 万	6 号线
大寺组团	加工制造、微电子、居住	16 万	无

资料来源:《天津市城市总体规划(2005—2020)》

有鉴于此,在以轨道交通为引导推动中心城区周边城镇开发建设的过程中,应结合轨道交通更为突出的“等级联系”特性,以城市空间发展轴线为重点推动方向,充分发挥发展轴线上轨道交通站点的集聚效应,增强发展轴线上各城镇的功能配置(如商务、生产加工、商贸物流、高校与科研院所、生活服务等)。同时,在发展过程中,应注重土地和各类资源要素的集约高效利用,遵循城市土地开发规律,适当整合一些发展规模较小、产业结构雷同的组团(图 4-13),重点推动形成北部、东南、西青、西北、东部 5 个具有较大规模、较强吸引力的新城,带动新城基础设施投资,增强对中心城区人口的吸引能力,提升新城人口规模。新城作为区域内的政治、经济与科技创新中心,应通过各类功能的不断完善,实现区域内生活与工作的自平衡,推动区域发展格局由被动服务于中心城区转变为与中心城区功能互补、分工协作,从而真正形成中心城区的“反磁力”体系,推动区域的协同、可持续发展。

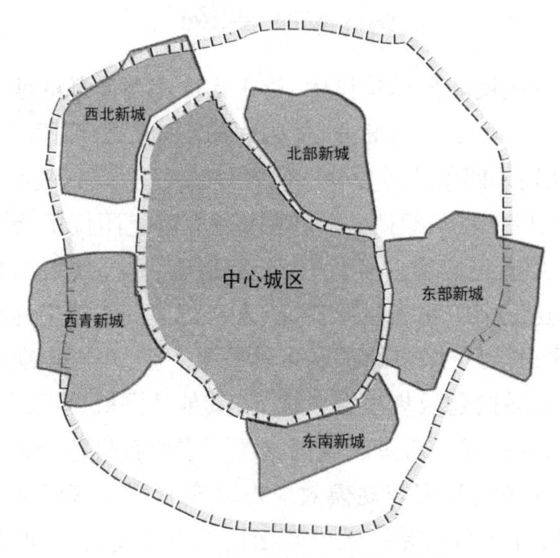

图 4-13　整合后的边缘城镇格局

资料来源:王宇宁等,2017

5. 外围城镇的空间组织

由于城市轨道交通线路通常在地下封闭运行，轨道交通站点就成为其与外界联系的主要载体。轨道交通站域因具有较高的可达性和土地增值效应，成为房地产开发的重点区域。因此，类似于多摩田园都市的开发建设，巴黎的 9 个外围城镇在发展过程中也十分重视与轨道交通的协同配合，在各站点区域开展高密度、高强度的开发，进而呈现出珠链式的发展模式。各类功能设施集中布置于城镇中心，主要集中了休闲娱乐、写字楼、科研院所及少量住宅，中心周边土地主要用于居住功能，以轨道交通作为交通主骨架将这些功能设施进行有机连接。居住区的外围则主要为工业用地，生产制造性企业集中于此，并通过公路、铁路等与外部沟通。可以说，这些城镇通过轨道交通线网，将各类功能设施有机串联，满足当地居民的日常工作、生活、休闲需要，从而吸引居民留在当地，实现中心城区与外围城镇的协同发展。

在功能构成上，天津中心城区的几个外围城镇总体而言相对单一，仅西青新城功能相对丰富，通过 4 条轨道交通线路的串联，构建起了以商务、生产加工、商贸物流、高校与科研院所、生活服务等为主体的“四区三芯两片一园”的空间结构体系。而其他的几个外围城镇功能都较为单一，主要以生产制造业为主，同时配套一定的商贸物流、生产加工企业，但居住功能尚不完善，因此较为依赖中心城区。此外，这几个外围城镇与中心城区连接的轨道交通线路数量也均少于 2 条，难以实现对城镇的高效覆盖。而就城镇内部的功能组织及空间布局而言，其也均没有做好与轨道交通站点的一体化规划，使得轨道交通站点对城镇各类功能的引导能力偏低，不利于城镇内部居民和各类功能的高效集聚。

城市服务功能的多样化是提升外围城镇“反磁力”效应的关键，这其中，产业功能和居住配置是两大核心影响要素。因此，在开展外围城镇空间布局的过程中，需进一步发挥轨道交通更为显著的“节点聚集”特性，在城镇内部科学布设轨道交通站点，有计划地做好轨道站点周边用地的开发建设，在站域导入丰富功能（如商务、娱乐休闲、健康保健、生活服务等），以提升外围城镇对中心城区的“反磁力”效应，增强外围城镇发展的独立性，吸引中心城区人口向外围城镇有序转移。

巴黎在市区近郊建设 9 个外围城镇的实践表明，轨道交通是推动区域内各种资源要素相互流动的重要载体，但资源要素能够实现流动的本质则是各种功能所产生的吸引力。因此，为了充分发挥外围城镇有效吸引中心城区人口迁移的作用，有必要以功能疏解为突破口，通过将部分城市功能转移到外围城镇来提升其对于中心城区人口的吸引力。而这其中，为提升外围城镇的功能配置，首先需要明确各城镇的功能定位。科学的功能定位会影响城镇的主导产业发展方向、各类功能设施的布局以及其与中心城区的发展关系。如果功能定位出现偏差，就会造成各外围城镇的同质化发展，降低城镇对居民的吸引力，从而使其难以发挥承接中心城区部分功能的作用。因此，有必要加强对于外围城镇功能定位的科学分析，进而吸引工业、科教文卫、休闲娱乐和居住等部分城市功能由中心城区向外疏解，推动外围城镇与中心城区形成错位发展、协同发展的功能集聚区。与此同时，还需理清不同城镇之间的功能等级和每个城镇的空间布局，从而促进城市空间结构的协同整合以及轨道交通系统的可持续发展。

4.3.2 轨道交通引导内部功能有机疏散

城市轨道交通网络的日益加密，带动城市中心的各类功能不断丰富完善，逐渐形成等级层次清晰的城市中心结构体系，有效缓解了单一中心的发展压力，推动城市内部各类功能有序疏散。随着轨道交通在城市中心发展演化过程中所发挥的作用日益增大，城市中心体系建设也随之做出了积极的空间响应。

1. 轨道交通引导重构城市空间结构

2010 年，《天津市空间发展战略规划》提出“一主两副”的多中心城市空间结构体系，旨在疏解中心城区不断汇集的人口与产业。而这其中，轨道交通对于主副中心的打造起到重要的支撑引导作用。

1）主中心的整体化、差异化发展

在轨道交通投入运营之前，各类市级中心在中心城区内的分布较为零散。小白楼周边区域集中了大量的商务办公楼宇，和平路—滨江道区域汇集了诸多购物商场，解放北路周边则集中了大量的金融机构。它们通过城市主干道相连，进行人流和物流的时空迁移。随着城市轨道交通线路逐步投入运营，轨道线网将上述地区有机串联起来，进一步便利了居民的日常出行，缩短了相应的出行时间和成本，进而促进了各类市级中心功能的不断聚集和规模的逐步扩大。根据天津中心城区“一主两副”的空间布局，小白楼地区作为“一主”区域，北临博爱路和海河东路，南至南京路、苏州路、江西路和合肥路，西至鞍山路，东至七纬路，面积 5.4 km^2（图 4-14）。区域内共有 4 条轨道交通线路（地铁 1 号线、3 号线、4 号线、9 号线）通达（图 4-15），设有 3 个换乘站和 4 个一般站。城市轨道交通有效地将小白楼商务区与其他各市级中心串联起来，使得小白楼商务区与解放北路商务区、南站商务区还有和平路—滨江道商业区能够发挥协同优势，提升区域整体的竞争力。同时，区域内集聚的大量人流也为轨道交通的健康、可持续运营提供了长期稳定的客流支撑，实现了二者的协同发展。

小白楼周边区域有大量历史建筑，为对这些历史建筑和历史街区形成整体保护，在开发建设的过程中，该地区从丰富地区现代功能、缓解交通出行拥堵、提升区域环境品质出发，在招商时重点引进金融类、商务类和中高端商业企业，推动区域发展成为商务办公聚集区。其中，四个功能区在定位上各有侧重，通过错位发展，区域内的各类资源实现了共用共享、功能互补和协调发展。小白楼商务区侧重于商务办公的发展，解放北路商务区侧重于金融、商务楼宇的聚集建设，南站商务区侧重于商务办公和休闲娱乐的协同发展，而和平路—滨江道商业区则侧重于中高端商业、休闲娱乐、餐饮等的集聚发展。

图 4-14　小白楼城市主中心范围

资料来源:《天津市空间发展战略规划》,2010

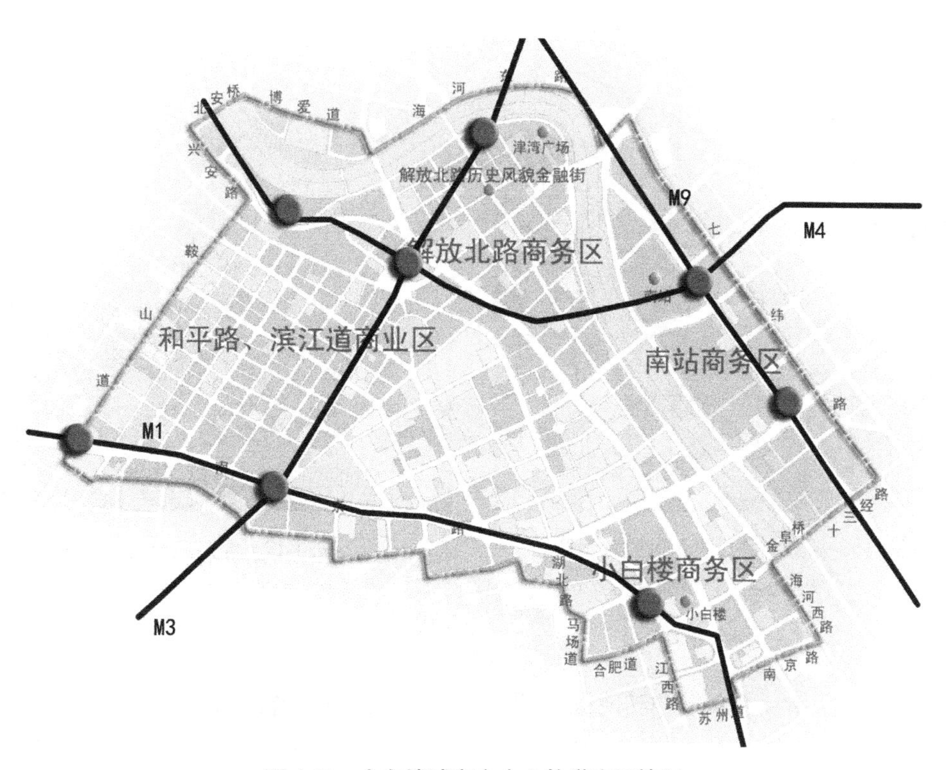

图 4-15　小白楼城市主中心轨道交通情况

资料来源:《天津市空间发展战略规划》,2010

①小白楼商务区

小白楼商务区是天津市较早发展形成的商务中心，近年来伴随天津市的经济发展，其功能也不断丰富完善，成为天津市中心城区主要的市级中心。其占地面积约 0.7 km²，北至曲阜路，南至南京路，西至马场路，东至海河西路。在功能定位上，小白楼商务区采用“商务 + 商业”的双轮驱动模式，重点发展高端商务办公楼、高档酒店、精品店和高端公寓，以此为载体推动高端商务和商业发展，在该地区内汇聚了一批公司总部、大型购物商场、金融业企业等。后续，小白楼商务区提出依托海河的发展策略，重点发展了徐州道与蚌埠道周边区域，以及大沽北路、解放北路片区，将上述两个区域打造成为海河发展带上的重要景观节点，从而进一步提升区域整体的环境品质和吸引力。区域内地铁 1 号线的小白楼站与跨海河的蚌埠桥一起提升了人流和车流的通达能力。

②解放北路商务区

解放北路商务区是天津市具有悠久历史的金融机构聚集区，其四至范围为北至海河，南临曲阜路，西至大沽路，东至海河，占地面积约 1.03 km²。在功能定位上，解放北路依托传统金融业聚集的优势，在对历史街区进行保护的同时(图 4-16)，旨在打造功能完善、配套齐全的现代金融中心(图 4-17)。根据“天津金融机构集聚、风貌建筑荟萃的历史街区”的功能定位，解放北路商务区十分重视对历史悠久的各类金融建筑的维护与修缮，同时在现代建筑设计中，又主动融合周边历史建筑的风格特色，开展现代建筑的立面改造，使其与整个街区的原有风格相协调，确保沿街建筑风格的连续性与统一性，从而构建具有复古特色的精致金融街区。

图 4-16　解放北路历史街区整治示意

资料来源:《天津市空间发展战略规划》,2010

图 4-17　津湾广场鸟瞰图

资料来源:《天津市空间发展战略规划》,2010

③南站商务区

南站商务区属于新开发的功能区，其四至范围为北至赤峰桥，南至十三经路，西至海河，东至七纬路，占地面积约 0.95 km²。优越的地理区位、较为便利的交通出行条件、配套完备的生活服务设施使得南站地区成为除小白楼商务区和解放北路商务区以外天津市当前重点建

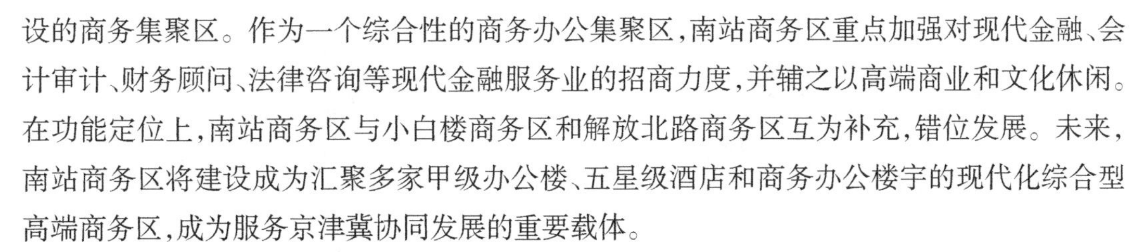

设的商务集聚区。作为一个综合性的商务办公集聚区，南站商务区重点加强对现代金融、会计审计、财务顾问、法律咨询等现代金融服务业的招商力度，并辅之以高端商业和文化休闲。在功能定位上，南站商务区与小白楼商务区和解放北路商务区互为补充，错位发展。未来，南站商务区将建设成为汇聚多家甲级办公楼、五星级酒店和商务办公楼宇的现代化综合型高端商务区，成为服务京津冀协同发展的重要载体。

④和平路—滨江道商业区

和平路—滨江道商业区是天津市形成较早且发展成熟的传统商业活动中心。近年来伴随天津市居民消费的升级，其在功能定位上也不断提升，成为中心城区最主要的市级商业中心。轨道交通 1 号线和 3 号线相继接入该区域，极大地便利了居民的日常出行，但与此同时，也加剧了中心城区内不同商圈之间的经营竞争。因此，未来在推动和平路—滨江道商业区发展的过程中，应进一步发挥轨道交通对区域人流的支撑作用，同时积极提升区域内的步行环境品质，丰富商业业态类型，塑造区域景观特色。

2）副中心的特色化、个性化定位

城市轨道交通的辐射作用极大地带动了站点周边区域的土地开发建设，尤其在多条轨道交通汇聚的换乘枢纽区域，更是汇集了大量的人流、物流、信息流。换乘枢纽的辐射带动作用极大地促进了周边地区的开发和建设，因此具有发展成为城市副中心的较大可能性。当前，天津市的轨道交通建设正在快速推进，规划在多条轨道交通线路的交汇处打造两大城市副中心，用以疏解小白楼地区城市主中心过度集聚的人口和功能，共同构建“一主两副”的城市空间格局。两大城市副中心分别为西站地区城市副中心和天钢—柳林地区城市副中心，它们均有着特色化和个性化的发展定位。

①西站地区城市副中心

西站副中心位于中心城区西北部，其规划四至范围为北至普济河道，南至南运河，西至红旗北路，东至南口路，占地面积约 10 km^2（图 4-18）。天津西站是天津市对外出行的交通门户之一，京津城际、京沪高铁、津保高铁以及津秦高铁在这里汇合。此外，它也是市内居民出行的重要交通枢纽，地铁 1 号线、4 号线、6 号线在此交汇（图 4-19），车站周边设有长途客运站和大型停车场，并有多条公交线路通达此地，实现了铁路、公共交通、出租车和长途客运等多种运输方式的零距离换乘。与此同时，西站副中心也不断加强与中心城区其他功能区的交通联系，相继修建了西青道、新河北大街快速路，方便中心城区居民驾驶机动车到达。除此之外，西站副中心周边有子牙河、北运河、南运河和新开河流经，具有独特的自然生态景观。

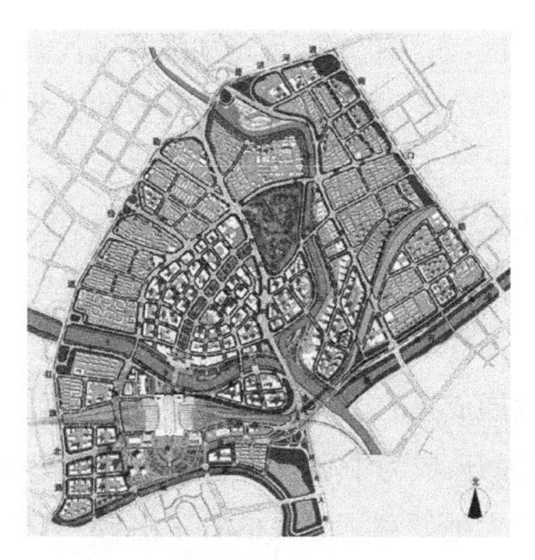

图 4-18　西站城市副中心城市设计

资料来源:《天津市空间发展战略规划》,2010

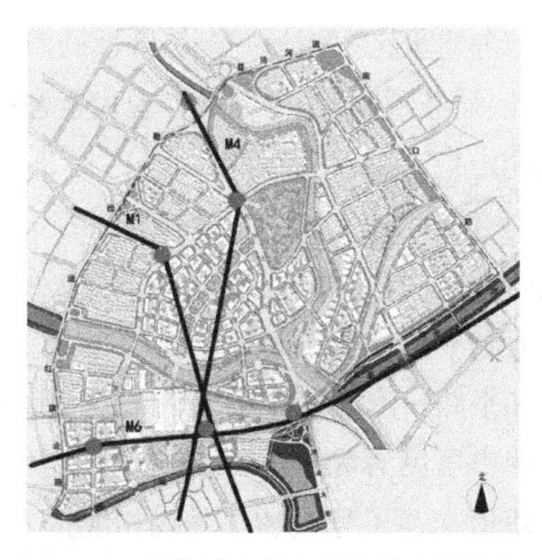

图 4-19　西站城市副中心轨道交通情况

资料来源:《天津市空间发展战略规划》,2010

依托便捷的内外交通条件与良好的自然生态景观,规划西站地区城市副中心将逐步成为辐射京津冀地区的综合性城市中心节点,通过汇聚商务办公、金融、休闲娱乐、居住等多种功能来集中展示天津的全新形象。西站地区城市副中心的建设将为中心城区向西发展注入全新动力,成为城市景观的新亮点,并进一步平衡中心城区的东、西部发展。西站地区城市副中心的总建筑规模将超过 1 500 ha,其中核心区集中商务办公、休闲娱乐和交通枢纽等功能,总建筑规模超过 920 ha。

②天钢—柳林地区城市副中心

天钢—柳林城市副中心位于中心城区东南部,其规划四至范围为北至津塘路,南至大沽南路,西至昆仑路,东至外环东路和外环南路,占地面积约 15 km^2,其中建设用地面积约 10 km^2(图 4-20)。作为中心城区东部的重点发展区域,天钢—柳林副中心的地理位置较为优越,与滨海国际机场和航空城距离较近,为副中心的发展提供了较强的产业支撑,带动了出口导向型企业发展。此外,区域内部交通也较为发达,共有 5 条轨道交通线路(地铁 1、7、9、10 号线和 Z1 线)通达该区域(图 4-21),其中,海河智慧城市站是地铁 7 号线、10 号线和 Z1 线的换乘枢纽,此外,还有 7 号线和 9 号线、10 号线和 Z1 线的两线换乘车站 2 座,以及普通车站 6 座。同时,为进一步加强与中心城区和滨海新区的快速高效连接,该区域内规划建设了由城市快速路、主干道、次干道、支路构建的级配合理的路网体系,极大地方便了中心城区和滨海新区居民驾车前往,推动区域快速发展。

以区域内便捷的交通体系为依托,天钢—柳林副中心在功能定位上重点围绕会展、商务办公、居住服务、生态四大功能。结合国家会展中心的建设,协同推动休闲旅游、商务贸易、文体娱乐等功能的配置,进一步增强国际会展功能。依托滨海国际机场和航空城,推动商务办公、高端酒店、休闲娱乐等现代服务设施的建设,为往返机场的乘客提供便捷服务,进一步强化区域的商务办公功能。面向在滨海新区工作的各类白领,推动高端居住社区建设,进一步增强区域的居住服务功能。天钢—柳林副中心周边有天津的母亲河——海河经过,具有优越的自然生态景观。因此,天钢—柳林地区城市副中心被定位为体现天津特色、面向国际、融合会展商务休闲居住等多重功能的生态城市副中心。

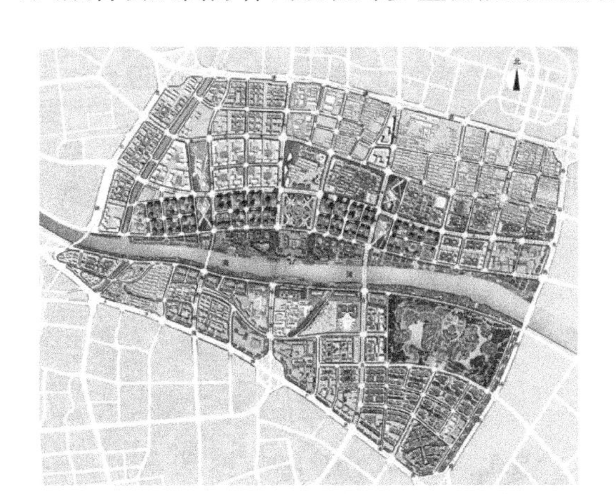

图 4-20　天钢—柳林城市副中心城市设计

资料来源:《天津市空间发展战略规划》,2010

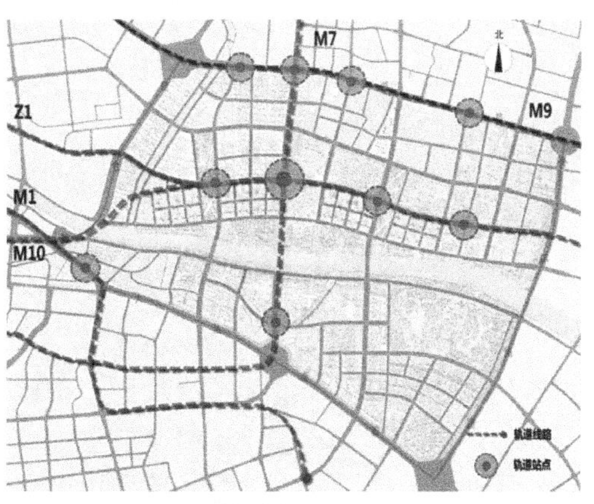

图 4-21　天钢—柳林城市副中心轨道交通情况

资料来源:《天津市空间发展战略规划》,2010

2. 轨道交通提升社区中心服务效能

在推进轨道交通网络化的进程中,轨道交通站点与社区中心的联动发展,不仅便于社区中心居民的日常出行,而且增加了各社区中心之间的相互竞争。社区中心一般以商业为主要功能。伴随轨交站点与社区中心联动发展的日益密切,站点周边社区中心的商业环境产生显著分化。本节以轨交站点周边的社区中心为研究对象,对社区周边商业环境开展定量评估,研究商业环境产生分化的诱因,从而更好地推动社区中心的复合化与规模化发展。

1)研究对象与数据

地铁 1 号线是天津市首条投入运营的轨道交通线路,它于 2006 年开通,目前已运营 14 年,因此,其与沿线社区中心的联动发展最为成熟。本节选取沿线的五个社区——奥林匹克花园、风屏东里、摩登天空、前程里和碧海白天鹅为研究对象(图 4-22)。在对轨交站点与社区中心耦合发展进行分析的基础上发现,随着耦合发展的逐步推进,轨交站点与社区中心之间的空间也逐渐融合,连接成片。通过现场调研,获取区域内商业设施的数量、类型和服务功能等基础数据,进而分析社区中心内微观商业环境的影响因素和构成要素。同时,在分析微观商业环境构成要素的基础上,进一步对距离社区中心一定范围内的宏观商业环境进行研究。根据城市公共交通查询网中公交路线的模拟,研究距离社区中心一定空间范围内的商业中心[①] 数量以及前往每个商业中心所花费的时间,以此分析宏观商业环境的构成要素。

① 中心城区的商业中心包括三个层次:一是市级商业中心(和平路—滨江道商业中心);二是市级副商业中心(小白楼商业中心、西站商业中心和天钢—柳林商业中心);三是区级商业中心(鼓楼商业中心、水上商业中心、银河广场商业中心、万达商业中心和金钟河商业中心)。

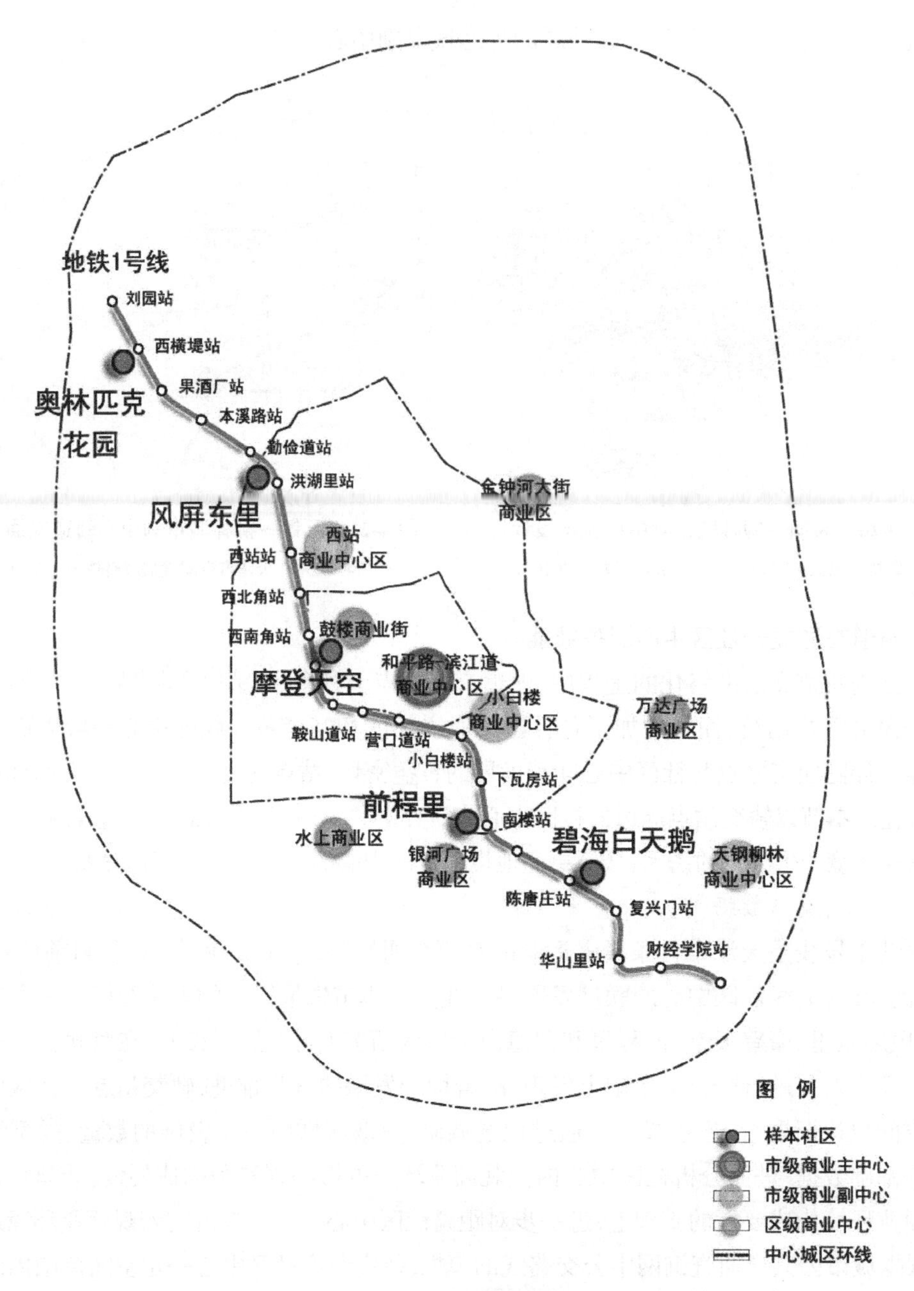

图 4-22 研究对象的选取

2)评价指标体系

为实现对商业环境的科学评价,在构建评价指标体系的过程中,本节将社区中心商业环境进一步细化为微观商业环境和宏观商业环境两个方面。在微观商业环境评价方面,选取业态数量、业态种类、综合服务功能、社区服务功能作为测度内容。其中,业态数量是每种商业业态的商店数量总和。业态种类是社区中心各业态类型的总数,用以表征商业设施的丰富性。社区中心内的商业设施一方面支撑商业地产的发展;另一方面,也引导消费空间更好地服务居民生活（王宇宁等，2014）。因此，社区中心的服务功能不仅包括综合的外部服务功能，同时也包括对社区居民的日常生活服务。综合服务功能是指区域内大型综合购物商店、专业店和专卖店的种类和占比。社区服务功能是指满足居民日常生活需求的规模较小的商店的种类和占比。在宏观商业环境评价方面，选取社区周围商业中心的数量、前往每个商业中心所花费的平均时间以及与公交接驳的便捷程度作为测度内容。综上，构建起相应的评价指标体系如表4-11所示。

表4-11 社区中心商业环境评价指标体系

第一层次	第二层次	第三层次	第四层次
城市社区中心商业环境评价（A）	微观商业环境（B_1）	业态数量（C_1）	各业态店铺数量总和（D_1）
		业态种类（C_2）	业态类型总数（D_2）
		综合服务功能（C_3）	大型店种类（D_3）
			大型店所占比例（D_4）
			专业店及专卖店所占比例（D_5）
		社区服务功能（C_4）	小型店种类（D_6）
			小型店所占比例（D_7）
			便利店及超市所占比例（D_8）
	宏观商业环境（B_2）	周边商业中心数量（C_5）	轨道出行10 min范围内的商业中心个数（D_9）
			公交距离5 km范围内的商业中心个数（D_{10}）
		到各商业中心的平均出行时间（C_6）	到各商业中心的平均出行时间（D_{11}）
		公交接驳便利性（C_7）	与最近轨道站点距离（D_{12}）
			与最近公交站点距离（D_{13}）
			最近公交站点的公交条数（D_{14}）

3）评价方法

如何科学评价社区中心的商业环境是一个复杂的多目标、多准则的决策问题。理想点法是解决上述多目标、多准则问题的有效评价方法，它通过引入正、负理想解，来确定实际样本中各数值的上、下限，使得计算结果与实际情况更为吻合，提升评价结果的可信度（孙慧等，2011）。基于此，本节采用理想点法，对社区中心商业环境进行定量评价。具体计算步骤如下所示。

第一，构建评价数据矩阵。假设共有m个待评城市社区中心，共有n个评价指标，进而构建评价数据矩阵$\boldsymbol{B}$为：

$$\boldsymbol{B}=\begin{bmatrix} b_{11} & \cdots & b_{1n} \\ \vdots & \ddots & \vdots \\ b_{m1} & \cdots & b_{mn} \end{bmatrix} \tag{4-6}$$

第二，标准化评价数据矩阵。对于评价数据矩阵$\boldsymbol{B}$而言，一些指标为效益型指标，一些指标为成本型指标。为此，需要将这些指标进行标准化处理，使得它们的变化方向相同，即统一将这些指标转变为效益型指标。为此，对评价数据矩阵 $\boldsymbol{B}$ 进行标准化处理，得到标准化评价数据矩阵 $\boldsymbol{A}$。

$$\boldsymbol{A}=\begin{bmatrix} a_{11} & \cdots & a_{1n} \\ \vdots & \ddots & \vdots \\ a_{m1} & \cdots & a_{mn} \end{bmatrix},\text{其中 } a_{ij}=1/b_{ij}, j=1,2,\cdots,n \tag{4-7}$$

第三，构建包含各指标权重的数据矩阵 $\boldsymbol{X}$。

$$\boldsymbol{X}=\begin{bmatrix} x_{11} & \cdots & x_{1n} \\ \vdots & \ddots & \vdots \\ x_{m1} & \cdots & x_{mn} \end{bmatrix},\text{其中 } x_{ij}=a_{ij}\cdot\omega_j \tag{4-8}$$

第四，对数据矩阵 $\boldsymbol{X}$ 进行归一化处理，从而计算得到归一化数据矩阵 $\boldsymbol{S}$。

$$\boldsymbol{S}=\begin{bmatrix} s_{11} & \cdots & s_{1n} \\ \vdots & \ddots & \vdots \\ s_{m1} & \cdots & s_{mn} \end{bmatrix},\text{其中 } s_{ij}=x_{ij}/\sqrt{\sum_{i=1}^{m}x_{ij}^2} \tag{4-9}$$

第五，分别计算最优、最劣值，从而构建最优值向量 $\boldsymbol{S}^+$ 与最劣值向量 $\boldsymbol{S}^-$

$$\boldsymbol{S}^+=\max\left\{S_{1j},S_{2j},\cdots,S_{mj}\right\} \tag{4-10}$$

$$\boldsymbol{S}^-=\min\left\{S_{1j},S_{2j},\cdots,S_{mj}\right\} \tag{4-11}$$

第六，确定各指标值与最优、最劣值的贴近度 T_i。

$$T_i=\boldsymbol{S}_i^-/(\boldsymbol{S}_i^-+\boldsymbol{S}_i^+)\times 100\% \tag{4-12}$$

结合贴近度的数值大小，对待评城市社区中心商业环境开展综合排序。贴近度的数值越大，表明社区中心的商业环境越优。

4）评价结果

根据上述理想点法的计算步骤，可以计算得出城市社区中心商业环境综合得分，进而对摩登天空、前程里、奥林匹克花园、风屏东里和碧海白天鹅五个社区中心的商业环境进行综合排序。相关排序结果如图 4-23 所示。

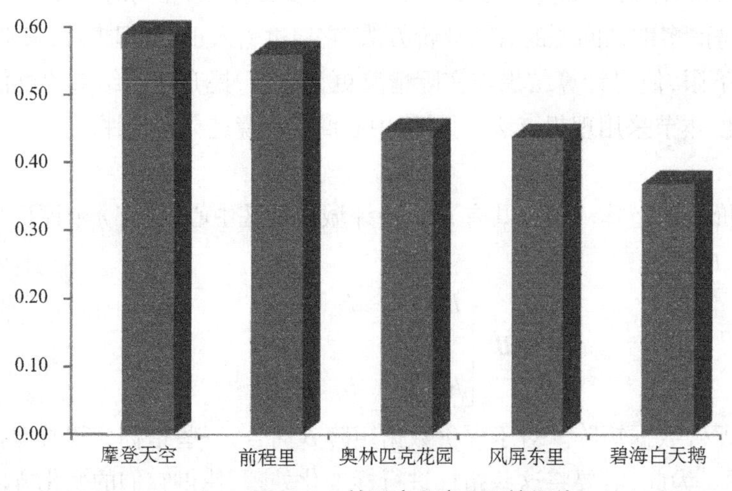

图 4-23　社区中心商业环境评价

通过开展轨交站域社区中心商业环境评估,研究发现位于城市中心区的社区其商业环境要优于郊区社区。这是因为中心区的轨道交通站点通常与现有各级城市中心有机结合,使得社区中心具有较高的等级定位、丰富的业态类型、相对较强的综合功能以及较好的客源基础。与此同时,中心区的公交线网密度较高,便于与轨道交通站点接驳,极大地提升了前往各商业中心的可达性。但是,位于郊区的轨道交通站点,在站点设置时通常很难依托现有已建成的商业中心,综合服务功能不强。不过,尽管奥林匹克花园社区位于天津市外环线附近,但它的社区中心商业环境却优于位于中环线内更临近市中心的洪湖里站。这是因为在居住功能向郊区转移的背景下,奥林匹克花园社区的周边土地在房地产开发的带动下,综合配套了各类生活服务设施功能(包括大型商超、百货商店、健身场所、影院等),推动社区周边形成了新的消费中心,这在服务居民生活的同时,也为社区周边商业设施培育了大量客流,从而带动区域综合服务功能的进一步完善。因此,对于位于城市中心区的社区中心,需要结合中心区内的各类资源,配套做好社区建设,提升社区的功能配置。而在推动郊区社区中心建设的过程中,应树立区域整体开发的规划理念,充分发挥社区中心的带动作用。社区中心不仅应满足居民的日常生活需求,而且应以丰富的业态类型、大规模和高端的经营环境以及全面、专业和特色化的服务满足居民的日常消费、特色消费,从而提升社区中心对居民的吸引力。

3. 轨道线网与城市公共设施的耦合

近年来,我国经济快速发展、居民收入持续增长,居民的消费结构发生了较大的改变,公共服务领域如教育、医疗、文化的消费需求在不断上涨。随着到发交通量的持续增加,这些公共服务设施在集聚人流大量的同时,也逐渐成为新的交通拥堵节点。

作为大运量的公共交通运载工具,足够的客流是轨道交通正常运营的重要支撑,其对沿线的土地开发有着较强的依赖性。与此同时,以满足公共需求为导向的轨道交通应给居民的日常出行提供便利,特别是对基础民生类的公共服务设施更应有效串联。因此,在进行轨道交通线网设置时,应充分考虑其与城市公共服务设施的高效结合,从而不仅减缓地面上的交通拥堵,提升城市的运行效率,而且进一步扩大公共服务设施的服务半径,增强其使用效率,并在非高峰时期提供长期稳定的客流支撑,提高城市轨道交通的运营效益。

此外,从区位的视角来分析,公共服务设施通常位于城市内区位条件较为优越的地段,而轨道交通则会明显改善周边地区的交通可达性,二者均能够显著提升周边土地的经济效益,引导形成以其为核心的圈层式梯度开发模式。因此,如果能将轨道交通站点与城市公共设施高效耦合,就可以增强二者的合力,实现效益最大化。

1)耦合机制

源自机械专业的词汇“耦合”,在此泛指轨道交通站域与城市公共设施因相互作用而产生的互为依托、互为促进的动态关联关系,其是在公共需求导向下的相互影响与共同演化过程。居民公共服务消费水平的提升产生了大量的交通出行需求,城市交通体系需要不断发展完善以适应相应的需求扩展,而这种公共需求导向下的交通供需适配与平衡过程,则为城市空间的耦合发展提供了前提与基础。与此同时，具有更为明显“时空收敛”特性的轨道交通，因运行过程中基本不受外部环境干扰影响，所以对于城市道路系统因日益加剧的交通拥堵而产生的时间难以把控而言，具有更高的可靠性，进而能促进轨道交通站域与城市公共设施的耦合发展。

2）叠合分析

城市轨道交通站点具有一定的空间影响范围，如果公共服务设施在其影响范围内，则认为二者可以达到相互支撑的合力状态；如果公共服务设施与轨道交通站点的空间影响范围无重合，则认为二者无法实现空间耦合（王宇宁，2016）。

通过将轨道交通站域与城市的文化设施、体育设施、教育设施、医疗设施的空间格局进行叠合，探讨轨道交通对各类公共设施的支持。然后，对各类设施的空间格局开展分层叠加，汇总出城市公共设施总体的空间格局分布，再与轨道交通站域进行叠合分析，提出二者协调整合的优化建议。

3）双向互动

在城市建成区范围内，公共服务设施的建设一般快于轨道交通线网的发展。因此，轨道交通在规划建设过程中需要做好与现有公共服务设施的衔接，以充分发挥二者的协同作用。伴随着轨道交通线路的加速成网，其对于城市空间的影响作用更为显著，促进了城市公共服务设施的进一步均等化。因此，对于要在新的城市空间体系框架下规划和建设的公共服务设施，在选址过程中，应尽可能与已建成的轨道交通站点做好衔接，从而通过二者的相互支持最大限度地发挥共同作用。

4）实证研究

将天津市规划的中心城区轨道交通线网与城市内的文化设施、体育设施、教育设施、医疗设施等分别进行叠合，具体情况如图 4-25 和图 4-26 所示。从图中可以看出，与轨道交通线网耦合度较高的是文体设施，在轨道交通站点 500 m 范围内，覆盖了全部的体育设施和 86% 的文化设施，但与此同时，有 32% 的教育设施和 37% 的医疗设施未能与轨道站点有机结合在一起。故而，应根据现状和邻近耦合原则，将尚未实现较好耦合的轨道交通站点与公共服务设施有机整合。对于现有已开通运营的轨道交通站点，在开展公共服务设施规划布局的过程中，应做好公共服务设施与车站的有机衔接，而对于现有已运营的公共服务设施，在开展轨道交通线路规划设置的过程中，应做好站点与现有公共服务设施的结合。

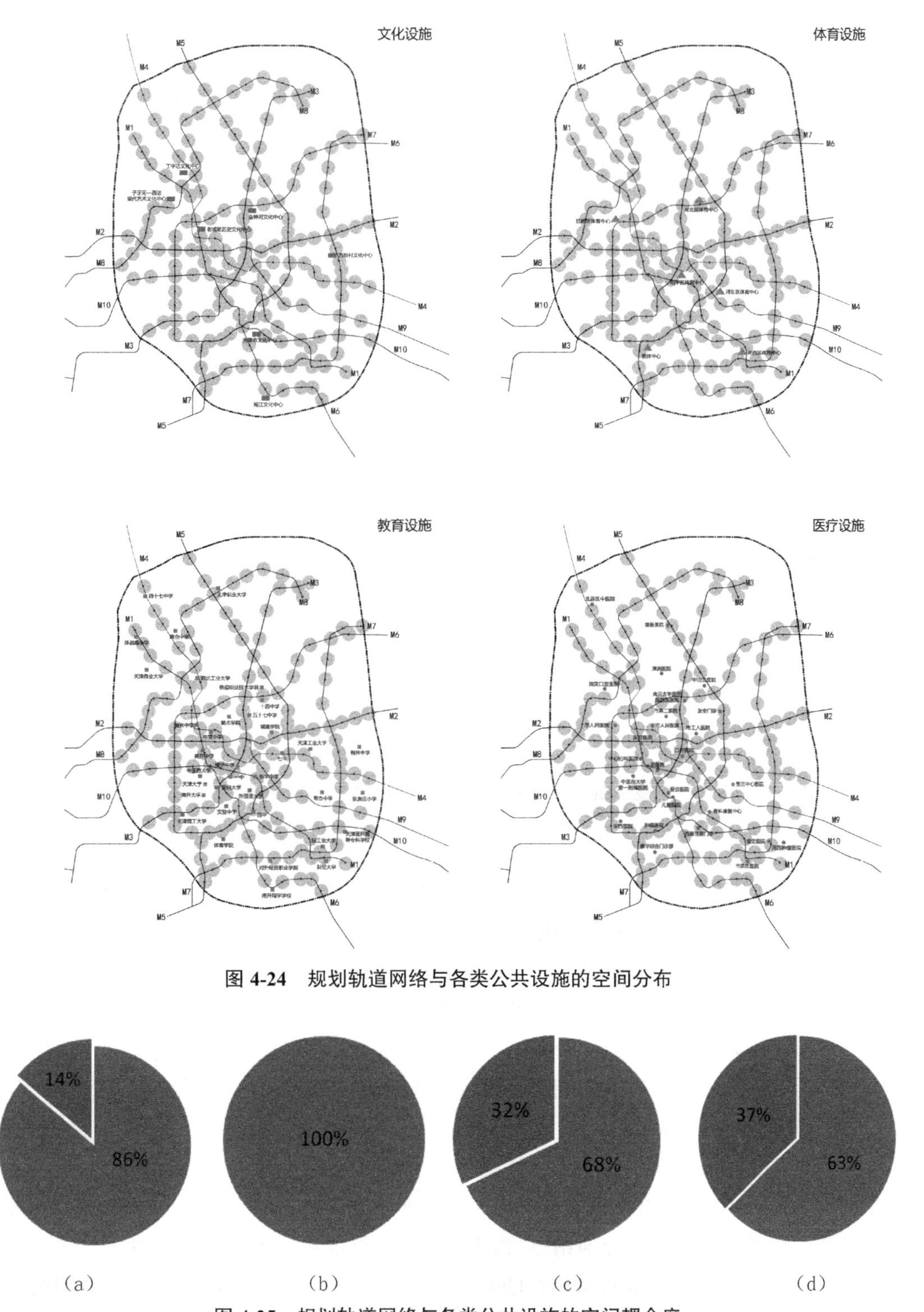

图 4-24　规划轨道网络与各类公共设施的空间分布

图 4-25　规划轨道网络与各类公共设施的空间耦合度

(a)文化设施　(b)体育设施　(c)教育设施　(d)医疗设施

然后，将文化设施、体育设施、教育设施、医疗设施进行分层叠加，得出中心城区公共设施的总体分布，再与轨道交通站域进行叠合。总体而言，中心城区的轨道线网与公共设施的耦合情况较为理想，城市公共设施较为集中的区域基本被轨道交通串联起来，但仍有三处公共设施集中分布的片区缺乏轨道交通支撑（图 4-26）。即片区一：丁字沽文化中心片区。片区二：天津大学—南开大学—中医药大学片区。片区三：实验中学—儿童医院片区。接下来，将分别提出各片区的轨道交通布局优化建议。

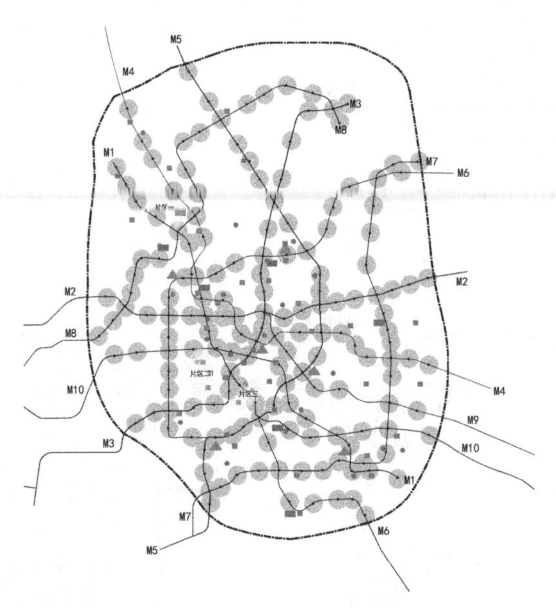

图 4-26 规划轨道网络与各类公共设施的叠合

①丁字沽文化中心片区

文化中心是承载和展示城市文化的窗口，是市民开展文化休闲活动的集中场所。作为红桥区的文化活动中心，丁字沽文化中心片区设有多种公共文化活动设施，如图书馆、影剧院、展览馆等。片区周边共规划有三条轨道交通线路通达，分别为已开通运营的地铁 1 号线以及在建的地铁 4 号线和 8 号线，但相距文化中心最近的轨道交通站点也至少 700 m 以上。

鉴于地铁 1 号线已经开通运营多年，因此建议距离片区最近的轨道站点，即在建的地铁 4 号线和 8 号线的换乘站适当向西北方向移动，从而与丁字沽文化中心有机融合。

②南开大学—天津大学—中医药大学片区

作为天津市的知名高校，南开大学（卫津路校区）、天津大学（卫津路校区）以及中医药大学合计占地约 4.3 km^2，共承载在校师生 7 万多人。作为中心城区内主要的人口密集区，三所高校片区内并未设有轨道交通站点，相距最近的站点也在 1 000 m 以外，这不仅未充分发挥轨道交通服务高密度人群日常出行的基本职能，也不利于其有效收集非高峰时期的稳定客流。故针对该片区提出如下优化建议：该片区周边共规划有地铁 3 号线、6 号线和 10 号线通达。地铁 3 号线和 6 号线已经建成通车，地铁 10 号线正处于建设之中。根据地铁 10 号线的规划功能定位，考虑到便于其与地铁 1 号线的换乘组织，建议地铁 10 号线在海光寺站与1号线交汇后，线路走向由原来沿新兴路方向调整为沿卫津路方向，并分别设站于天津大学东门和南开大学东门（图4-27），以支持两所大学的轨道交通出行。但针对中医药大学及其附属医院区域，目前规划的轨道交通线网尚无法完成对其有效覆盖，建议日后开展轨道线网优化完善时优先考虑该片区。

③实验中学—儿童医院片区

作为天津市著名的"市五所"之一，实验中学占地面积约3.3 km²，在校师生共计3 200多人。儿童医院作为天津市唯一的三甲综合性儿科医院，院内常常人满为患，数量有限的停车位使得路边停车现象十分普遍，经常造成区域交通拥堵甚至瘫痪。因此，以轨道交通来引导疏解该地区的人车矛盾十分必要。

该片区周边共规划有三条地铁线路通达，分别为已经建成通车的地铁3号线和6号线，以及正处于建设之中的地铁10号线。因此，建议结合区域的现状条件，对地铁10号线进行相应调整。经过南开大学东门站后，地铁10号线与3号线汇聚于吴家窑站，然后使其沿吴家窑大街方向前行到友谊路，连接原规划线路，并在儿童医院增设站点（图4-27），从而更好地支持区域的轨道交通出行。

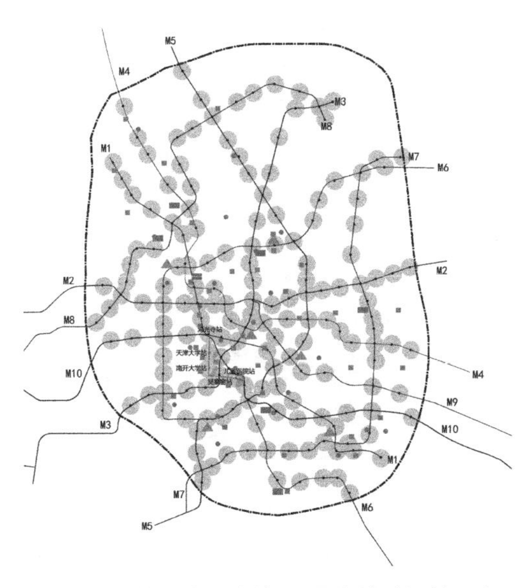

图4-27 中心城区地铁10号线线路调整示意

城市轨道交通具有大运量特点以及公共属性，其线路设置理应与人流集散程度高的城市公共设施进行紧密结合，从而便利居民的日常交通出行。通过对天津市中心城区轨道交通站域与城市公共设施的耦合情况进行分析，提出线网优化调整的对策建议。但城市轨道交通的建设周期长、投资高，线网的发展是一个不断完善演化的过程，就目前而言，对于中心城区内一些公共设施的集中布设区，现有线网无法实现有效覆盖、高效支撑。因此，建议新线路规划建设时着重考虑当前的公共设施服务盲区，充分与之结合布设。而新的公共设施在进行规划选址时，则充分考虑结合已建成的轨道站点，促进二者互为支撑，协同发展。此外，城市轨道交通的建设与运营成本相对较高，这导致其无法实现城市内所有公共设施的全覆盖。因此,对于空间布局相对零散的公共设施,建议加强其以公交接驳轨道交通的力度,扩大服务范围并提高可达性。

4. 轨道交通与城市综合体空间整合

近年来,随着居民对生活品质和购物便利性的需求不断增强,“一站式服务”“体验消费”成为一种新的购物消费趋势。与此同时,日益稀缺的土地资源也使得一种新的城市空间组织模式——城市综合体不断涌现。多元混合的功能、高度集聚的业态开启了城市综合体对于城市空间资源的集约高效利用,使其逐渐成为一类汇集居住、商业、办公、休闲娱乐于一体的城市公共空间,而大量的人流、物流集散则产生了巨大的交通需求。快速高效的城市轨道交通具有突出的“时空收敛”特性,如能与城市综合体有机结合不仅可以快速疏解人群,也能依托城市综合体的多元功能混合、全天候活力筹集稳定的客源,提高出行利用率(王宇宁,2017)。因此,本节即是探究二者的空间整合模式,以实现其协调互促、互助共赢。

基于《天津市市域综合交通规划(2008—2020)》确定的轨道交通线网,将其与中心城区已建和在建的21个城市综合体进行叠合(图4-28),发现二者之间具有较高的耦合度,只有2个未被轨道交通站点的空间影响范围所覆盖,说明二者之间的空间耦合已得到普遍认可。新的城市综合体在进行规划选址时,乐于布局在轨道站点周边,而新规划的轨道站点则倾向布局于已建成的城市综合体周边,二者相互支撑,发展共赢。

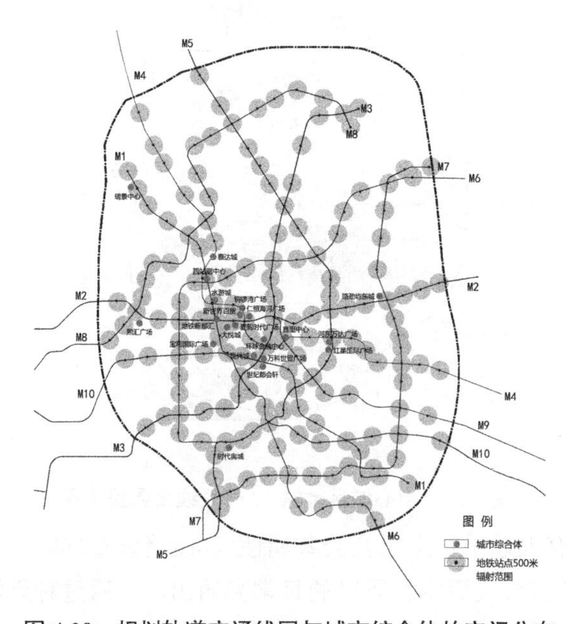

图 4-28 规划轨道交通线网与城市综合体的空间分布

多元混合的功能、高度集聚的业态使得城市综合体与轨道交通体系衔接融合的功能类型、空间模式不尽相同。进而,通过统计城市综合体的业态种类,掌握其功能构成及相应的人流特点,确定其与轨道交通相衔接的最适宜的功能类型。

1)城市综合体的功能构成

本节选取位于北京、上海、天津、香港四大城市的61个城市综合体进行业态类型统计

（表 4-12），将其主导功能分为四大类，分别为商业、居住、办公和休闲文化。其中，办公类别中，商务办公的出现频率高达 95%，而会议展览仅为 25%。商业类别中，餐饮业、零售、便利性商业的出现频率都很高，均在 95% 以上。住宅类别中，酒店及公寓的出现频率均大于 60%，是除天津外其他三个城市的综合体的主要居住模式。而在天津的城市综合体中，主要的居住模式为普通住宅，其出现频率为 26%。休闲文化类别中，出现频率由高到低分别为娱乐、美容美体、运动、影剧院、俱乐部会所以及教育类，这体现出居民不断增强的体验式消费需求。

表 4-12　城市综合体的业态类型统计

编号	综合体名称	商业类			居住类			办公类		休闲文化类					
		便利性商业	零售	餐饮	普通住宅	公寓	酒店	商务办公	会议展览	俱乐部会所	娱乐	教育	影剧院	运动	美容美体
A_1	国贸中心	√	√	√		√	√	√	√						
A_2	新世界中心	√	√	√		√	√	√		√	√			√	√
A_3	东方广场	√	√	√		√	√	√					√	√	√
A_4	财富中心	√	√	√		√	√	√	√						
A_5	北京环球贸易中心	√	√	√		√	√	√	√				√	√	√
A_6	北京万达广场	√	√	√		√	√	√	√	√	√		√	√	√
A_7	西环广场	√	√	√				√			√	√		√	√
A_8	新中关	√	√	√		√		√	√	√	√		√	√	√
A_9	世贸天阶	√	√	√				√		√			√	√	√
A_{10}	建外 SOHO	√	√	√	√	√		√		√	√	√		√	√
A_{11}	平安国际金融中心	√	√	√				√			√				
A_{12}	华贸中心	√	√	√		√	√	√		√				√	√
A_{13}	银泰中心	√	√	√		√	√	√	√						√
A_{14}	西单大悦城	√	√	√		√		√			√		√	√	√
A_{15}	远洋光华国际	√	√	√		√		√							
A_{16}	东环广场	√	√	√		√		√			√		√	√	√
A_{17}	光大国际中心	√	√	√			√	√			√		√	√	√
A_{18}	盈都大厦	√	√	√		√		√			√				
A_{19}	凤凰置地广场	√	√	√		√	√	√			√				√
A_{20}	华尔街观典	√	√	√		√	√	√		√	√			√	√
B_1	时代奥城	√	√	√	√	√	√	√			√	√	√	√	√
B_2	新世界广场	√	√	√	√			√			√				
B_3	现代城	√	√	√		√	√	√			√		√	√	√
B_4	世纪都会轩	√	√	√	√	√		√			√		√		
B_5	河东万达广场	√	√	√		√		√			√		√	√	√

续表

编号	综合体名称	商业类			居住类			办公类		休闲文化类					
		便利性商业	零售	餐饮	普通住宅	公寓	酒店	商务办公	会议展览	俱乐部会所	娱乐	教育	影剧院	运动	美容美体
B_6	天津环球金融中心		√			√	√	√		√					
B_7	水游城	√	√	√			√	√	√		√		√	√	√
B_8	仁恒海河广场	√	√	√	√	√		√			√				
B_9	麦购时代广场	√	√	√				√			√		√	√	
B_{10}	地铁新都汇	√	√	√		√	√	√			√				
B_{11}	熙汇广场	√	√	√		√	√	√			√		√	√	
B_{12}	大悦城	√	√	√	√	√		√		√	√	√	√	√	√
B_{13}	铜锣湾广场	√	√	√	√		√	√			√				
B_{14}	西站城市副中心	√	√	√	√	√	√	√	√		√	√	√	√	√
B_{15}	泰达城	√	√	√	√	√	√	√			√	√	√	√	√
B_{16}	宝利国际广场	√	√	√	√	√		√							
B_{17}	红星国际广场	√	√	√	√	√	√	√			√			√	√
B_{18}	万科世贸广场	√		√		√	√	√							√
B_{19}	嘉里中心	√	√	√	√	√	√	√	√		√			√	√
B_{20}	瑞景中心	√	√	√	√		√			√	√	√	√	√	√
B_{21}	路劲屿东城	√	√	√	√		√				√			√	√
C_1	五角场万达	√	√	√		√		√			√				√
C_2	上海环球金融中心		√	√			√	√	√		√		√	√	
C_3	上海国际金融中心		√	√		√	√	√							
C_4	环贸国际广场	√	√	√	√	√		√			√			√	√
C_5	凯德龙之梦虹口	√	√	√		√		√			√			√	√
C_6	香港名都	√	√	√		√		√			√				
C_7	华润万象城	√	√	√			√	√			√		√	√	√
C_8	上海金茂大厦	√	√	√			√	√	√		√			√	√
C_9	世纪大都会	√	√	√			√	√			√				√
C_{10}	虹桥天地	√	√	√			√	√	√		√			√	√
C_{11}	上海嘉里中心	√	√	√		√	√	√			√			√	√
C_{12}	上海新世界城	√	√	√		√	√	√			√		√	√	√
D_1	太古广场	√	√	√		√	√	√	√		√	√	√	√	√
D_2	香港又一城	√	√	√				√			√		√	√	√
D_3	九龙站换乘综合体	√	√	√	√		√	√			√			√	√
D_4	乐富中心	√	√	√							√			√	√
D_5	朗豪坊	√	√	√			√	√			√			√	√

续表

编号	综合体名称	商业类			居住类			办公类		休闲文化类					
		便利性商业	零售	餐饮	普通住宅	公寓	酒店	商务办公	会议展览	俱乐部会所	娱乐	教育	影剧院	运动	美容美体
D_6	香港国际金融中心	√	√	√			√	√	√		√		√	√	√
D_7	香港时代广场	√	√	√				√	√		√			√	√
D_8	新世纪广场	√	√	√			√	√			√				√
	频率	58%	60%	60%	16%	39%	38%	58%	15%	10%	49%	8%	25%	41%	44%
	比例	95%	98%	98%	26%	64%	62%	95%	25%	16%	80%	13%	41%	67%	72%

2)城市综合体的人流特点

多元化、复合化的功能构成,使得城市综合体的人流行进特点有所不同,要合理确定其与轨道交通高效衔接融合的功能类型和适宜方式,首先需要从人流的目的性、流量大小、停留时间、高峰格局以及交通模式选择等多个方面开展具体详细的分析。

由表 4-13 可知,开放性和公共程度较高的商业和休闲文化功能,具有人流量大但目的性不强、逗留时间较长的特点,很容易形成人流高峰。因此,其较为适宜直接连通轨道交通站点,设置清晰醒目的标识指引系统,将大量的交通人流转为消费客流。而对于具有一定私密性、公共性相对较低的办公功能,其人流通常较为熟悉周边的空间环境,且具有较强的目的性,需要快速进出场所内部,很少在外部空间逗留。所以,在进行与轨道交通站点的结合设计时,需要考虑预留一定的过渡空间,且灵活布局衔接位置。酒店、公寓等功能是一种公共性相对较低、私密性相对较强的客居形式,人流具有较强的目的性,但由于缺乏对周边环境的了解,多采用出租车、私家车等交通工具,因此,规避城市中的主要人流,安全安静、快速到达的出行环境是其重要需求。所以对于与城市轨道交通站点的结合,其需求并不高,如若结合设置,则衔接位置也不宜离商业入口过近。而对于私密性很强的普通住宅,人流十分熟悉周边环境且目的明确,所以安全安静、快速到达的出行环境至关重要。但其又是消费客流的重要组成,因此,普通住宅与轨道交通的衔接位置需要远离办公设施、酒店入口,但可临近商业设施入口。综上,适宜与轨道交通站点高效衔接的功能类型主要为具有较高公共性与开放性的商业、休闲文化、办公等。

表 4-13　城市综合体的人流特点

功能类型		人流特点						
		人流量	目的性	熟悉程度	逗留时间	人流高峰	交通环境需求	交通选择模式
商业		较大	较弱	—	较长	易形成人流高峰	舒适慢速	多样
办公		较大	较强	较熟悉	较短	易形成周期性高峰	快速	多样
住宅	普通住宅	一般	较强	较熟悉	较短	易转化为购物人流	安静快速	多样
	酒店、公寓	一般	较强	不熟悉	较短	宜避开主要人流	安静快速	私家车、出租车

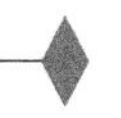

续表

功能类型	人流特点						
	人流量	目的性	熟悉程度	逗留时间	人流高峰	交通环境需求	交通选择模式
休闲文化	较大	较弱	—	较长	易形成人流高峰	舒适慢速	多样

3)城市综合体与轨道交通的空间整合模式

城市综合体的交通区位条件、功能布局结构以及内部空间组织等多种因素,使得其与轨道交通的空间整合模式不尽相同。选取二者有机结合的典型案例(表 4-14),剖析其空间连接中介与复合特征,总结城市综合体与轨道交通的空间整合模式。

表 4-14 轨道交通与城市综合体的空间整合模式

综合体名称	总建筑面积(万 m^2)	功能构成	结合的轨道站点	与轨道交通连接方式	空间整合模式
天津大悦城	—	商业、酒店、居住、办公、休闲娱乐	天津鼓楼站	购物中心地下 1 层的内部空间	
西环广场	26.4	商业、办公、休闲娱乐	北京西直门站	购物中心地下 1 层的内部空间	
凯德龙之梦虹口	28	商业、酒店、办公、休闲娱乐	上海虹口足球场站	地下 2 层通过购物中心内部空间直接与 8 号线连接;4 层通过人行天桥连接 3 号线	
香港又一城	9	商业、办公、休闲娱乐	香港九龙塘站	购物中心中庭	
乐富中心	3.6	商业、休闲娱乐	香港九龙站	购物中心中庭	
九龙站换乘综合体	170	商业、酒店、办公、休闲娱乐	香港九龙站	购物中心中庭	
太古广场	49	商业、酒店、办公、休闲娱乐	香港金钟站	地下商业街	
朗豪坊	16.96	商业、办公、休闲娱乐	香港旺角站	地下通道	
新中关	12	商业、酒店、办公、休闲娱乐	北京海淀黄庄站	地下通道	
新世界城	20	商业、酒店、办公、休闲娱乐	上海人民广场站	地下商业街	

①相邻式的空间整合模式

相邻式是城市综合体与轨道交通沟通衔接最简单的空间整合模式,二者的空间领域相交出一个共享区域，因此，只需通过水平转换、不需垂直衔接即可实现空间的过渡（图4-29）。简洁的路线，便捷的联系，模糊了城市综合体与轨道交通之间的空间界限，使得二者的建筑形态与功能空间相互交织，而其之间的共享区域则可设置为多种功能，如小广场、共享厅、庭院等。

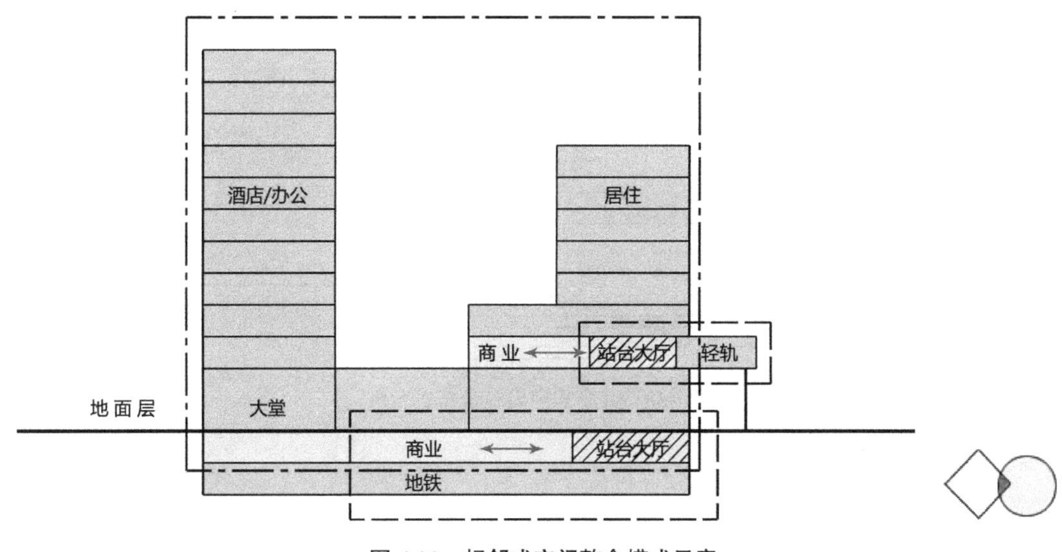

图4-29 相邻式空间整合模式示意

该空间整合模式较为常见，如天津地铁2号线的上盖项目——南开大悦城。鼓楼站的站厅在负一层与购物中心的共享厅相衔接，通道的两端分别连接地铁站的检票口和购物中心以便利性商业为主导业态的“生活演绎区”。上海的凯德龙之梦虹口广场则通过空中和地下两种方式实现与虹口足球场地铁站的高效衔接。作为上海地铁8号线和轻轨3号线的枢纽换乘站，虹口足球场地铁站，在以特色店铺、超市、餐饮等功能为主的负二层与虹口广场的内部空间相连通。而虹口广场的四层则与轻轨3号线以人行天桥相衔接，直接将出站人流引导进入购物中心，实现交通人流向消费客流的快速转换。

②共享式的空间整合模式

该模式指充分利用城市综合体内的中庭等大空间，以垂直交通工具将城市综合体与轨道交通有机串联（图4-30）。中庭作为二者之间的共享区域，对综合体内的流线干扰相对较小，且易于保持视线及空间的连续性，这种地下、地面、地上有机融合的立体化空间组织模式促进了城市综合体与轨道交通的整合发展。

香港九龙站作为重要的换乘枢纽，共设有六层，地下两层为轨道交通站台，地上四层为复合化的多元功能空间，地上地下以中庭内贯通四层的自动扶梯进行连通。作为人流交汇的重要空间节点，中庭连接着负一层的机场快线以及负二层的东涌线，而在地面层则可实现与城市道路、公交站台以及停车场的高效连接。与此同时，中庭周围设置的多种商业业态以及丰富的休闲文化设施吸引了大量人流于此集散，使其承担交通转换功能。中庭立体化的人行空间组织，既可以引导人流从地面层进入建筑内部，又可以实现地铁站厅向中庭空间的便捷过渡，成为“城市客厅”。

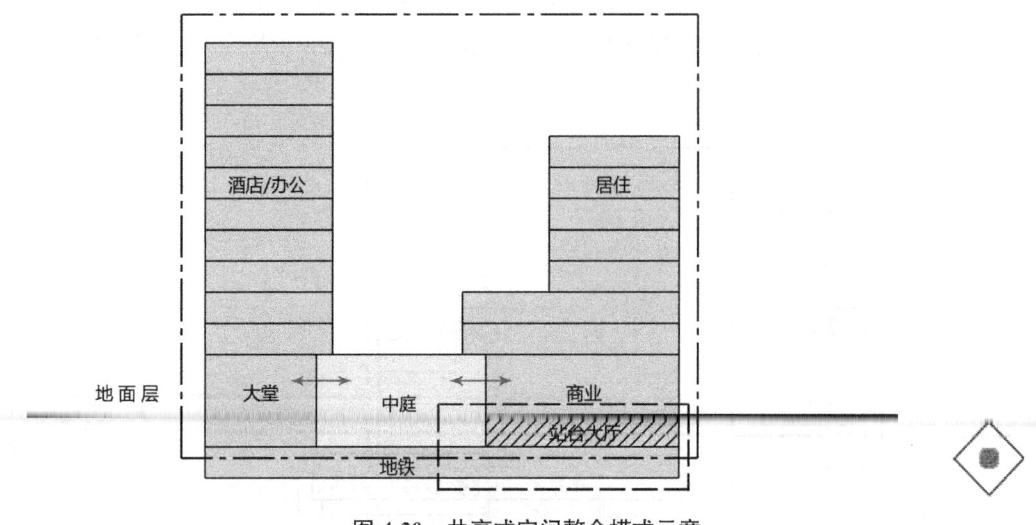

图 4-30 共享式空间整合模式示意

③联通式的空间整合模式

该模式是指经由过渡空间实现城市综合体与轨道交通的空间过渡与衔接，多以水平向的线性空间如人行道、地下街等进行连接（图 4-31），适用于轨道交通多线换乘的枢纽站点以及距离城市综合体的出入口有一段距离的情况。比如在城市的主副中心地区，可以基于轨道交通站点的触媒效应，以地下步行网络的构建促进商业步行街的形成，并将其功能引导延伸至轨道交通上盖的城市综合体内。由于空间转换仅在平面开展，不需立体换乘，所以可营造出安全便捷、不受干扰的宜人步行环境。

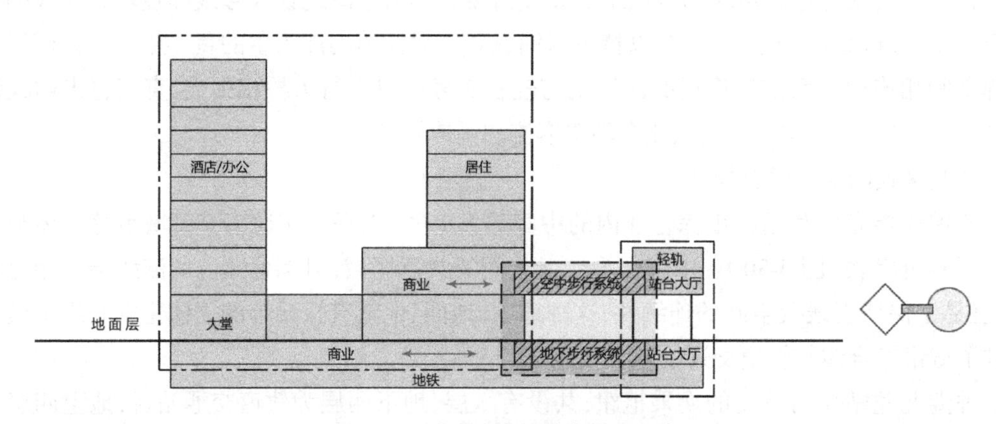

图 4-31 联通式空间整合模式示意

作为上海市内客流量最大的轨道交通站点，人民广场站是地铁 1、2、8 号线的换乘枢纽，共设有 18 个出入口。其中，8、9、10 号出口依托华盛街通往周边的综合体新世界城（图 4-32）。而平行于华盛地下街布局的各类商铺则形成了较强的空间导向性，街道中间设置几部垂直电梯连通地铁站厅，地下二层直接与地铁 2 号线的站厅同层连接，地下一层则联通新世界百货,诱导地铁人流进入商场的消费空间。

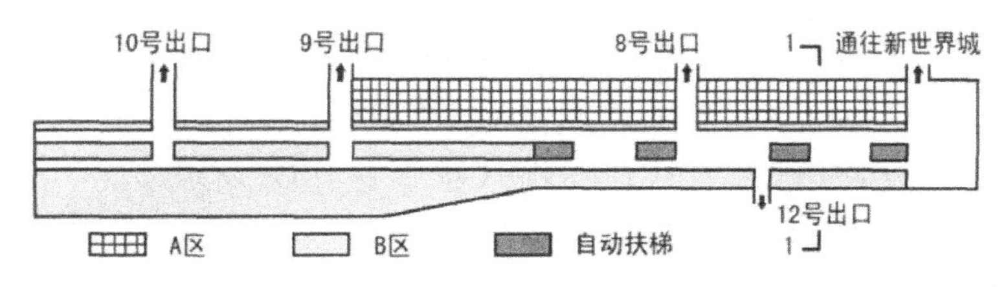

图 4-32　华盛街地下一层平面图

城市综合体具有多重功能业态,各功能类型对于公共性和私密性的要求不尽相同。因此,要开展城市综合体与轨道交通的空间整合首先就要明确适宜整合的功能类型,高效平衡交通工具的公共性与功能建筑的私密性之间的矛盾。然后,基于各功能类型的人流特点,减少不同出行目的下人流行进的冲突,并合理引导交通人流向消费客流转换。归纳总结二者之间空间整合的三种模式,分别为相邻式、共享式和联通式(表 4-15),以期优化其相互之间的连接方式,营造“一站式”服务环境。

表 4-15　城市综合体与轨道交通的空间整合模式

空间整合模式	特点	与站点关联度	适宜连接的功能构成
相邻式	以水平向开发为主,不需垂直交通转换	紧密相连	商业(便利性商业)
共享式	以纵向立体化开发为主,需要经过垂直交通转换	相互融合	商业(便利性商业)、办公(服务大堂)
联通式	多条轨道线的衔接,城市综合体与轨道交通出入口距离较远,以水平向网络化开发为主	相对独立	商业(便利性商业)、办公(服务大堂)

随着当前城市土地资源的日益稀缺,城市综合体的建设不仅提高了其开发利用的效率,而且丰富了城市的生活内涵,便利了居民的日常消费,提升了城市的经济活力。轨道交通与城市综合体的有机结合,一方面可以快速疏解城市综合体汇集的大量人流,另一方面则可以扩展客流筹集渠道,提升非高峰时段的运营效益。本节基于对城市综合体的功能类型及相应人流特点的分析认为,适宜与轨道交通相结合的功能主要为商业、休闲娱乐以及办公,并归纳总结城市综合体与轨道交通空间整合的三种模式,分别为相邻式、共享式和联通式。此外,建议在开发建设城市综合体时,基于其交通区位、功能构成及空间组织而确定与轨道交通相结合的空间模式,通过二者的协同互促,实现共赢。

4.4　本章小结

(1)以轨道交通引导构建的紧凑型城市空间结构包括两个方面:紧凑的外部空间形态以及紧凑的内部功能空间。

对于外部空间形态,城市功能的疏解以及空间形态的集聚是实现紧凑化的关键与保障。伴随城市轨道交通线路的建设,它在促进人口从中心城区向外围城镇转移的同时,也有可能使得外围城镇更为依赖中心城区的各项功能,这不仅难以缓解中心城区人口、功能过于集中所形成的各类城市问题,也会给轨道交通系统的运营带来较大负担。可以说,轨道交通建设是促进区域内各类资源要素进行自由流动的重要媒介,但功能的吸引才是实现各类资源要素自由流动的实质。因此,在以轨道交通引导城市外部空间进行扩展的过程中,应重点推动城市功能向外围城镇的转移,实现对于中心城区的"反磁力"效应,从而最终引导城市人口随着功能的疏解向外围城镇转移。通过构建区域多中心的空间结构,不仅可以有效缓解中心城区人口和功能过于集中所形成的各类城市问题,而且还可以高效带动周边地区的开发和建设。从理论上讲,通过轨道交通的引导,可以推动城市沿轨交线路线性扩展。但是,随着城市的线性扩展,轨道交通的建设和运营成本也将会不断增加,这使得居民必须花费更多时间用于日常出行。因此,以轨道交通为导向的城镇开发,应尽量选择那些距离中心城区一定空间范围内的外围城镇。

(2)对于内部功能空间,城市功能的集聚以及空间结构的扩散是实现紧凑化的关键与保障。随着城市人口和功能不断向轨道交通站点周边区域有效的汇集,不仅城市内各类资源要素在区域内的重新整合得到实现,而且轨道交通站点周边区域内各类开发建设的不断更新升级也得到促进,从而显著提升了站域的辐射范围和吸引力。但是,随着轨道交通站域各类功能集聚到一定程度,区域内人口规模和经济活动强度超过区域承载力后,随即会出现规模不经济的现象。这不仅影响中心城区内居民生活的舒适性,而且也对区域内的交通出行产生较大压力,在早晚出行高峰时期,极易产生交通拥堵。为缓解上述问题,应充分发挥轨道交通的引导作用,将城市功能转移到各不同等级的轨道交通节点上,在新的节点上推动形成新的功能集聚,以此构建层次清晰、功能明确的城市中心体系。

(3)以轨道交通引导中心城区紧凑型城市空间结构的建立。一方面,在中心城区外围推动与之功能互补的外围城镇建设,提升外围城镇的功能集聚,对中心城区形成"反磁力"效应。另一方面,在中心城区内部,将各类功能在主中心、副中心、社区中心内做好有机疏散,推动中心城区内部构建形成多中心的空间结构体系,并与城市公共服务设施及城市综合体耦合发展。

在推动城市外部空间发展方面,首先,应在轨道交通可达到的距中心城区 20 km 的空间范围内选择重点发展的外围城镇。其次,要提高外围城镇的通勤效率,可以增加外围城镇组团的轨道线网密度,以及增加其与中心城区之间的换乘节点,拓展外围组团出行的空间范围。第三,在开发外围城镇的过程中,要科学确定其功能定位,通过与中心城区实现错位发展,促进区域整体的协同演进。第四,依托轨道交通线路走向,引导和优化外围城镇的功能与等级结构,特别是对那些规模较小、功能雷同的城镇做好整合,重点发展轨道交通站点附近的中心城镇,将其打造成为中心城市向外发展轴线上的重要节点。最后,在开展城镇内部功能布局的过程中,进一步依托轨道交通站点的引导作用,实现区域内多种功能的有机聚合。

在推动城市内部空间发展方面,首先,进一步优化完善城市的空间结构,构建多中心的空间格局。在推动城市主中心的发展过程中,做好与周边各类功能的整合,推动区域协调发

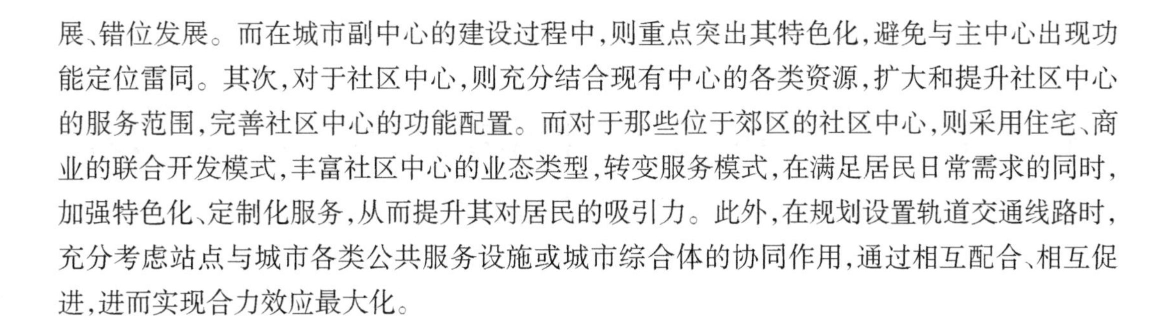

展、错位发展。而在城市副中心的建设过程中,则重点突出其特色化,避免与主中心出现功能定位雷同。其次,对于社区中心,则充分结合现有中心的各类资源,扩大和提升社区中心的服务范围,完善社区中心的功能配置。而对于那些位于郊区的社区中心,则采用住宅、商业的联合开发模式,丰富社区中心的业态类型,转变服务模式,在满足居民日常需求的同时,加强特色化、定制化服务,从而提升其对居民的吸引力。此外,在规划设置轨道交通线路时,充分考虑站点与城市各类公共服务设施或城市综合体的协同作用,通过相互配合、相互促进,进而实现合力效应最大化。

05

第5章　基于轨道交通引导城市土地集约开发与利用

随着中国城镇化的快速推进,社会经济不断发展,人口逐渐向城市集聚,带动城市空间不断向外围扩散,由此土地资源的需求越来越大,土地稀缺性的问题随之显现。因此,推动土地集约化开发利用就成为解决上述问题的重要途径。近年来,随着轨道交通线路逐渐成网,城市土地也随着区域可达性的提高而实现了增值。同时,轨道交通作为大运量的运载工具,较为依赖沿线土地开发为线路运营所培育的大量客流。因此,针对轨道交通沿线土地,如何积极调整开发策略以适应轨道交通网络的发展,从而实现土地开发收益的最大化,推动轨道交通低成本、可持续发展就成为本部分重点研究的问题。本章首先从时间与空间两个维度,利用特征价格模型研究轨道交通对沿线房地产增值的影响机理与影响范围,进而探讨总结轨道交通对沿线用地混合的空间分异规律,而后以实现土地开发收益的最大化及推动轨道交通的可持续发展为目标,进一步探究轨道交通沿线土地开发强度及使用功能对土地利用模式的影响。

5.1　轨道交通沿线房地产增值的空间范围

由于轨道交通线路从规划到建设再到运营的周期较长,轨道交通沿线土地的外部增值效益具有较为明显的时空差异特性,在轨道交通规划、建设、运营的不同阶段,它对沿线房地产增值的空间影响范围是有差别的。因此,本节从时间和空间两个维度,全周期研究轨道交通对沿线房地产增值的影响机理和影响范围,从而便于整体把握各阶段房地产增值的幅度及演化规律,为城市管理者研究制定轨道交通站点周边区域土地开发的相关政策提供理论依据。本部分内容在国内外对轨道交通沿线房地产增值的相关研究的基础上,进一步增加时间维度。通过比较国际上常用的测度轨道交通沿线房地产增值的定量分析模型,确定本节采用的定量分析方法,并进一步阐明该模型的计算原理、计算步骤等,然后,以天津市中心城区为例,探讨城市轨道交通在规划、建设、运营不同时期对沿线房地产增值的影响范围及影响程度。

5.1.1　相关研究综述

随着近年来世界范围内轨道交通系统建设的蓬勃发展,学术界对轨道交通带动沿线房地产增值保持了较高的关注度。轨道交通带动沿线房地产价值提升的理论基础在于 Alonso（1964）和 Muth（1969）提出的竞租理论，即轨道交通可达性的改善可以资本化为土地价值。竞租理论认为，对于交通更为便利、更容易获得商品或服务的土地，其租金应该更高。因此，新的交通基础设施的建设增加了区域可达性，进而引导了土地价值的提升。

早期的定性研究以考察城市轨道交通系统与土地利用的关系为主，但进入 2000 年后，大量的定量研究揭示了轨道交通对房地产价值的影响。RICS（2002）、Smith 等（2006）、Mohammed 等（2013）对 100 多个相关国际研究的主要综述显示了研究结果具有较大差异性，即轨道交通对于住宅地产的无影响、负效应以及正效应。其中，大量研究表明，交通便利性的增加会提高沿线房地产的价格。Riley（2001）研究了 Jubilee 线扩建的影响，发现车站周围的土地价值增加了 130 亿英镑，而建设成本仅为 35 亿英镑。McMillen（2004）在系统评估了 1983—1999 年西南快速交通线对房价的影响后发现，房地产增值幅度从 1987 年前的 4.2% 变化为 1991—1996 年的 19.4%。Debrezion 等（2007）的实证研究显示，距离火车站 1/4 英里（约 0.4 千米）范围内的住宅物业的平均价格溢价 4.2%。然而，一小部分研究得出了不同的结论。迈阿密地铁站附近的住宅价值被发现受到新铁路系统宣布的影响微弱（Gatzlaff 等，1993）。此外，首尔 5 号线（Bae 等，2003）、北京八通线（Gu 等，2008）均显示轨道交通对房地产的影响并不显著。此外，一些研究还提供了引入轻轨系统带来负面影响的证据（Knowles 等，2016）。上述文献表明，城市轨道交通对土地价值的提升具有推动作用，但由于空间和时间上的差异，房地产价值提升的程度有所不同。

此外，许多研究证实了与轨道交通站点空间距离的不同对房地产的影响程度有所差异。华盛顿的案例研究显示，与轨道交通站点的距离每减少 0.1 英里（约 0.16 千米），公寓的租金价值预计将上涨 2.5%（Benjamin 等，1996）。Hess 等（2007）对布法罗进行了实证分析发现，与轻轨站的距离每近 1 英尺（约 0.3 米），平均房价上涨 2.31 美元（使用地理直线距离）和 0.99 美元（使用网络距离）。曼谷的相关研究则表明，距离最近的车站每 1 千米的距离溢价为 9 210 美元（Anantsuksomsri 等，2015）。然而，轨道交通站点对住宅物业的影响在空间上可能并非线性。实证研究指出，在一定的空间范围内，其将受到轨道交通站点的负面影响，如地面交通量的增加、噪声和污染的增多等（Duncan，2011）。而其对轨道交通的空间影响范围则存在一定的差异性，迭戈县为 500~800 米（Cervero 等，2002），圣克拉拉为 1.2 千米（Weinberger，2001），南京为 1.5 千米（Liu 等，2014）。

由于城市轨道交通开发建设的长周期性，对于其对沿线房地产价值的提升作用，学者们除了基于空间视角进行研究以外，也越来越关注其资本化效应的时机。通过研究谢菲尔德的超级有轨电车，Henneberry（1998）发现，在线路规划阶段，其周围的房价上涨了 5%。Knapp 等（2001）和 Atkinson Palombo（2010）也注意到，资本化收益从项目宣布之日起就已经开始。在轨道交通的建设期间，由于公众可以获得站点的确切位置信息，其对沿线房地产增值的预期效应从而得到增强（Agostini 等，2008）。但在夏洛特轨道交通系统投入运营前，却并没有检测到其对房价产生显著的预期影响（Yan 等，2012）。Loomis 等（2012）的研究也得出了类似的结论，认为沿线房地产价值提升的延迟可能是由于公众对政府交付项目的能力缺乏信心。

关于轨道交通对土地价格的影响,国外学者开展了大量卓有成效的研究。我国在这一领域开展相关研究的时间较晚,研究方法和研究途径也多参考国外。例如,何宁和顾保南(1998)采用定量化分析模型,研究了上海市轨道交通建设与沿线土地综合开发的关系。并根据上海市的实际,引入了"运输成本"概念对居民日常出行成本与土地价值构建了相关回归方程。叶霞飞等(2002)、蔡蔚等(2006)从收益对象的视角分析了城市轨道交通的建设和运营所产生的收益,通过使用地价函数法等定量分析模型研究了城市轨道交通对各类参与主体的影响,并定量测算了其产生的相关收益。结果表明,在各类参与主体中,轨交沿线房产所有者是最主要的项目收益方。因此,在轨道交通项目建设之前,应提前收储部分站点周边的土地,待轨道交通建成运营后,以土地增值的收益弥补项目建设前的资金投入。刘菁(2005)以武汉地铁2号线为例,在系统梳理地铁沿线土地利用现状的基础上,剖析了当前土地利用的问题及产生原因,并从内部(地铁线路设置)、外部(人口、土地、空间)两个层面,提出解决上述问题的相关策略。郑捷奋(2004)以深圳地铁1号线为例,以距离站点1 km为研究范围,通过收集相关房屋价格数据,使用特征价格模型对其进行研究。结果显示,地铁建设对沿线房价会产生显著的带动作用。基于前期的研究发现,并结合深圳市房地产市场的发展,作者进一步提出了结合轨道交通推动沿线土地一体化开发的发展策略。何剑华(2004)在前人研究的基础上,从时间空间双维度对轨道交通与房价之间的关系进行了实证研究,研究结果显示,轨道交通不仅会从空间维度对房价产生影响,也会从时间维度对房价发生作用。基于土地区位理论,刘金玲等(2004)以北京地铁1号线为例,对地铁沿线房地产价格变动情况进行了深入研究,在此基础上,提出了基于TOD开发导向的地铁站点周边区域的综合开发策略和开发路径。周文竹等(2005)以南京地铁为例,在收集分析大量数据的基础上,从三个方面(即地铁对站点周边商业中心、沿线土地利用以及房地产价格的影响)深入探讨了地铁项目建设对周边区域的外部性影响。李怡婷(2005)运用特征价格模型对台北捷运站周边地区房地产项目的价格变化进行了实证分析,并根据数据计算结果分析了轨道交通对不同辐射范围内住宅价格的影响。以李怡婷的研究为基础,傅镱漩等(2006)对比运用特征价格模型、土地价格函数模型等方法,分析了台北捷运站周边地区房地产项目的价格变化,并对不同模型的拟合优度进行了对比分析。陈峰等(2005)、吴奇兵等(2006)从出行成本的研究视角分析了轨道交通对沿线住宅价格的作用机理,研究发现,轨道交通对住宅增值的影响主要是由于居民出行所节约的时间成本间接转移到了住宅价格中,带动了沿线住宅价格上涨。邓文斌等(2004)以北京地铁13号线为例,在收集沿线住宅价格等相关数据的基础上,使用特征价格模型对其进行研究。结果表明,地铁沿线距站点2 000米范围内的住宅价格每平方米平均增加了260元,增幅超过4%。这与实际情况相符合,从而使得该方法的有效性得到了证明。基于上述研究,聂冲和温海珍等(2010)从时间空间两个维度对深圳轨道交通建设对沿线住宅价格的影响开展了定量研究。结果表明,从时间效应来看,地铁在投入运营后的第二年对住宅价格的影响最为明显;从空间效应来看,距地铁站点700米以内区域的住宅价格上涨幅度最大。潘海啸等(2008)以上海地铁为例,综合使用方差回归、特征价格模型对地铁沿线住宅价格进行定量分析。研究结果表明,地铁对沿线住宅价格的影响与沿线住宅的空间区位显著相关。需要特别说明的是,在城市外围区域,地铁对沿线住宅价格的影响更为显著;在市区,受教育、购物、公园等多重因素影响,地铁对沿线住宅价格的影响没有外围地区显著。

综上所述,当前国内外有关轨道交通对其沿线房地产增值的研究,多集中于从影响时间、影响范围、增值幅度等视角开展,重点揭示轨道交通不同时期对沿线房地产产生的综合影响,分析沿线房地产增值的影响机理。但相关研究在影响期的选择上多集中在轨道交通的建设期和运营期。由于轨道交通对沿线房地产增值的影响具有一定的先导性,也就是说,一旦某地区宣布规划建设轨道交通站点,就会对站点周边区域的房地产价值产生影响。因此,如果不从规划期分析轨道交通对沿线房地产增值的影响机理,就很难在轨道交通的全生命周期中掌握轨交沿线房地产价值的变化规律。同时,伴随着轨道交通线路逐渐成网,单体线路对沿线房地产增值的影响范围与成网线路的影响范围是存在差异的,故而需要根据线网变化情况动态预测轨交线路对沿线房地产增值的空间影响范围。基于此,本节从规划期、建设期、运营期三个阶段,研究不同时期轨道交通对沿线房地产增值的空间影响范围和影响程度。

本节从时间与空间两个维度开展研究,在选择研究对象的过程中,包含轨道交通规划、建设、运营的不同时期。因此,可供选择的研究对象包括两类。一是针对某一条轨道交通线路开展长时间的数据收集,从而获取轨道交通规划、建设、运营不同时期沿线房地产价值的相关数据。该方法的优点在于可以避免因不同线路所处区位、站点周边空间环境而产生的计算结果偏差,缺点在于需要花费较长时间进行数据采集,且需要将不同时期的社会经济发展情况纳入到对房地产价值影响的研究范畴中。二是在同一时间截面,分别选择处于规划期、建设期和运营期的 3 条不同路线开展对比研究。此方法的优点在于可以避免不同时期社会经济发展情况对房地产价值的影响,缺点在于所选取的不同线路途经的空间区位、沿线环境存在较大差异。本文基于数据获取的有限性,选择第二种方法开展实证研究。

5.1.2　常用模型比较

目前,有多种定量分析方法可用于研究轨道交通对沿线房地产价值的影响,主要包括出行成本模型(TCM, Travel Cost Model),特征价格模型(HPM, Hedonic Price Model)、支出系统需求函数模型(LESHM, Linear Expenditure System Hedonic Model)。

1. 出行成本模型(TCM)

基于轨道交通特性以及房地产价值与出行成本之间的相互关系，TCM 模型从理论上构建了两者之间的相互函数关系。从宏观上讲,出行成本这一概念反映了居民前往某地的交通可达性,不仅包括出行成本、出行时间所发生的机会成本,同时也包括出行过程中精神压力、身体疲劳所发生的成本。该模型一般以单中心“同心圆 + 径向轨道交通线”作为城市土地利用格局的一种简化分析模式。

2. 特征价格模型(HPM)

自从1967年以来，Ridker使用HPM模型对房地产市场进行了大量卓有成效的研究，HPM模型已成为当前房地产领域学者们广泛使用的一种模型。HPM模型包括两方面的理论基础。一是由Lancaster基于新古典经济学而提出的消费者理论(也称Lancaster偏好理论)。与萨缪尔森等经济学研究学者从个体行为的角度分析个体偏好和效用不同，Lancaster于1966年从产品是否存在差异性这一视角,研究了产品构成的基本“要素”空间。他认为,产品自身并不会产生对产品的需求,而是由产品(特别是劳动力、住房、私家车和其他异质商品[①])的内在特征组合而形成的影响实用性的功能包引起的。在购买和使用这些产品时,个人将其视为一种花费或投入,然后将其转化为效用。对个人效用的大小取决于产品中所包含的各种内在特征的数量及特定的功能组合。因为很难使用单一的总价来对个人效用进行表征,所以传统的效用分析模型并不适用。取而代之的是一种使用一系列价格来对应产品质量或产品所包含的各种内在特征(也称为特征价格),并将这一系列价格组合成产品总价的模型。二是由美国经济学家Rosen在1974年提出了基于市场供求均衡的分析模型。至此,HPM理论进一步得到改进。在一个理想的竞争市场环境中,Rosen以最大化消费者效用和生产者利润为出发点,研究了异质产品的市场供需情况以及供需的短期均衡和长期均衡,为HPM模型的构建以及相应的特征价格函数的预测奠定了理论基础。根据Rosen的市场供求均衡分析模型,我们可以使用多元回归分析方法来分离出产品特征的隐含价格[②],在此基础上得到产品特征需求。在Rosen前期研究的基础上,许多学者改进并完善了市场供求均衡分析模型的处理方法,并开展了大量的实证研究,取得了一系列研究成果。以住房为例,围绕房地产的各类特征要素,它将房产开发商、购房者和房屋产品本身紧密地联系起来。通过产品设计、建造和维护,房产开发商向市场提供了不同区位、不同建筑类型、不同开发强度的房屋产品。根据上述分析,不同特征的组合差异使得房产开发商所要承担的房屋开发成本是不同的。对于购房者,他们根据自身的实际需求,花费不同的金额来购买由不同特征要素组成的房屋产品,以满足日常生活、工作、休闲等不同的需求。例如,有的家庭需要考虑子女上学问题,就会在学校附近购买价格较为昂贵的学区房,从而使得子女能够就近入学。购房者从房产开发商手中购买房屋的交易价格就是上述产品特征价格的总和。

3. 支出系统需求函数模型(LESHM)

基于HPM理论模型，LESHM在系统分析了人们对于各类特征变量的基本需求量的基础上引入弹性概念,从需求的收入弹性、价格弹性等方面,进一步确定这些因素。该模型包含三种不同类型的表现形式,分别是线性模型、扩展线性模型、支出系统和特征价格相结合的扩展模型。

4. 模型比较

TCM模型综合了区位、地租和交通成本等相关理论的内容,分析了从出发地前往最近地铁站点的距离以及前往中心区所花费的交通成本二者之间的函数关系,以研究地铁对沿

---

① 由于各类产品是存在差异的,故将其称为“异质商品”,这一概念与“同质商品”相对应。

② 隐含价格是对应产品内部不同特性而形成的价格,它无法在市场上直接观察到。对应产品内部不同特性的隐含价格构成了产品的最终价格。

线房产价值的影响程度。该模型的优点包括:一是理论基础明确;二是各指标间的函数关系较为简单;三是计算过程中参数估计较为方便;四是样本数据较为易于获取。但是,该模型也有不足的方面,由于将交通成本视为影响房产价值的唯一变量,从而忽略了其他因素对房产价值的影响,影响了该模型的计算精度与准确性(表5-1)。

表5-1　三种模型的特征比较

模型	交通成本模型(TCM)	特征价格模型(PHM)	支出系统需求函数模型(LESHM)
理论依据	房地产价值与交通成本的关系	房地产商品由一系列的特征组成,对每个特征变量求导得出其特征价格	特征价格理论、加总效用函数,效用取决于实际需求量和基本需求量之差
适用问题	分析交通成本对房地产价值的影响	分析每个特征变量的特征价格,即每种特征对房地产价值的影响	在特征价格的基础上,分析各种特征变量的基本生活需求量,进而分析需求的收入弹性、自价格弹性和互价格弹性
数据要求	房地产价格、交通成本(时间、距离或交通费用)	房地产价格、各种特征变量及其数据	房地产价格、各种特征变量及其数据、消费者交通相关数据(收入或消费预算、年龄、人口结构、受教育程度等)
优点	理论依据清晰,函数关系简单,参数估计方便,样本数据容易获得	模型理论比较完善,函数关系比较简单,参数估计也比较方便,分析结果比较准确可信	模型理论比较完善,模型应用范围较广,经济分析能力较强
缺点	不能剔除房地产价格其他因素的影响程度,当数据量较小时误差较大	要求掌握相关经济学理论,数据要求相对较高,不易获得	模型理论较复杂,函数关系也较复杂,参数估计难度较大(非线性方程的参数估计难度更大),数据要求更高,更不易获得
应用情况	国际国内都有大量应用	国际国内都有大量的研究与应用	国际国内都仅仅停留在理论研究阶段,未有成功的实证分析

HPM模型综合了效用函数、需求函数、市场均衡和隐含特征价格等相关理论。相较于TCM模型而言,该模型的优点包括:一是理论基础更为完善,模型易于搭建;二是各指标间的函数关系更加简单;三是计算过程中参数估计更加方便;四是分析结果的准确度更为可靠。正是基于上述优点,HPM模型得到了广泛的应用。但是,该模型也有不足的方面,即在计算过程中对数据的质量要求较高,使得在数据收集和获取过程中存在一定的困难。

LESHM是在HPM模型的基础上,通过分析不同家庭的结构特征确定人们的日常基本生活需求以及边际消费倾向,以分析需求的收入弹性及价格弹性。该模型的优点在于模型的理论基础较为完善,我们可以对经济现象进行较为全面的分析。但是,该模型也有不足的方面,在模型构建过程中各指标间的函数关系更加复杂,参数估计更加困难,对数据质量的要求更为严格。正是由于模型计算的复杂性,这一方法目前还处在前期研究阶段,实际推广使用较少。

根据本节的现实需要,通过对以上三种研究模型的适用性、有效性进行分析,本文最终选取HPM模型作为研究模型。

5.1.3 特征价格模型的构建

HPM 模型的基本原理是把房地产视为一类异质商品，其中房地产所包含的各类特征要素是产生商品效用的基础，而各类特征要素本身的特征差异及其具体的功能组合是导致房地产价格出现差异的原因。因此，通过细化分解房地产价格，各类特征要素所隐含的人们愿意支付的价格可以得到表征，各特征变量影响房产价值的程度也可得到反映，即单个变量(如最近地铁站点与市中心的时间距离)对因变量(房地产价格)的影响，可以利用多元回归模型来进行表征。

首先，确定影响房地产价格的特征变量及研究范围，收集相关样本数据；其次，根据收集到的样本数据，构建 HPM 模型，为提高模型的计算精度，尝试不同的函数形式，并确定最优函数形式；第三，利用确定的最优函数形式对样本数据进行计算，并对计算结果开展相关分析。

1. 特征变量的选取

如何精准地选取自变量是 HPM 模型构建过程中的主要问题。通常情况下，根据研究目的与所研究的经济问题，会选择一些可能影响因变量的因素作为自变量，选择什么变量、如何选择变量的关键是根据研究问题准确把握研究内容所反映的经济学含义。对于房地产价格而言，存在许多影响其价格的特征变量，因此，在模型构建过程中很难涵盖所有的特征变量。只有根据拟研究问题的实际情况，综合比选出影响房价的主要因素作为自变量来反映所研究问题的相关内容，并根据相关数据的可获得性对变量进行调整、完善，从而开展相关研究。由于房地产在空间、结构等方面是相对固定的，在对现有文献进行梳理后发现，房地产的价格特征通常可以划分为三大类：区位特征、建筑特征、邻里特征。以下是从相关文献中筛选出的影响房价的相关特征变量。

1)区位特征

通常情况下，需要从整个城市的视角来分析住宅的区位特征，这通常是与可达性相关联的。无论采取何种方式测度可达性，它都是影响房价的一项重要因素。交通可达性一般反映从起点到达终点的便捷程度，它可以通过居民所花费的出行时间、出行过程中所发生的各项成本和出行的便利性衡量。通过收集住宅与距离最近的地铁站、公共汽车站的距离，So 等(1996)考察了城市公共交通可达性对香港房价的影响机理，研究结果表明，香港房价较为依赖公共交通。

2)建筑结构特征

房地产价格与房屋自身的结构特征也存在着较强的相关性。Ball(1973)研究发现，如果房屋的建筑外形、建筑特征等更具特色与实用性，那么这个房屋的价格就会相应提高。其中，房屋的建筑面积与价格呈现正相关性(Carroll 等，1996)，而房龄与房价呈现负相关性(Clark 等，2000)。Kain 等(1970)在他们的相关研究中发现，新房的平均价格比房龄超过 25 年的旧房高出约 3 150 美元。此外，国内一些学者认为，房屋类型、房屋所在小区的绿化情况、小区周边的环境品质也与房价存在高度的相关性（郑捷奋，2004）。

3）邻里特征

影响房价的邻里特征可大致分为三类：第一类，社会经济变量，包括邻里的收入水平、职业、职位等；第二类，市政公共服务设施，包括学校、医院、幼儿园、游泳馆等；第三类，外部因素，包括周边生态环境、犯罪率、生活噪音等。Richardson 等（1974）研究指出，邻里社会特征对房地产价值有重要影响。对于有入学需求的家庭而言，学校的教学质量会对周围的住房价格产生影响，此时，有孩子的家庭会更为关注学校的教学质量，而对小区周边环境、犯罪率的关注度会有所下降（Clark 等，2000）。此外，良好的绿化、宜人的城市生活环境、干净的卫生也会对房价产生积极的影响，这种影响主要是通过自然环境的品质、房屋与外部环境之间的距离作用于房价的（Tyrvainen，1997）。

2. 相关数据的收集

对于相关数据的收集主要包含两个方面：自变量和因变量。收集自变量数据是为了系统梳理城市房地产的历史交易价格，可以通过相关网站和相关数据库收集住房合同的历史交易价格。但是，大样本收集住房合同的历史交易价格较为困难，因此在实际研究过程中，借助相关的房地产网站（如链家网、搜房网等）获取挂牌价格来替代住房合同的历史交易价格。对于因变量数据的收集，则通过房地产网站的相关信息介绍和现场调查等方式来获得区位特征、建筑结构特征和邻里特征等相关信息。

3.HPM 模型的构建

基于以上分析，城市房地产的 HPM 模型一般需要考虑三类特征变量，分别为区位特征（L）、建筑结构特征（S）和邻里特征（N）。那么，房地产价格的函数关系可以通过公式（5-1）表示：

$$P=\sum_{i=1}^{l}P_i^L\cdot L_i+\sum_{j=1}^{m}P_j^N\cdot L_j+\sum_{k=1}^{n}P_k^S\cdot L_k \tag{5-1}$$

HPM 模型的主要任务是利用现有收集到的数据来计算区位特征、建筑结构特征和邻里特征的特征价格，然后根据上述公式获得特征价格函数。在实际的应用过程中，只要获得每个特征变量的数值，就可以预测住房价格。

4. 模型计算与检验

在建立了 HPM 模型后，在计算过程中需要确定模型拟采用的函数形式。HPM 模型可选择多种函数形式，到目前为止，尚无明确的方法来确定函数形式。因此，大多数研究人员会根据以往经验来初步选择函数形式，然后根据收集到的数据对其进行修正，直到最后确定的函数形式可以较好地解释样本数据的差异，并满足模型要求的各项拟合条件。其中，常用的四种函数形式分别是线性函数、对数函数、对数线性函数、半对数函数。

线性函数：该函数中自变量与因变量都是以线性形式代入模型中，回归系数对应各类特征所隐含的价格。其计算公式为：

$$P=\alpha_0+\sum\beta_i X_i+\varepsilon,(i=1,2,\cdots,n) \tag{5-2}$$

其中：P 表示住宅的价格；α_0 表示一般常数项；X_i 表示第 i 个特征变量；β_i 表示第 i 个特征变

量对应的特征价格；ε 表示随机误差项。

对数函数：该函数中自变量与因变量都以对数形式代入模型中，回归系数对应各类特征所隐含的价格。其计算公式为：

$$\mathrm{In}P = \alpha_0 + \sum \beta_i \mathrm{In}X_i + \varepsilon \tag{5-3}$$

对数线性函数：该函数中自变量以线性形式代入模型中，因变量以对数形式代入模型中，回归系数对应特征价格与产品总价格的比值。其计算公式为：

$$\mathrm{In}P = \alpha_0 + \sum \beta_i X_i + \varepsilon \tag{5-4}$$

半对数函数：该函数中自变量以对数形式代入模型中，因变量以线性形式代入模型中，回归系数对应某一特征的总价格。其计算公式为：

$$P = \alpha_0 + \sum \beta_i \mathrm{In}X_i + \varepsilon \tag{5-5}$$

相较于线性函数模型和对数函数模型而言，对数线性函数模型和半对数函数模型在实际中更为常用，这是因为这两个模型可以解决线性函数模型与对数函数模型中的诸多问题。

模型检验被用以评估模型和相应参数的拟合情况，分析模型的经济学含义是否合理，以及从统计学角度判读拟合情况是否可靠。通常，一般采用拟合优度检验、总体显著性检验以及回归参数的显著性检验（R^2，F 和 t 分别用作统计量）来对模型进行检验。拟合优度检验被用以分析回归线对观测值拟合的程度，即 R^2= 回归平方和/总离差平方和。总体显著性检验被用以分析所有解释变量对被解释变量是否存在显著的影响。回归参数的显著性检验被用以分析当其他解释变量保持不变时，与回归系数相对应的解释变量对因变量是否产生重大影响。

5.1.4 中心城区的实证研究

随着天津城市轨道交通网络系统的逐步形成，轨道交通站点对中心城区的覆盖率不断提高，土地的开发利用与轨道交通线网的结合也越来越紧密。因此，科学分析并预测轨交线路对其周边土地增值的时空影响，是科学合理引导轨交沿线土地利用的重要基础。基于此，本节选择目前广泛应用于分析轨交沿线房地产增值的 HPM 模型作为定量分析模型。在某一固定的时间节点，分别选取天津中心城区内处于规划期的轨道交通线路、建设期的轨道交通线路、运营期的轨道交通线路共 3 条作为实证研究对象，分析这 3 条线路对各自沿线房地产增值的影响，从而为沿线土地的开发提供理论依据。

1. 研究对象的选取

《天津市市域综合交通规划（2008—2020）》对天津市域的轨道交通建设进行了明确规划。规划指出中心城区内共有 10 条轨交线路，其整体呈环放式结构。自 2011 年 7 月至 2011 年 9 月，本文通过线上数据收集和现场调查采集研究数据。2011 年，天津地铁 1 号线和 9 号线已投入运营，而地铁 2 号线和 3 号线正在建设过程中，地铁 5 号线和 6 号线尚处于规划阶段。可以说，在这一时期，中心城区的轨道交通包含了处于规划、建设、运营三个阶段不同类型的线路，这为研究各时期轨道交通对沿线房产价值的影响机理提供了很好的研究对象。因此，本文分别选取处于规划期、建设期、运营期的地铁 6 号线、3 号线和 1 号线作为

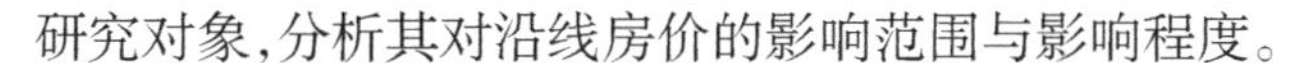

研究对象，分析其对沿线房价的影响范围与影响程度。

2. 研究模型的构建

HPM 模型的基本原理是将构成房地产价格的各项要素进行分解，用以揭示各种特征所隐含的价格。首先，我们需要选择影响房地产价格的特征变量，然后根据调查数据建立相关函数模型，最后对数据进行计算。

1）特征变量的选取

HPM 模型提供了一种评估每个变量对住房价格影响的研究方法，其计算公式为，

$$P = f(L, S, N) \tag{5-6}$$

式中，P 表示单个房屋的历史交易价格，L 表示相应的区位特征变量，S 表示相应的结构特征变量，N 表示相应的邻里特征变量。

①区位特征变量（L）

区位特征被用以表征住宅的空间位置和交通出行的便利性对价格的影响。在本节中，以住宅与距离其最近的轨道交通站点的距离和与其距离最近的轨道交通站点到市中心（CBD）① 所花费的时间作为区位特征变量。

②结构特征变量（S）

结构特征被用以表征房屋自身的一些特征对价格的影响。在这里，选取容积率、绿地率、建筑类型、建筑面积和房龄作为结构特征变量。

③邻里特征变量（N）

邻里特征被用以表征自然环境的品质、房屋周边相关市政功能对价格的影响。在这里，选取住宅是否在学区内（即重点中小学）以及所在楼盘的 1 000 m 半径范围内是否有公园作为邻里特征变量。

综上所述，可归纳得出城市轨道交通对沿线房价影响的特征变量，具体内容如表 5-2 所示。

表 5-2　轨道交通影响沿线房价的特征变量

特征类型	变量名称	变量说明
区位特征	与距离其最近的地铁站点的距离（m）	
	与其距离最近的地铁站点至市中心的时间（min）	
结构特征	容积率	住宅所在楼盘容积率
	绿地率	住宅所在楼盘绿地率
	建筑类型	1 表示多层，2 表示小高层，3 表示高层
	建筑面积（m^2）	住宅的交易面积
	房龄（年）	自竣工至 2011 年的房龄
邻里特征	是否处于名校学区	
	周边是否有公园	1 km 半径范围内

① 根据天津市的实际，市中心（CBD）指小白楼城市主中心。

2）数据来源

结合现有研究，轨道交通对沿线土地开发收益的影响范围决定了样本数据的选择范围。欧美学者在确定开发收益的影响范围时，通常选取距离轨道交通站点 500~800 m 的范围作为影响范围；而日本学者则大多选取距离轨道交通站点 2 000 m 的范围作为影响范围（胡志晖，2003）。考虑到城市空间结构具有一定的相似性，很多中国学者参考日本学者的研究成果，选择距离轨道交通站点 2 000 m 的范围作为影响范围（叶霞飞等，2002；梁青槐等，2007）。因此，本文收集了距离地铁站点 2 000 m 范围内的 770 个二手住房作为研究样本，如图 5-1 所示。其中，沿地铁 1 号线的二手住房样本有 228 个，占样本总数的 29.61%；沿地铁 3 号线的二手住房样本有 250 个，占样本总数的 32.47%；沿地铁 6 号线的二手住房样本有 292 个，占样本总数的 37.92%。相关样本数据（例如容积率、绿地率、房龄、房屋售价等）主要从搜房网（http://www.tj.soufun.com）进行收集，其他样本数据（例如住房与距离其最近的地铁站的距离）通过现场调查收集。

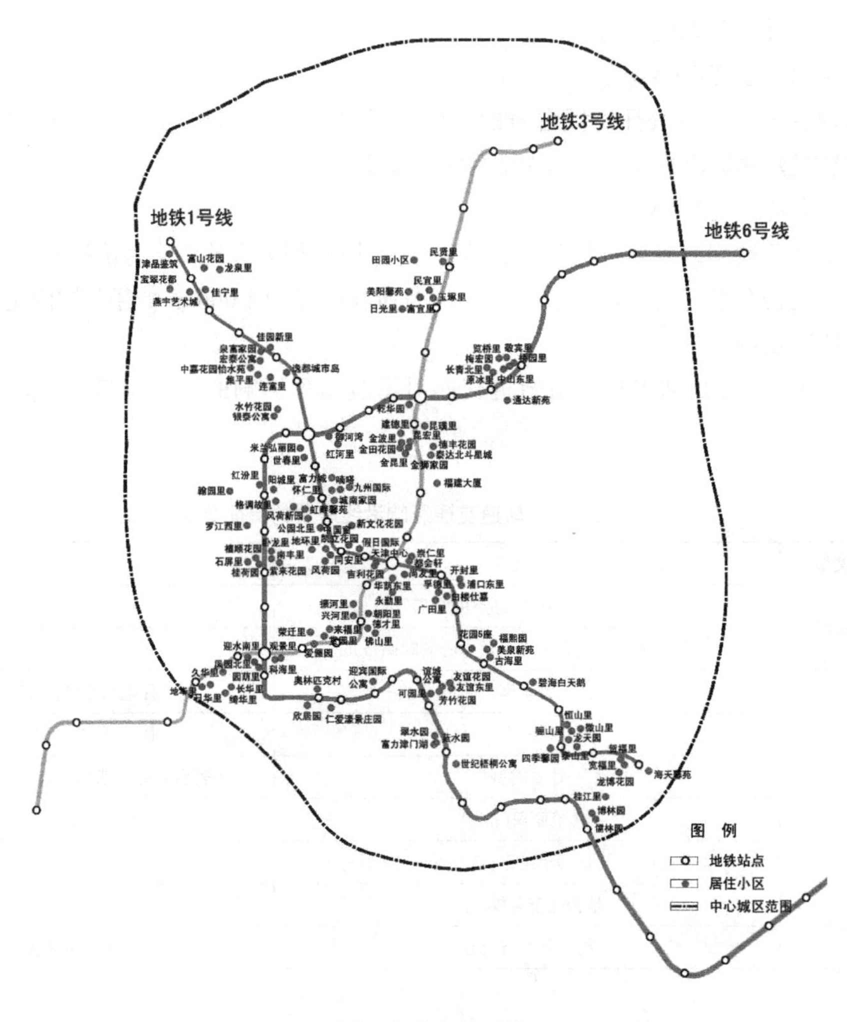

图 5-1 住宅样本数据分布

3）模型构建、计算与检验

如前所述，HPM 模型可以选择多种函数表达形式。到目前为止，选取何种函数形式是最优的，各方尚没有形成共识，一般需要根据实际收集到的样本数据进行检验。本文分别对线性函数、对数函数、半对数线性函数和对数线性函数的计算结果进行比较和分析，最终选择拟合效果最优的对数线性函数形式：$\ln P=\alpha+\sum\beta_i X_i$ 作为本文的分析研究模型。式中，P 表示住宅的价格；α 表示除特征变量外，影响价格的各类常量之和；β_i 表示各类特征变量的特征价格；X_i 表示各类特征变量。

使用 SPSS 统计软件对收集到的 770 个样本数据开展回归分析。在分析过程中，拟合优度（R^2）是判断拟合结果能否被接受的一项重要指标。R^2 越接近于 1，表明拟合结果越优。通常情况下，如果 R^2 大于 0.8，则认为拟合结果较为理想。通过回归分析，地铁 1 号线、3 号线、6 号线周边房价的拟合优度分别是 0.831、0.742 和 0.854，这表明三个模型的拟合结果较为理想，可以较为准确地得出不同时期轨道交通对沿线房产增值的影响程度以及影响范围。

3. 轨道交通对沿线房价的影响程度

轨道交通的建设周期较长，在不同时间阶段对沿线房地产价值的影响存在明显的差异性。下文将使用收集到的样本数据来分析轨道交通在不同时间阶段对沿线房价的影响。

在 HPM 模型中选择半对数线性函数形式 $\ln P=\alpha+\sum\beta_i X_i$，对函数进行转换，得到 $P=e^{\alpha+\sum\beta_i X_i}$。在其他变量都保持不变的情况下，当住宅与距离其最近的地铁站点的距离增加 1 m 后，相应的 $\Delta P=e^{\beta_i}$，据此可计算得出 $\Delta P/P=e^{\beta_i}-1$。$\Delta P/P>0$ 表示随着距离的增加，沿线住宅价格也相应增长；$\Delta P/P<0$ 时，表示随着距离的增加，沿线住宅价格出现下降。

从表 5-3 中可以看出，与地铁 1 号线、3 号线和 6 号线各站点的距离每增加 1 m，对应的住宅价格分别降低 0.012 9%、0.011 9% 和 0.009 95%。以 2011 年天津市中心城区轨交沿线的平均房价 15 000 元/m² 为基准，不考虑其他影响因素，住宅与距其最近的地铁 1 号线、3 号线和 6 号线站点的平均距离每增加 100 m，每平方米相应的住宅价格分别减少 193.5 元、178.5 元和 149.25 元。可以看出，随着距离的增加，沿线住宅价格均出现下降，但不同时期的地铁对沿线住宅价格的影响是有差异的。其中，运营期线路 > 建设期线路 > 规划期线路，即轨道交通从规划正式确定后便开始对沿线房价产生影响，并随着轨道线路的建设、运营，对沿线房价的影响逐步加强。

表 5-3　天津地铁对沿线房价的影响程度

地铁线路	已运营的 1 号线	建设期的 3 号线	规划期的 6 号线
β_i	-0.013	-0.012	-0.010
$\Delta P/P$	-0.012 9	-0.011 9	-0.009 95

4. 轨道交通对沿线房价的影响范围

城市轨道交通对沿线房价的影响是有一定范围的，通常为以轨道交通站点为中心、以一定距离为半径所形成的圆形区域（图 5-2）。为了确定地铁对沿线房价的影响范围，根据表

5-2 中选定的变量，引入不同的距离变量（表 5-4）。在 SPSS 软件中分别计算从 100 m 到 2 000 m 各区间的范围，通过分析显著性 Sig. 值获取天津地铁对沿线房价的影响范围。其中，Sig.<0.01 表示该因子非常显著；Sig.<0.05 表示该因子较为显著；Sig.<0.10 表示该因子一般显著；Sig.>0.10 表示该因子较不显著。通过比较表 5-5 中的 Sig. 值，可以发现地铁 1 号线对距离车站 700 m 以外区域的住宅价格没有显著影响，地铁 3 号线对距离车站 1 100 m 以外区域的住宅价格没有显著影响，地铁 6 号线对距离车站 600 m 以外区域的住宅价格没有显著影响。因此，可以确定最终的影响范围为：运营期的地铁 1 号线的空间影响范围是距站点 700 m 的半径区域，建设期的地铁 3 号线的空间影响范围是距站点 1 100 m 的半径区域，规划期的地铁 6 号线的空间影响范围是距站点 600 m 的半径区域。也就是说，半径为 600 m 的区域是轨道交通在全生命周期内带动沿线土地增值的全覆盖范围，需加强对该范围开发建设的研究。

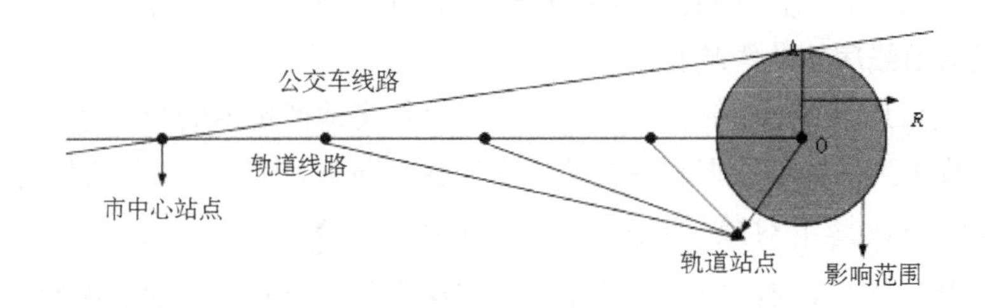

图 5-2　轨道交通站点对房价的空间影响范围示意

资料来源：Hui Sun 等，2016

表 5-4　新增的距离变量

变量名	与最近地铁站点的距离范围（m）	数据哑元设置
D-100	0~100	在 0~100 范围内设置为 1，>100 m 设置为 0
D-200	0~200	在 0~200 范围内设置为 1，>200 m 设置为 0
D-300	0~300	在 0~300 范围内设置为 1，>300 m 设置为 0
…	…	…
D-1000	0~1000	在 0~1000 范围内设置为 1，>1 000 m 设置为 0
D-1100	0~1100	在 0~1100 范围内设置为 1，>1 100 m 设置为 0
…	…	…

表 5-5　天津地铁对沿线房价的空间影响范围　（单位：m）

线路	不同距离的 sig. 值									
	D-100	D-200	D-300	D-400	D-500	D-600	D-700	D-800	D-900	D-1000
1 号线	0.066	0.059	0.000	0.000	0.010	0.010	0.042	0.990	0.996	0.846
3 号线	0.073	0.083	0.035	0.004	0.013	0.019	0.004	0.006	0.049	0.025
6 号线	0.097	0.063	0.005	0.001	0.000	0.018	0.452	0.569	0.634	0.245

续表

线路	不同距离的 sig. 值									
	D-1100	D-1200	D-1300	D-1400	D-1500	D-1600	D-1700	D-1800	D-1900	D-2000
1 号线	0.832	0.894	0.756	0.912	0.975	0.783	0.862	0.953	0.897	0.926
3 号线	0.030	0.172	0.210	0.584	0.906	0.737	0.956	0.862	0.951	0.917
6 号线	0.068	0.260	0.265	0.298	0.576	0.659	0.892	0.784	0.861	0.879

资料来源:王宇宁等,2015

5.2　轨道交通对用地混合影响的空间分异

城市功能分区是《雅典宪章》的一项重要原则,但随着与土地过度严格分离使用,有关的城市问题不断涌现,混合土地利用模式日益成为城市发展和交通规划的重要目标。一定区域范围内各种土地利用的整合可以提供功能互补,进而促进积极出行,激发城市活力,并鼓励紧凑化发展。因此,混合土地利用已经成为缓解交通拥堵、复兴城市中心、引领可持续发展模式的有效途径,以及精明增长、新城市主义、公交导向发展(TOD)等许多新发展理念的关键因素。

TOD 概念最早由 Peter Calthorpe 在 20 世纪 80 年代末提出,现被世界各地的规划者用来管理城市的精明增长。在美国和欧洲的诸多城市,如旧金山、丹佛、阿姆斯特丹、哥本哈根、里斯本等,围绕轨道交通站点开发中高密度和行人友好环境的混合功能社区取得了积极成果。随着城镇化进程的加快,许多亚洲城市也采用 TOD 模式来引导城市的可持续发展。

城市轨道交通的发展是城市土地开发的驱动力之一,通过改善站域的可达性,吸引更多的人流为土地增值提供动力,进而引导站点周边土地的高密度、紧凑化开发。虽然已有许多理论和实证研究探讨轨道交通对站点周边土地利用的影响,但大多集中在土地价值、利用类型、开发强度等方面。作为 TOD 的“3D”原则之一,混合或多样化的土地利用不仅是城市形态的一个重要方面,也是城市可持续发展的重要特征。相关研究表明,在轨道交通站点周边适当混合使用城市土地有可能增加轨道交通乘客量,提高土地价值,并带动更高密度的开发。然而,轨道交通对土地利用混合度的影响尚不明确。轨道交通会引导增加站域活动的多样性吗?如果可以,它是以一种更平衡的方式改变,还是会更加强化特定功能?土地利用混合度是呈现出更加均衡的发展还是某些主导功能的进一步集聚?这些问题的解决对于合理引导轨道交通站域的功能设置具有重要意义。

5.2.1　相关文献综述

现有的关于轨道交通与土地利用之间关系的文献可分为两类:(1)土地利用对轨道交通影响的研究;(2)轨道交通对土地利用影响的研究。

1. 土地利用对轨道交通的影响

在《下一个美国大都市：生态、社区和美国梦》一书中，Calthorpe（1993）提出 TOD 将住宅、零售、办公、开放空间和公共用途混合在一个可步行的环境中，使居民和雇员能够方便地使用公共汽车、小汽车、自行车或步行出行。虽然国际上制定了一些“理想”的 TOD 原则，但也有一些学者根据不同国情对具体的 TOD 原则进行了探索。Justin 等（2008）通过对美国 7 个 TOD 项目的详细考察，将良好的城市设计实践总结为过程（Processes）、场所（Places）、设施（Facilities）3 个层面，提出人性化设计、提供可容纳各种用途和用户的公共空间、增强安全性、考虑到多样性和复杂性、创建连通的公共空间等 12 条原则。Pojani 等（2015）邀请荷兰政府部门、学术机构及设计单位等多个领域内的 TOD 专家，基于荷兰的现实国情及规划设计实践开展了有关 TOD 设计原则的广泛讨论。利用 ArcGis 分析方法，Yang 等（2017）就 TOD 理论在澳大利亚布里斯班的具体实践开展测评，并提出适用于当地的规划设计方法。而 Zhang（2007）则针对中国的现实国情，总结出基于中国城市特征的 TOD 规划设计原则，即级差密度、港岛式区划、豪华设计、多样选择及涨价归公。在众多研究中，土地利用多样性是研究的基本原则之一。

另一些研究开展了土地开发强度对轨道交通影响的探讨。新加坡的一项研究表明，1990 年到 2000 年，随着土地开发强度的增加，小汽车的乘客量在下降，而轨道交通的乘客量则在缓慢增加。轨道交通运营成熟后，更多的乘客倾向于在人口密集的新城乘坐捷运（Yang 等，2009）。Jun 等（2015）探讨了首尔地铁影响区的土地利用特征对乘客量的影响，人口密度、就业密度、土地利用多样性和交通方式间的连通性都对轨道交通乘客量产生了积极的影响。

此外，也有学者研究了土地利用混合对轨道交通的影响。Cervero（1997）利用美国住房调查数据探索土地混合使用与通勤的关系，发现居住在土地利用混合度更高区域的居民使用公共交通和非机动交通方式的频率更高。Sung 等（2011）探讨了 TOD 规划因素与首尔市公共交通乘客量之间的关系，发现住宅和非住宅的混合使用促进了公共交通客流量的提升。另一项有关首尔的研究也表明，土地混合利用对次中心地区的乘客量有积极的影响（Lee 等，2013）。Cervero 等（2009）基于香港的实证研究表明，如果结合公交导向设计，特别是结合高质量的步行环境和混合的土地利用，R+P 项目在乘客量和房地产利润方面可能更为成功。Zhao 等（2018）考察了北京地铁站域乘客的行为选择，发现乘客在采用混合用地模式的地铁站域内购物的比例高于其在其他地区购物的比例。

2. 轨道交通对土地利用的影响

在经典竞价理论的基础上，大量的研究探讨了轨道交通对土地利用的影响。这种影响的前提是更为便利的出行条件与更多的资本密集型土地利用和更高程度的集约化开发相联系。城市轨道交通站点提供了更高的公共交通可达性，因此提高了相邻土地的价值和开发密度，并进而影响了城市土地的开发利用模式。

大量研究表明，轨道交通的发展会影响土地的开发强度。以容积率（*FAR*）、就业密度或人口密度来衡量，轨道交通站点周边的地块通常比距其较远的地块开发密度更大。例如在马德里,新建成的地铁站点地区的人口增长率高于已有车站附近或周边没有站点地区的(Calvo 等, 2013)。Bocarejo 等(2013)基于双重差分方法的研究表明,快速公交网络是推动高密度开发的重要变量之一。Ratner 和 Goetz(2013)研究了 1997 年至 2010 年公交车站区域的土地利用变化认为,轨道交通系统和对 TOD 的重视都有助于丹佛城市化区域平均密度的增大。Chorus(2009)对东京的实证研究也显示,东京发达的轨道交通网络是城市中心和副中心高密度开发的重要驱动力。

此外,一些学者探讨了轨道交通发展对土地利用类型变化的影响。Hurst 等(2014)对明尼阿波利斯蓝线轻轨 0.5 英里走廊内土地利用变化的研究表明,与远离站点相比,靠近车站会增加土地利用变化的可能性。有关首尔快速公交系统的一项研究表明,快速公交系统的改进促进了周边居住模式的转变,使其从单户住宅转变为或多户住宅或公寓或住宅与零售混合使用(Cervero 等, 2011)。但轨道交通与土地利用之间的相互作用并不是在所有的城市区域都是如此,也就是说,邻近效应的程度会因地理位置和其他外部环境特征的不同而有所不同。通过比较上海轨道交通站点 2 个缓冲区(0~200 m, 200~500 m)内的土地利用数据,Pan 等(2008)认为内部缓冲区的开发强度更高,且资金密集度也更高。相比之下,有关印度的一项研究则显示,因为空置土地的有限性,快速交通系统只影响周边区域的土地利用变化,而不会增加地铁线路和站点周边的建筑面积(Ahmad 等,2016)。

学者们对于轨道交通对土地利用混合度的影响的关注较少。Bhattacharjee 和 Goetz(2016)的研究显示,在丹佛现有和拟建轨道交通线路的周边,不同类型的土地利用虽略有增长,但沿线土地利用混合度的增长却并不明显。基于熵指数和多维平衡指数, Lee 和 Sener(2017)揭示了休斯敦轻轨沿线与对比区域土地利用混合度的明显异质性。

综上所述,虽然研究证实了轨道交通与土地利用变化的相关性,但关于轨道交通对土地利用混合度的影响仍不明确,且相关文献较少。此外,针对发展中国家城市的相关研究较少,这主要是由于其相较于发达国家城市而言,土地利用混合程度相对较低。在此背景下,本节旨在利用 2004—2016 年间轨道交通沿线土地利用的纵向数据,考察天津轨道交通对站域土地利用混合度的影响。

5.2.2 研究方法与数据

考虑到轨道交通的发展及其对土地利用影响之间的时间差(Cervero 等, 2011),本节选取中心城区运营时间最长的地铁 1 号线作为实证研究对象。中心城区内有内环、中环和外环 3 条道路环线,其中,内环内区域是城市的核心区,具有高密度发展的特点。内环和中环之间的区域具有良好的公共服务设施和土地开发利用格局,而中环与外环之间的区域大部分为新开发区域,功能相对单一。地铁 1 号线贯穿这 3 大片区。此外,在中心城区及其周边的 10 个市辖区中,地铁 1 号线经过其中的 6 个区,即北辰区、红桥区、南开区、和平区、河西区和津南区,各区的经济发展和开发建设水平各不相同。每个车站的不同区位条件和开发建设基础为观察轨道交通对土地利用混合度的影响提供了机会。需要注意的是,地铁 1 号

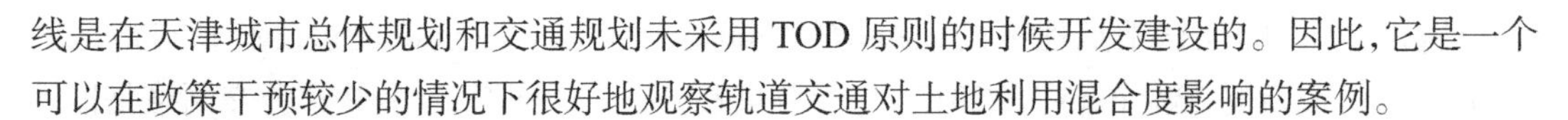

线是在天津城市总体规划和交通规划未采用 TOD 原则的时候开发建设的。因此,它是一个可以在政策干预较少的情况下很好地观察轨道交通对土地利用混合度影响的案例。

1. 研究方法

本节旨在通过实证研究,探讨轨道交通是否以及在多大程度上影响轨道交通站域的土地利用混合度。首先,定义轨道交通站域的空间范围。其次,基于纵向数据,测度各站域 12 年间的土地利用混合度变化。最后,引入 K 值聚类分析方法,对轨道交通对土地利用混合度的影响进行分类。

对于城市轨道交通站域的空间范围,国际上没有固定的标准。美国学者通常使用距离轨道站点 1/4 英里(约 400 m)到 1/2 英里(约 800 m)的范围(Atkinson 等, 2011; Schlossberg 等, 2004),而欧洲的研究人员则使用距离站点 700 m 的半径范围(Reusser 等, 2008; Zemp 等,2011)。鉴于人口和地理特征的不同,一些研究选择 1 000 m 的阈值来定义中国城市的轨道交通站域(Pan 等,2008; Yang 等,2013)。天津市城市规划设计院的一项调查研究显示,全市 80% 以上的居民选择步行到达轨道交通站点,其中 40% 以上的出行者的出行时间在 5 min 以内,近 80% 的出行者的出行时间在 10min 以内(天津市城市规划设计院, 2012 年)。因此,天津市的许多城市设计项目都选择了 1 000 m 的阈值来界定轨道交通站域的空间范围。据此,本节也将轨道交通站点周边 1 000 m 的范围划定为影响域,并将该区域划分为两个缓冲区:内部缓冲区(0~500 m)和外部缓冲区(500~1 000 m)。

混合的土地利用提高了非高峰时段的轨道交通利用率和站点周边的城市活力。它被认为是提升城市宜居性的重要要素以及 TOD 规划设计的关键因素。因此,关于土地利用混合度的测算一直是房地产经济学、城市设计和交通规划等多个学科的重要课题。在众多指标中,基于熵的土地利用混合度是应用最广泛的指标(Kockelman, 1997; Ewing 等, 2010)。因此,本节亦采用该方法,计算公式如下:

$$Entropy = -\sum_{i=1}^{k} \frac{P_i \cdot \ln(P_i)}{\ln(k)} \tag{5-7}$$

式中:k 为土地利用类型的数量;

P_i 为第 i 类土地利用类型的用地面积比例。

由公式(5-7)得出的指数范围为 0(当仅有一种土地利用类型)到 1(所有土地利用类型均匀分布)。

熵指数反映了土地利用类型的多样性和均匀性。为了量化土地利用组合的不同方面,引入另一个指标,土地利用优势度(*LUD*),以衡量一种或几种土地利用类型在多大程度上占据影响区的主导地位。土地利用优势度指数以奥尼尔等人提出的景观优势度的概念为基础,其定义如下:

$$LUD = \ln(k) + \sum_{i=1}^{k} P_i \cdot \ln(P_i) \tag{5-8}$$

由公式(5-8)得出的土地利用优势度指数范围为 0 到 ln(k)。高 *LUD* 值表明土地以一种或几种土地利用类型为主,而低 *LUD* 值则表明各土地利用类型的比例相对均等。

以上两项指标均以城市建设用地为对象。为了探讨城市轨道交通建设是否会带来站点周边

地区的开发与再开发,引入另一个指标——非建设用地比例(N)来进行表征,其计算公式如下:

$$N = \frac{S_n}{S_{sum}} \tag{5-9}$$

式中: N 为非建设用地比例;

S_n 为非建设用地面积;

S_{sum} 为城市轨道交通站域的用地面积。

2. 聚类分析

根据上述指标——*Entropy*、*LUD*、*N*,计算各轨道交通站域的土地利用混合程度。为了探讨城市轨道交通对土地利用混合度的影响,采用前后对比法,观察 2004—2016 年间土地利用混合度的变化情况。由于轨道交通所带来的土地增值通常发生在轨道交通规划公布后,其对土地利用开发的影响存在一定的时滞性。因此,本节的研究周期包括开通前 2 年和开通后 10 年,以考察其长期影响。

为探讨城市轨道交通对土地利用混合度影响的异质性,引入 K-means 聚类分析方法。聚类分析的主要目的是将数据分为具有相似特征的组(簇),从而使得簇内元素间的相似性和簇间元素间的差异性得到最大化的展视(Fraley 等, 1998)。K-means 聚类是目前应用最广泛的聚类分析方法之一,它试图将一组多元数据中的 n 个个体划分为 K 个聚类,数据组中的每个个体均被分配到一个特定的聚类中(MacQueen, 1967)。作为一种硬划分算法, K-means 聚类分析是一个迭代过程。它首先选择 K 个初始聚类中心,然后基于最小化的性能指标迭代对其进行优化,该指标被定义为簇域中所有点到簇中心距离的平方和(Han 等,2004)。

本节运用 K-means 聚类分析法,根据土地利用混合度指标的变化,将轨道交通站点划分为不同的组别,以区分轨道交通对不同开发条件下的站域土地利用混合度影响的异质性。

3. 研究数据

选取 2006 年开通运营的天津地铁 1 号线为研究对象。从天津市城市规划设计研究院获取了 2004—2016 年的土地利用数据,包括中心城区土地利用图和各土地利用类型的面积数据。根据《城市用地分类与规划建设用地标准》(GB 50137—2011),城乡用地类型包括建设用地与非建设用地两大类。城市建设用地又可分为居住用地、公共管理与公共服务用地、商业服务业设施用地、工业用地、物流仓储用地、道路与交通设施用地、公用设施用地、绿地与广场用地八类。根据本节的研究需要,进一步将“商业服务业设施用地”细分为商业用地和办公用地两类,将“工业用地”与“物流仓储用地”整合为工业仓储用地。同时,将“道路与交通设施用地”和“公用设施用地”整合为支撑设施用地,且不参与本节的土地利用混合度计算。因此,选取六种土地利用类型,即居住用地、商业用地、办公用地、公共管理与公共服务用地、工业仓储用地和绿地与广场用地,计算熵指数和土地利用优势度指数。用非建设用地数据计算非建设用地比例。

此外,从天津轨道交通集团有限公司网站收集轨道交通线路和站点的位置数据,利用 GIS 分别对 2004 年和 2016 年的轨道交通线路图和土地利用图进行整合,计算出轨道交通站点 0~500 m 缓冲区和 500~1 000 m 缓冲区内的土地利用混合度指数。

5.2.3 中心城区的实证研究

本节的数据分析分为两部分。首先，利用2004年和2016年的土地利用混合度指数，描述土地利用混合开发的总体水平。其次，引入K-means聚类分析方法，探讨轨道交通对土地利用混合度影响的异质性。

1. 总体情况

1）非建设用地比例

地铁1号线作为天津市第一条轨道交通线路，穿越中心城区的核心发展区，连接主要的商务中心、商业中心以及交通枢纽，缓解了不断增长的交通压力。因此，2004年沿线的非建设用地比例并不高（图5-3），只有在位于线路末端的3个站点的比例超过20%（表5-6）。在内部缓冲区内，有73%的站点，其站域内的非建设用地所占比例低于10%，外部缓冲区的站点比例则为60%。

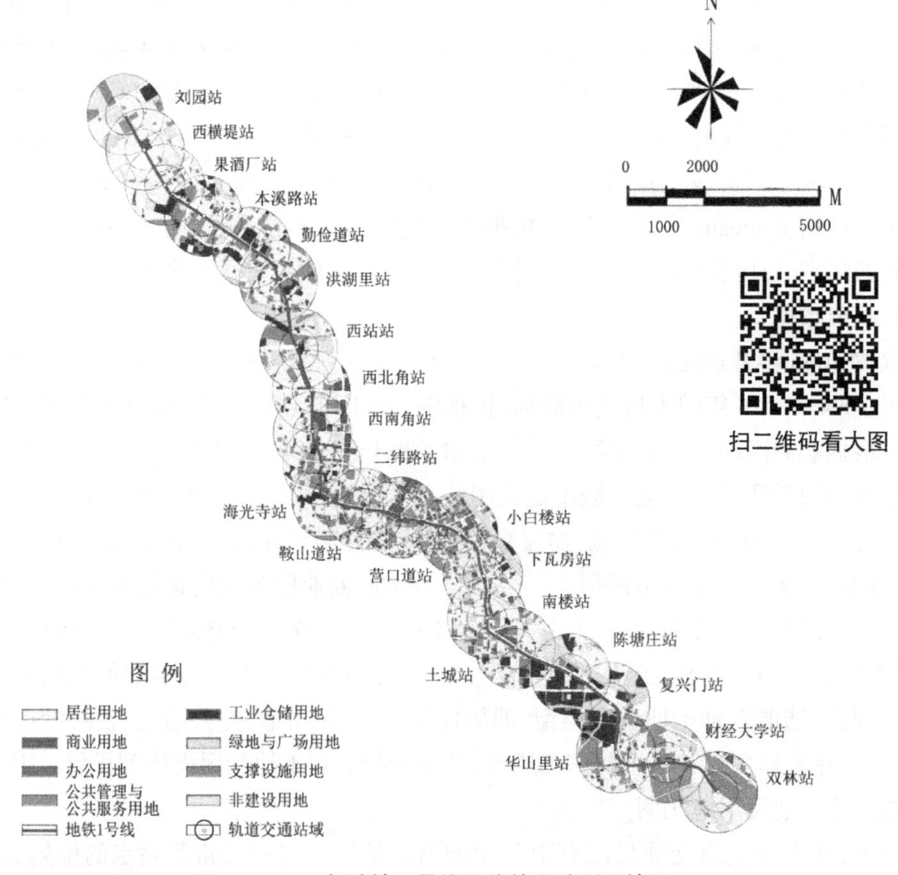

图5-3 2004年地铁1号线沿线的土地利用情况

表 5-6　地铁 1 号线各站域的用地混合指数

站点	内部缓冲区（0~500 m）						外部缓冲区（500~1 000 m）					
	N		*Entropy*		*LUD*		*N*		*Entropy*		*LUD*	
	2004	2016	2004	2016	2004	2016	2004	2016	2004	2016	2004	2016
刘园站	0.254 9	0.002 5	0.415 1	0.576 5	1.048 0	0.758 8	0.269 9	0.061 8	0.458 3	0.611 4	0.970 7	0.696 3
西横堤站	0.020 0	0.042 2	0.322 2	0.476 3	1.214 4	0.938 3	0.062 3	0.065 7	0.370 8	0.481 7	1.127 4	0.928 7
果酒厂站	0.030 2	0.055 9	0.418 7	0.365 3	1.041 6	1.137 2	0.087 4	0.134 2	0.439 1	0.462 8	1.005 0	0.962 6
本溪路站	0.027 0	0.019 9	0.535 3	0.427 8	0.832 7	1.025 2	0.113 6	0.124 2	0.607 5	0.587 6	0.703 3	0.738 9
勤俭道站	0.020 0	0.003 1	0.602 5	0.663 3	0.588 2	0.784 2	0.072 9	0.011 1	0.575 6	0.571 3	0.795 6	0.735 9
洪湖里站	0.034 5	0.107 8	0.648 1	0.533 6	0.630 6	0.835 7	0.139 5	0.066 7	0.596 5	0.577 0	0.723 0	0.757 9
西站站	0.133 9	0.098 2	0.481 0	0.421 0	0.929 9	1.037 4	0.205 4	0.134 3	0.492 8	0.483 9	0.908 8	0.924 6
西北角站	0.071 0	0.002 3	0.404 2	0.552 8	1.067 5	0.801 2	0.058 8	0.025 7	0.485 3	0.552 5	0.922 2	0.801 9
西南角站	0.078 0	0.000 0	0.671 7	0.562 4	0.712 2	0.603 2	0.083 1	0.026 9	0.555 9	0.589 3	0.760 4	0.768 1
二纬路站	0.031 1	0.022 5	0.686 7	0.726 6	0.561 4	0.489 9	0.062 6	0.010 7	0.652 5	0.673 2	0.622 6	0.585 5
海光寺站	0.014 4	0.002 2	0.705 8	0.674 2	0.527 1	0.583 8	0.033 2	0.001 9	0.622 1	0.637 0	0.677 2	0.650 5
鞍山道站	0.008 0	0.009 8	0.627 8	0.620 7	0.666 8	0.679 5	0.010 1	0.004 4	0.626 3	0.647 2	0.669 6	0.632 1
营口道站	0.014 5	0.000 0	0.641 5	0.722 7	0.642 3	0.496 8	0.022 4	0.006 3	0.650 3	0.701 3	0.626 6	0.535 3
小白楼站	0.101 5	0.046 1	0.598 4	0.720 0	0.719 6	0.501 8	0.128 4	0.068 1	0.630 4	0.716 1	0.662 2	0.508 6
下瓦房站	0.052 6	0.018 0	0.635 6	0.656 4	0.653 0	0.615 7	0.052 0	0.056 5	0.586 9	0.602 9	0.740 1	0.711 4
南楼站	0.032 6	0.015 8	0.555 6	0.585 1	0.796 2	0.743 4	0.038 6	0.060 0	0.644 9	0.589 5	0.636 2	0.735 5
土城站	0.080 0	0.113 8	0.670 2	0.644 4	0.590 9	0.637 1	0.066 6	0.073 9	0.646 9	0.655 1	0.632 7	0.618 0
陈塘庄站	0.130 4	0.399 2	0.555 9	0.387 6	0.795 7	1.097 3	0.193 6	0.278 0	0.507 8	0.510 0	0.881 8	0.878 0
复兴门站	0.238 7	0.398 5	0.516 5	0.377 6	0.866 3	1.115 1	0.211 7	0.228 0	0.572 5	0.563 7	0.765 9	0.781 7
华山里站	0.070 0	0.095 5	0.606 6	0.610 7	0.704 9	0.697 6	0.100 0	0.154 5	0.631 1	0.627 8	0.661 0	0.666 9
财经大学站	0.000 0	0.000 0	0.453 9	0.482 5	0.978 5	0.927 3	0.073 6	0.015 6	0.530 3	0.626 8	0.841 5	0.668 7
双林站	0.313 5	0.091 5	0.251 0	0.371 6	1.342 0	1.126 0	0.284 2	0.107 9	0.476 4	0.565 7	0.938 2	0.778 2

地铁 1 号线的开通运营显著提高了沿线地区的交通可达性，轨道交通站域被开发商认为具有明显的价值增值，因此成为城市开发和再开发的热点地区。在过去的 12 年间，沿线的非建设用地逐渐转变为建设用地（图 5-4）。2016 年各轨道交通站域内，除陈塘庄站、复兴门站、土城站、洪湖里站外，其余各站的非建设用地比例均低于 10%，说明轨道交通的建设确实带动了沿线土地的开发，且外部缓冲区内的非建设用地转化率更高。在地铁 1 号线沿线 1 000 m 半径范围内，2004 年的非建设用地面积为 476.80 km^2，其中 24.38% 的土地为水体、滨河绿道等不可开发用地。12 年间，51.43% 的非建设用地转化为建设用地。这一变化表明，轨道交通对沿线土地的开发利用产生了积极和实质性的影响。

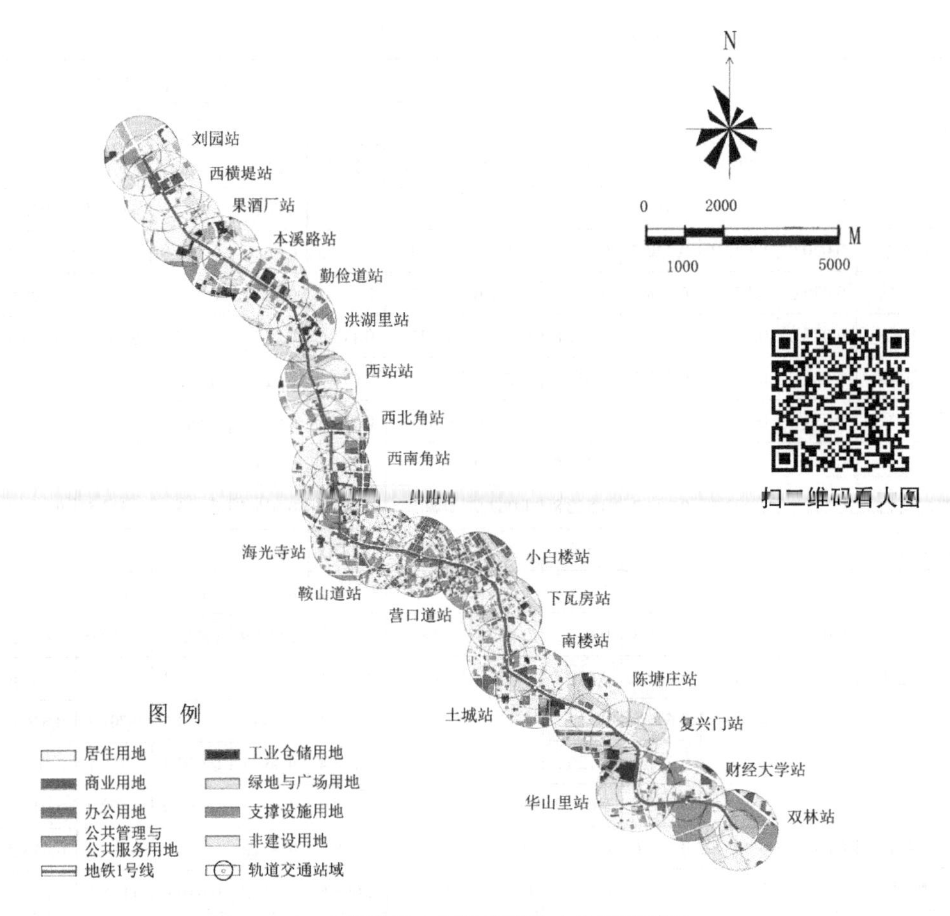

图 5-4 2016 年地铁 1 号线沿线的土地利用情况

2）土地利用熵指数

通过分析 2004 年地铁 1 号线各站域的土地利用混合度指数（表 5-6）可以发现，半数站点在内外缓冲区的熵指数均在 0.55 以上，其中双林站内部缓冲区的熵指数最低，为 0.25，海光寺站内部缓冲区的熵指数最高，为 0.71。部分研究显示，轨道交通线路的运营可以引导站点周边土地利用的多样化和集约化（Bocarejo 等，2013；Ratner 等，2013）。然而，本节的实证研究结果表明，情况并非总是如此。在外部缓冲区内，大部分站点的熵指数呈上升趋势，但一些 2004 年熵指数大于 0.55 的站点的熵指数呈下降趋势。相反，在内部缓冲区中，熵值增加或减少的站点数几乎相同。此外，大多 2004 年熵指数排名前五位的站点呈现出熵指数下降的趋势，而多数倒数五位的站点其熵值则呈现上升趋势。研究结果表明，轨道交通线路的开通可以丰富以前低混合利用站域的土地利用多样性，但对于已经高度混合的站域，效果并不明显。

3）土地利用优势度指数

2004 年，整个轨道交通线路的土地利用优势度指数较低（表 5-6）。只有 5 个站点的内部缓冲区和 2 个站点的外部缓冲区的指数高于 1，这表明站域的土地利用是相对均衡的，大部分站点不以一种或几种土地利用类型为主。在轨道交通开通运营 10 年后，大部分轨道交通站点的土地利用优势度在外部缓冲区有所下降，只有 7 个站点的用地优势度指数出现上升趋势，且变化率大多在 5% 以下（除南楼站为 16%）。在内部缓冲区，超过半数的站点其土地利用优势度指数都有不同程度的下降。大多 2004 年土地利用优势度指数排名前五的站点呈下降趋势，而大多倒数五位的站点土地利用优势指数呈上升趋势。研究结果表明，随着轨道交通的运营，土地利用优势度较高的站域发展较为均衡，而在土地利用优势度较低的站域，其主导功能不断增强。

2. 异质性分析

根据土地利用混合度指数的变化值，运用 K-means 聚类分析，将地铁 1 号线各站点的用地混合度情况分为四类（图 5-5）。

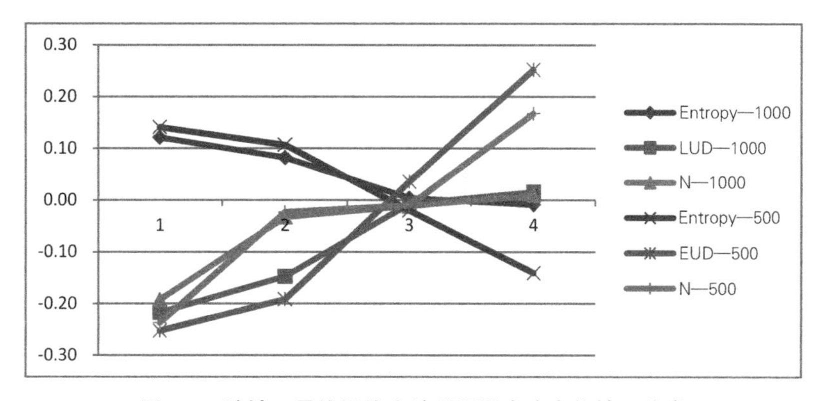

图 5-5　地铁 1 号线沿线土地利用混合度变化情况分类

1）第一组

第一组由刘园站和双林站 2 个站点组成，它们均为位于中心城区中环—外环之间的地铁 1 号线的终点站。作为城市的欠发达地区，2004 年其站域内的非建设用地比例均较高，在 25%~30% 之间。随着地铁 1 号线于 2006 年开通运营，2004—2016 年间，其超过 60% 的非建设用地被转换为建设用地。2004 年，刘园站域（图 5-6）和双林站域的建设用地中有近 50% 为居住用地，只有一小部分为商业用地和公共管理与公共服务用地，其土地利用优势度指数排名较高，而熵指数排名则较低。双林站在内部缓冲区内的熵指数只有 0.25，是所有站点中最小的。随着地铁 1 号线的开通，其许多非建设用地被转化为商业用地、公共管理与公共服务用地和绿地与广场用地等。2 个站点的熵指数都显著增加了，但用地优势度指数分别下降了约 30% 和 15%。

2）第二组

第二组由西横堤站、西北角站、营口道站、小白楼站、财经大学站 5 个站点组成。2004 年，各站域的非建设用地比例均低于 10%（除小白楼站在外部缓冲区的占比为 13%）。12 年间，除西横堤站有所增加外，各站域的非建设用地比例均略有下降。各站域的熵指数均呈上升趋势，且内部缓冲区的上升幅度均大于外部缓冲区。该组的土地利用优势度指数显著下降，其中内部缓冲区下降约 25%，外部缓冲区下降约 18%。研究结果表明，轨道交通使该组站点周边的土地利用格局更加均衡，且在临近站点的地区，效果更为明显。

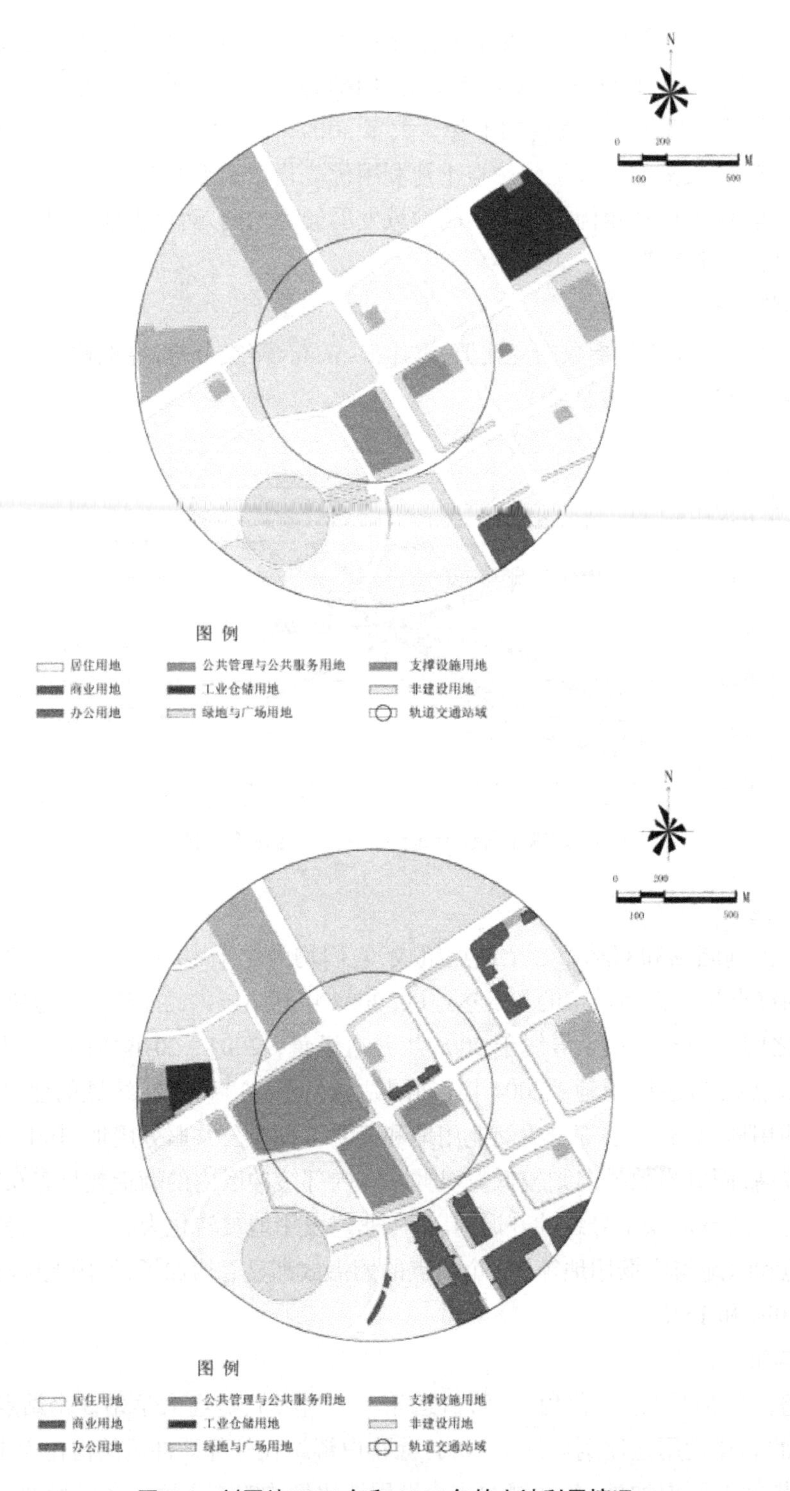

图 5-6 刘园站 2004 年和 2016 年的土地利用情况

营口道站、小白楼站均位于内环内，由于其土地开发利用类型的高度多样性，2004 年这两个站点涵盖了所有的 6 类开发用地。营口道站和小白楼站的用地混合度熵指数在内部缓

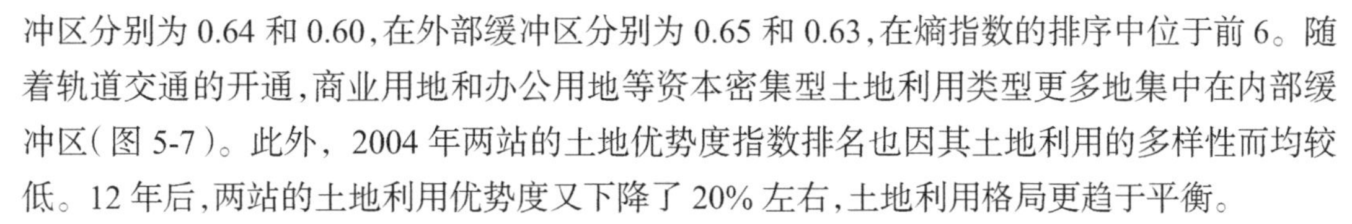

冲区分别为 0.64 和 0.60，在外部缓冲区分别为 0.65 和 0.63，在熵指数的排序中位于前 6。随着轨道交通的开通，商业用地和办公用地等资本密集型土地利用类型更多地集中在内部缓冲区（图 5-7）。此外，2004 年两站的土地优势度指数排名也因其土地利用的多样性而均较低。12 年后，两站的土地利用优势度又下降了 20% 左右，土地利用格局更趋于平衡。

3）第三组

第三组的站点数量最多，地铁 1 号线超过一半的站点均属于此组。根据各站点的空间区位及发展水平，可以进一步将其划分为两个亚组。亚组一由西南角站、二纬路站、海光寺站、鞍山道站 4 个站点组成，它们均位于中心城区的内环内。亚组二包括果酒厂站、本溪路站、勤俭道站、西站站、下瓦房站、南楼站、土城站、华山里站 8 个站点，它们分别位于内环—中环区或中环—外环区。

除西站站外，2004 年所有站点的非建设用地比例均在 10% 以下。2016 年，亚组一内站点的非建设用地比例在两个缓冲区内均有所下降，而亚组二内多数站点的非建设用地比例在内部缓冲区呈下降趋势，在外部缓冲区呈上升趋势。这可以解释为，虽然轨道交通鼓励区域的再开发，但核心区的再开发规模远远大于外围地区。

该组站点内外缓冲区的土地利用混合度熵指数呈现出不同的趋势变化。大部分站点的熵指数在外部缓冲区的增长率高达 6%，但仅不到一半的站点其熵指数在内部缓冲区呈现最高 10% 的上升趋势。这表明，对于土地利用混合度较高的站点，轨道交通对其土地利用混合度的影响并不明显。

在土地利用优势度方面，大部分站点的土地利用优势度指数在外部缓冲区的变化幅度不到 8%，内部缓冲区的变化幅度最高为 15%。例如，二纬路站的用地优势度指数在两个缓冲区内分别减少了 13% 和 6%（图 5-8），从而在其影响区内形成了更为平衡的土地利用模式。在某些情况下，两个缓冲区的土地利用优势度指数的变化趋势不同，勤俭道站就是这样的一个例子。由于工业仓储用地和公共管理与公共服务用地在内部缓冲区内转换为其他功能，其土地利用优势度指数下降了 15%（图 5-9）。作为中心城区内主要的居住片区，勤俭道站外部缓冲区内居住用地的增加导致土地利用优势度指数上升 1%。研究结果表明，居住用地在轨道交通站域的外围区域占据主导地位，而商业用地、办公用地等附加值较高的用地则主要集中在轨道站域的内部缓冲区。

4）第四组

第四组由洪湖里站、陈塘庄站、复兴门站 3 个站点组成，它们大部分位于中环—外环之间。其 2004 年的非建设用地比例均在 10%~25% 之间，且在过去的 12 年间均有较大幅度的上升（除洪湖里站在外部缓冲区有所下降）。陈塘庄站（图 5-10）的非建设用地比例在内部缓冲区增加了 206%，在外部缓冲区则增加了 45% 左右。陈塘庄站、复兴门站紧邻天津的母亲河——海河，其站域内的非建设用地大多为水体、沿江绿道和待开发土地。随着轨道交通的开通运营，这两个站点的周边地区经历了再开发过程。然而，虽然一些工业功能已转移到其他地区，但重建工作尚未开启，使得其非建设用地的比例大幅增加。

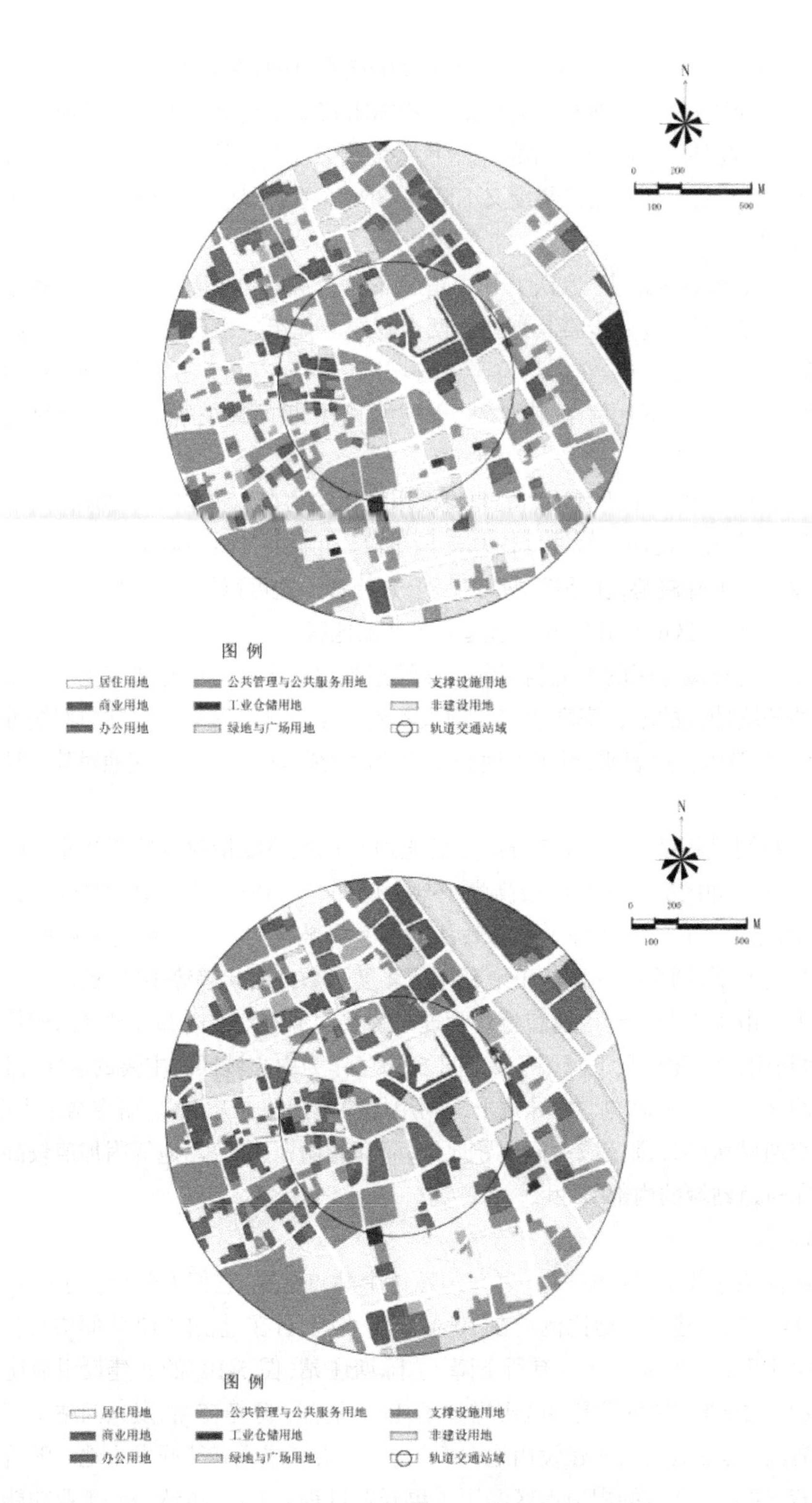

图 5-7　小白楼站 2004 年和 2016 年的土地利用情况

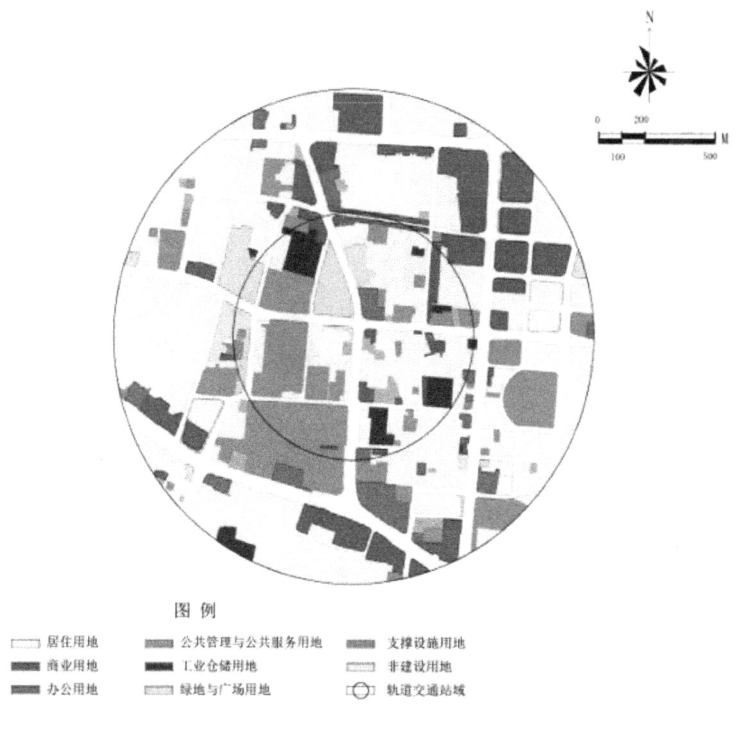

图 5-8　二纬路站 2004 年和 2016 年的土地利用情况

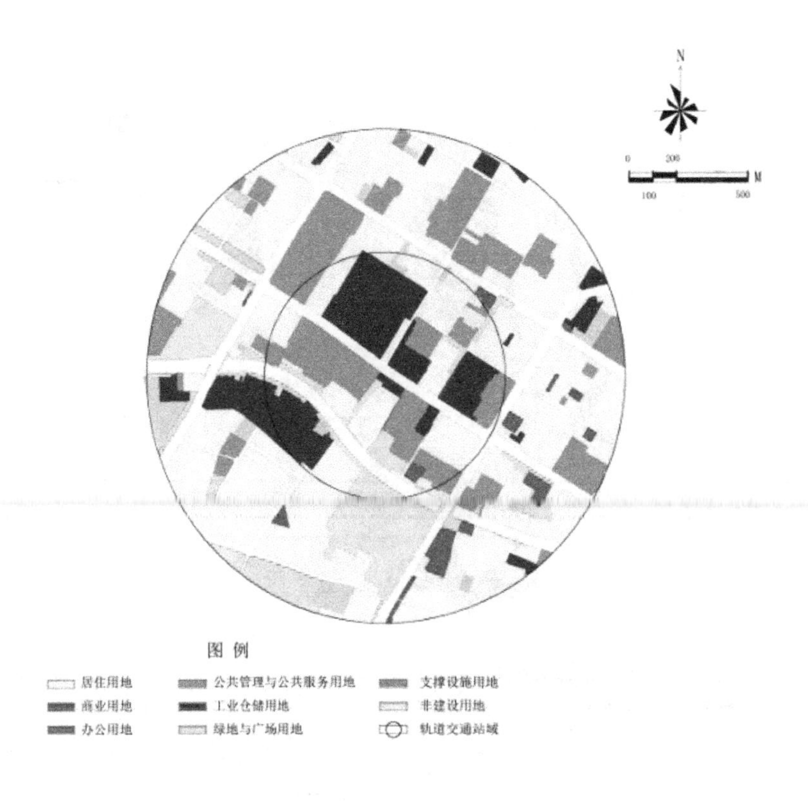

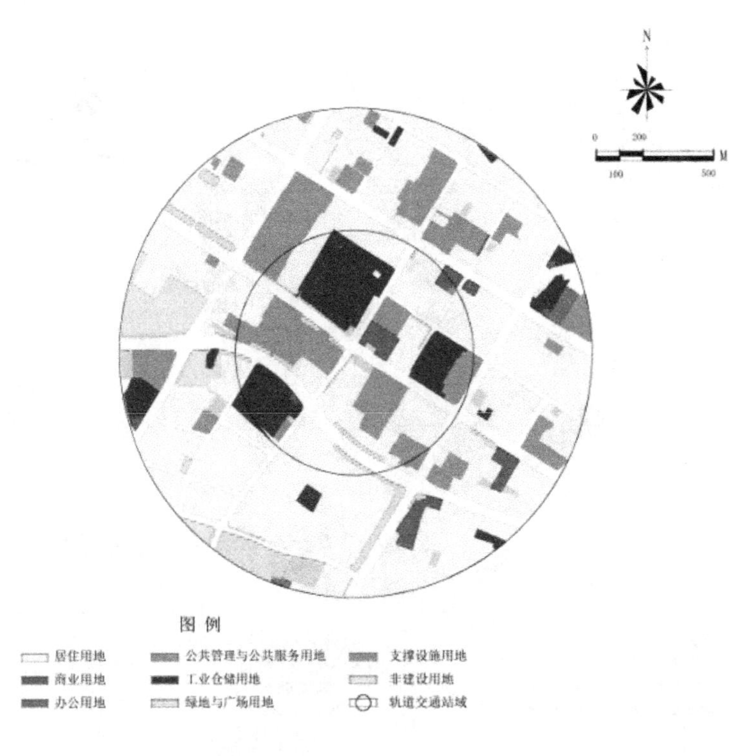

图 5-9　勤俭道站 2004 年和 2016 年的土地利用情况

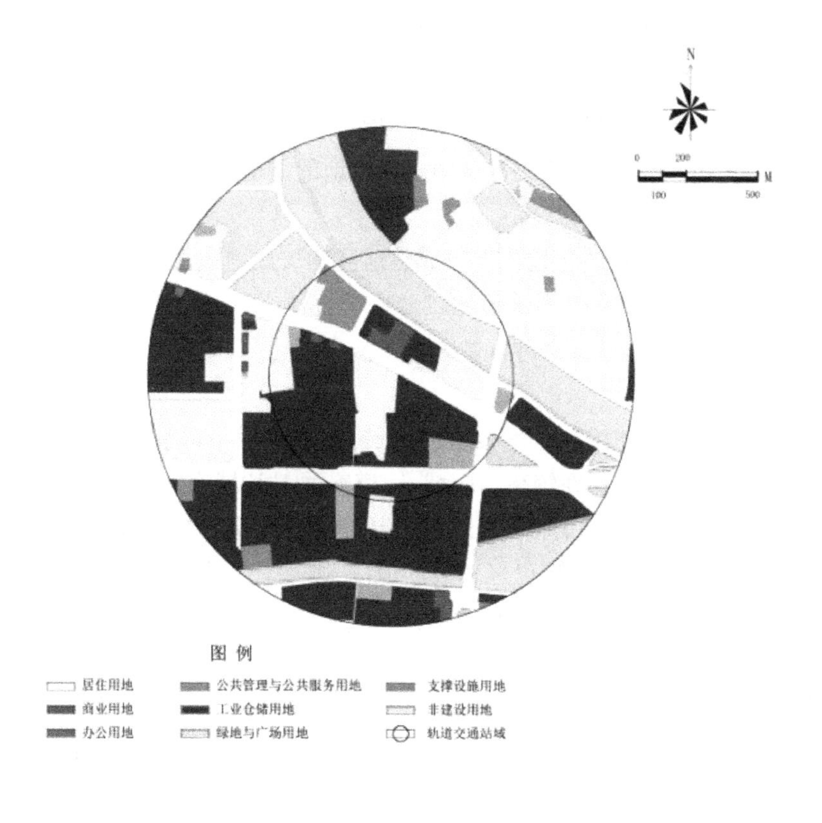

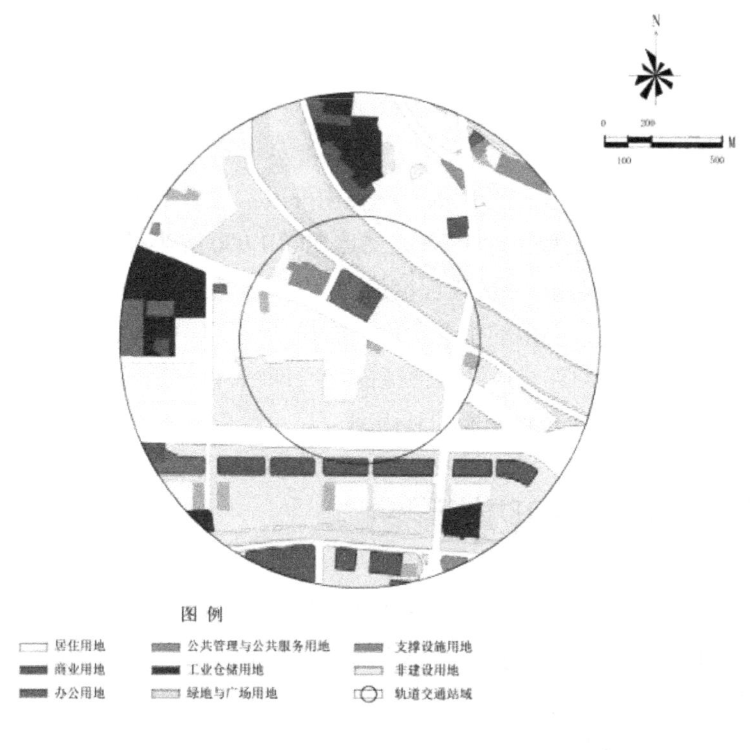

图 5-10　陈塘庄站 2004 年和 2016 年的土地利用情况

该组的所有站点在内外缓冲区内的熵指数都显示出下降的趋势。其在内部缓冲区的增长率约为 30%,而外部缓冲区则在 5% 的范围内略有增加。这一趋势是由 3 个因素造成的:支撑设施用地的增加(在本节研究中不参与熵指数的计算)、非建设用地的增加(这导致计算中的总用地面积减少)以及外部缓冲区中居住用地的增加。

3. 结论与建议

本节详细探究了一条跨越土地开发较成熟地区和欠成熟地区的轨道交通线路对沿线土地利用混合度的空间效应,不仅系统地比较分析了轨道交通对处于不同发展阶段的地区的影响,而且使得其对内部和外部缓冲区的不同影响得到更好的显示,主要研究结论及政策影响归纳如下。

第一,对于原有土地利用混合度较低的区域,轨道交通可以显著提高站域的用地混合度,但对于原有土地利用混合度较高的区域,轨道交通对站域用地混合度的影响并不显著。研究显示,轨道交通的引入使得原本土地利用混合度较低地区的土地利用混合度熵指数呈上升趋势,而对于土地利用混合度已经较高的地区,则在其一半站点的内部缓冲区和大部分站点的外部缓冲区呈现出不同程度的土地利用混合度熵指数下降。这一发现意味着低混合区应是 TOD 混合开发原则重点应用的区域,因为这些地区在提高土地利用多样性方面具有更大的潜力。

第二,随着轨道交通的开通运营,在土地利用优势度较高的站域,其土地开发利用格局更加均衡,而在土地利用优势度较低的站域其主导功能则有所增强。换言之,在集聚经济(土地利用优势度)与土地利用多样性(熵指数)之间存在一种均衡。这一发现表明,政策制定者需要基于 TOD 的规划原则在土地利用优势度较高和较低地区分类进行混合开发。为实现轨道交通引入后更高程度的经济效益,需要进一步丰富前者的土地利用类型,同时鼓励后者的集聚开发。

第三,轨道交通对土地利用混合度的影响在内外缓冲区有所不同,距站点 500 m 半径范围内的商业、办公等资本密集型用地较多,距站点 500~1 000 m 半径范围内的住宅用地较多。这一发现与经典的竞价理论相一致,该理论认为,为实现盈利效益的最大化,企业愿意为具有更好公交服务的土地支付更多的租金费用。居住功能更集中地位于距站点 500~1 000 m 的半径范围内,因此,需要创建轨道站域便捷的步行网络,促进轨道站域与居住区间的方便换乘,从而更好地提升居民对轨道交通的利用率。

5.3 轨道交通站域的功能混合

人的各类活动是构成城市活力的重要基础,而吸引人进行活动的前提是功能对人的吸引。传统的城市功能区划模式一般是通过减少土地使用的负外部性(如减少居民区周边的工业用地以降低噪声和空气污染)提升城市整体的运营效率。但是,单一功能的土地开发不可避免地会导致该地区的各类经济活动具有一定的时间阶段性,使得该地区的各类经济活动在一定时间段内缺乏活力。土地利用的功能混合有利于提升区域内空间活动的多样性和连续性。有鉴于此,简·雅各布将其视为产生城市活力的源泉。要想了解城市,必须将土地的混合开发视为基本现象。街区的内部功能构成越丰富,越能够吸引人们基于不同的出行目的而增加日常出行,增加人们在不同时间段、不同地点使用各类设施的可能性(Jane Jacobs,1961)。

对于客流较为集中的轨交站域,多元化的功能混合可以极大地吸引乘客在该区域进行消费,提高客流集散所衍生出的商业经济效益。同时,功能的混合也为轨道交通吸引了大量客流,增加了轨道交通的利用率,促进了轨道交通的可持续运营。此外,在一定范围内,教育、商务办公和住宅等不同功能之间的整合与平衡,使得人们多种类型的出行需求可以在同一区域内同时得到满足,从而减少总的交通出行。而且由于功能的混合设置,人们日常出行的起点和终点在空间上相对较近,减少了人们日常的出行距离,从而使得步行、自行车等在短距离出行内有较强竞争力的绿色交通方式能够得到广泛使用。

基于上述原因,城市轨道交通站域的功能混合已成为增加区域活力、倡导绿色出行的有力抓手,同时也成为轨道交通积极培育客流、推动区域商业经济活动的重要手段。然而,由于不同城市功能的属性特征存在差异,轨道交通在不同空间范围内发挥着不同的带动作用。为了实现区域内土地开发经济效益最大化的目标,有必要深入研究在区域内如何设置各类功能。

5.3.1 轨道交通站域的主要用地类型

一般而言,地铁站点周边地区的功能混合有两种形式。一种方式是在影响区域内不同地块上各自布置不同的功能,将居住、商务办公、休闲和教育等功能整合到地铁站点周边区域。第二种方式是在同一地块上布置不同的功能,即打造城市综合体。

以香港城市轨道交通为例,其站点周边区域的土地开发利用是较为成功的。在对港铁将军澳线和港岛线共17个站点周边土地利用性质进行分析的基础上(图5-11),赖志敏(2005)总结了功能混合的相关特征:

(1)除道路、绿地等基本功能外,几乎所有站点周边地区都具有2个以上的主导功能。例如,在铜锣湾站主要以办公用地和商业用地为主;

(2)对于每个轨道交通站点而言,由其主导开发功能的用地占全部用地的比例在45%至80%之间浮动,大致超过一半;

(3)商务办公、商业等就业型建筑的用地比例一般在15%至60%之间浮动;

(4)对于任何占主导地位的开发功能,其用地所占比例一般在5%至70%之间浮动。

对于穿过工业区的荃湾线而言,站点周边除了有部分工业用地外,还集中了大量的商业、商务办公和住宅用地。在荃湾线沿线的14个车站中,每个站点周边均至少有2种功能用地,其中有9个站点周边包含3种功能用地,占比64%。从香港地铁的实践中可以发现,在地铁站点的影响范围内,土地利用类型主要包含办公、商业以及住宅3种。

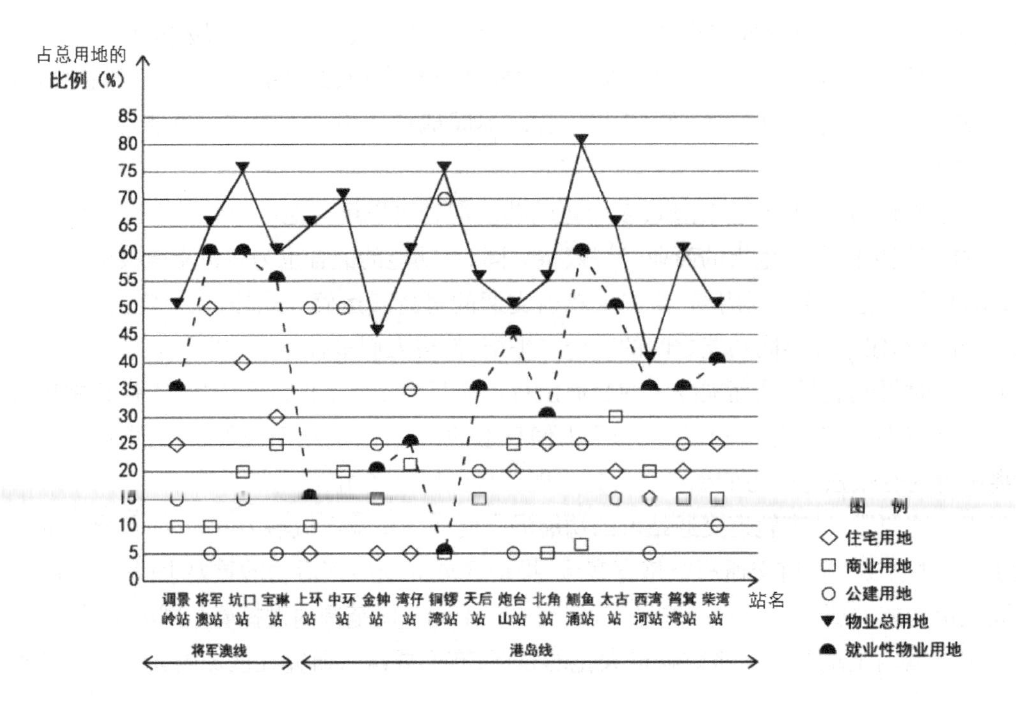

图 5-11 香港地铁车站地区的主要用地类型

资料来源：赖志敏，2005

5.3.2 轨道交通站域的功能空间分布

香港的实证研究表明，在城市轨道交通站点的空间影响范围内，土地利用类型多为商务办公、商业以及居住用地。其中，休闲娱乐业（就土地使用类型而言，它们在统计过程中被统一标识为商业用地）非常发达，这是由于大量的客流能为休闲娱乐以及商业服务等提供重要支撑。一般来讲，地铁对不同功能类型土地的影响相应地反映在土地价格上。一方面，轨道交通站点周边区域的各类功能用地的价格要高于其他区域。另一方面，在轨道交通站点的空间影响范围内，各种功能用地的价格会随着其与站点距离的远近变化而发生变化。因此，可以根据不同类型功能用地在轨道交通站域内对应的空间经济特征，归纳总结出各类混合功能在空间上的分布规律，推动实现站域土地开发收益的最大化。

赖志敏以深圳地铁为研究对象，全面考察了深铁一期 17 个站点 500 m 范围内商务办公、商业、住宅用地的价格变动情况，并将其与距离站点的远近进行统计分析，研究发现，商务办公、商业、住宅用地的平均地价随着其与地铁站点距离的增加而下降。其中，商务办公的平均地价在百米范围内的增幅最为显著，在 100 m 范围内的平均地价涨幅较 100~200 m 范围内的平均地价涨幅高 14 个百分点，而超过 200 m 范围的平均地价衰减情况则较不明显。因此，在土地开发过程中，从经济效益的视角分析，在距离地铁站点 200 m 的范围内，一般适合进行商务办公用地的开发建设。在距离地铁站点 400 m 的范围内，商业用地的价格增长幅度较为显著，特别是在 200 m 范围内，商业用地的价格增加幅度更大，100~200 m 范围内的商业用地平均地价涨幅较 200~300 m 范围内的平均地价涨幅高 12 个百分点。因此，一般适合在 400 m 范围内进行商业用地的开发建设，尤其是在 200 m 范围内。与商务办公用地和商业用地相比，在 500 m 范围内居住用地的价格变动幅度较小。但是，其在 300 m 范围内的变动幅度较大，并且伴随着与站点距离的增加，其价格基本保持不变。居住用地在 200~300 m 范围内居住用地的平均地价涨幅较 300~400 m 范围内的平均地价涨幅高 20 个百分点。因此，一般适合在 500 m 范围内进行居住用地的开发建设，最适合在 300 m 范围内布局（赖志敏，2005）。

在对地铁站点周边三类用地平均地价变动情况开展叠加分析的基础上，研究发现，为了更好地发挥轨道交通对沿线土地价格的促进作用，最大化地获得土地开发收益，一般应在距离轨道交通站点 100 m 的范围内优先配置商务办公用地和商业用地，并适当布置一部分商住混合型建筑；在距离轨道交通站点 100~300 m 的范围内优先配置商业用地和居住用地，并适当布置一部分商务办公用地；在距离轨道交通站点 300~500 m 的范围内优先配置居住用地，并适当布置一部分商业用地。

以上研究为城市轨道交通站点周边地区如何做好混合功能在空间上的分布提供了一种研究方法。然而，不同城市间轨道交通对沿线房地产增值的影响是有差别的，有必要对不同城市开展有针对性的实证研究。

5.4　轨道交通站域的基准容积率

随着城市轨道交通建设的加速推进，轨道交通网络化运营体系逐渐形成，轨道交通站点对城市空间的覆盖率不断提高，站域范围内的土地占城市建设用地的比重不断增加。同时，轨交网络的有效运营高度依赖站域土地的高效利用，其能为轨交网络提供充足的客流。因此，科学确定轨道交通站域内的土地开发强度就成为推动城市土地资源集约、节约利用的重要内容，有利于充分发挥轨道交通促进城市经济发展、优化城市布局、满足居民日常出行需求的带动作用。

容积率作为反映城市土地开发强度的一项关键性指标，最早被用来实施城市土地的分区管理。1957 年，这一概念在美国芝加哥市被最早提出，并于 1961 年在纽约市的分区管理中得到应用。容积率为某一特定区域内的总建筑面积除以土地面积所得到的数值，根据其计算公式，这一指标反映了土地开发和利用的强度。与单纯控制区域内建筑物的高度和体量不同，容积率主要控制区域内的建筑规模。这样使得设计师可以灵活地开展建筑设计，此外，其无量纲化的计算结果更是便于城市规划管理者在实践中广泛使用。因此，本节首先分析城市轨道交通站域的人口覆盖要求，以确保其有效运行，继而通过最低人口要求确定基准容积率的阈值。

5.4.1 轨道交通高效运营的人口覆盖要求

城市轨道交通作为一种运量大、建设和运营成本高的公共交通工具，其站域所覆盖的人口是其能够有效运营的关键。通常情况下，区域内所覆盖的人口越多，运营前景就越好。香港地铁是国际上公认的运营较为成功的现实案例。根据 1992 年的区域人口统计，香港约有近一半的人口居住在距离地铁站点 500 m 的区域内。就居住在九龙、新九龙和香港岛的居民而言，这一比例比全港平均值更高，达到 65%。在新界地铁站域，仅 2.5% 的土地面积就提供了约 80% 的工作岗位。在中环—金钟—铜锣湾地区，地铁沿线的就业人口密度更高，达到 20 万人/km^2（赵玥，2010）。可以说，大量居住、工作于地铁站点周边区域的人口为香港地铁的高效运营提供了保障。

作为美国第九大公共交通系统，人们普遍认为亚特兰大市的 MARTA（The Metropolitan Atlanta Rapid Transit Authority）是较为不成功的。在该地区，地铁站域内的人口密度较低，使得地铁运营过程中空载率较高，从而相应地增加了地铁的运营成本，降低了企业的经营利润。同时，较低的使用率也使得居民更多选择私家车出行，进一步加剧了当地交通拥堵、环境污染等社会问题。

作为连接洛杉矶和长滩中心区的轨道交通线路，洛杉矶蓝线全长约 35 km，该线路除了在首末端连接了洛杉矶中心商业区以及长滩市中心商业区外，在线路走向上基本绕开了沿途现有的居住社区。该线路站点多设置在工业用地或社区边缘，使得站点周边区域的人口空间分布与其他线路大为不同。其站域空地较多，且距离站点越远，人口密度反而越高（图 5-12）。因此，该线路并没有实现提升周边活力的初衷（Anastasia Loukaitou-Sideris 等，2006）。

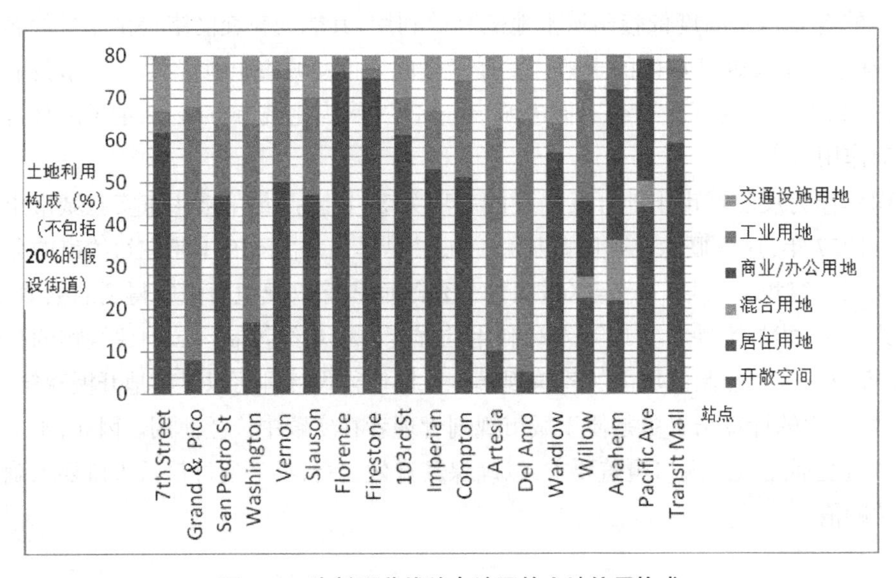

图 5-12 洛杉矶蓝线站点地区的土地使用构成

资料来源：Anastasia Loukaitou-Sideris 等，2006

5.4.2　以人口倒推容积率的门槛值倒推法

为保障城市轨道交通的高效运行，一些学者指出，在亚洲主要城市的轨道交通 500 m 站域范围内，应保障最低 5 万人的人口覆盖要求。而后，根据该人口阈值，倒算出轨道站域的容积率数值（陈卫国，2006）。该容积率的大小是确保轨道交通有效运行的最低要求，通常将其称为基准容积率。假设半径为 500 m 的圆形区域内总建筑面积为 A，根据与不同等级和功能类型站点相对应的建筑功能配比（表 5-7）和人均建筑面积（其中，写字楼一般为每人 25 m^2，居住一般为每人 35 m^2，零售一般为每人 45 m^2，文娱、体育一般为每人 75 m^2），计算得出建筑总规模，然后用建筑面积除以地块面积计算得出平均容积率。

表 5-7　典型轨道交通站域的建筑功能配比假设表

主导开发功能	建筑配比			
	住宅	零售业	写字楼	娱乐、教育
商业、办公	55%	15%	20%	10%
居住	80%	10%	5%	5%

资料来源：陈卫国，2006

以表 5-7 中某轨道交通站点为例，在站域内，如果某住宅的建筑比例为 55%，零售业的建筑比例为 15%，办公的建筑比例为 20%，娱乐和教育的建筑比例为 10%，那么通过 $A \cdot 0.55/35$ m^2/人 $+A \cdot 0.15/45$ m^2/人 $+A \cdot 0.20/25$ m^2/人 $+A \cdot 0.10/75$ m^2/人 =50 000 人计算得到总建筑面积 A=176.2 万 m^2。假设，距离城市轨道交通站点 500 m 范围内的道路用地占全部用地的 25%，那么，地块面积 $=\pi \times 5\ 00^2 \cdot 0.75=58.9$ 万 m^2，相应的地块平均容积率 =2.99。

5.5　天津市中心城区的土地开发响应

当前，天津的城市轨道交通正步入快速成网的发展新阶段，它对城市空间的影响逐步显现出来，以轨道交通为引导的中心城区土地开发模式逐渐形成。基于上文提出的轨道交通网络化条件下的土地开发响应策略，本节着重探究如何基于轨道交通引导中心城区土地的集约化开发与利用。

5.5.1　依据现状和功能定位引导分区段开发

通常情况下，位于城市中心区内的轨道交通建设往往滞后于城区内的土地开发，因此多数轨道交通线路需要穿过城市的已建成区，但在不同区域内，轨道交通站点周边区域的开发建设状况和功能定位却存在较大差别。因此，如何结合当前轨交沿线土地的发展现状和未来该区域的功能定位，从时空双维度提出有针对性的差异化发展策略，是本节需要重点解决的问题。

1. 制定轨交沿线差异化土地开发策略

根据《天津市城市总体规划(2005—2020年)》，天津市历史城区的总面积约为53 km^2，其主要为1949年以前的市内建成区，包括历史文化遗产较为丰富、土地开发相对成熟的老城厢地区，原英、法、意等国租界地区以及北洋新区等。将轨交沿线周边地区划分为三类，分别为局部协调区、适度协调区和整体协调区，并针对不同类别提出与之相适应的规划管控策略。

1)局部协调区

局部协调区是历史城区内轨交站点覆盖的半径为1千米范围的区域。在这一区域内，各类建筑的建设强度被限制，从而有效规避了区域内大规模的拆建。为了有效提高轨交站点周边的土地价值，发挥其触媒作用，在开发过程中应做好站内地下空间的综合开发与利用，并辅之以便利的慢行出行系统，即在老城区的开发过程中，应结合TOD模式，推动形成“轨道+步道、自行车、公交”的绿色出行模式。

2)适度协调区

适度协调区是历史城区外、外环路内轨交站点覆盖的半径为1千米范围的区域。在这一区域内，土地开发尚未完全成熟，因此在开发过程中需要从土地、交通双向发力，协调推动。其土地开发主要着眼于土地整合与改造，充分考虑当前的土地利用现状，不断完善土地利用功能，适度调整土地开发强度，从而使土地开发强度与现状控制指标保持动态平衡，并推动土地利用管控偏向于土地功能的调整。在轨道两侧500 m范围内，特别是200 m范围内，需要做好土地利用功能和开发密度的调整，从而实现改造区与保留区更好地实现功能融合。

3)整体协调区

整体协调区是外环路外轨交站点覆盖的半径为1千米范围的区域。在新开发区内，采用TOD开发方式，围绕轨道交通站点做好各类城市功能设施的布局，进而根据需要对用地功能进行调整，最终实现站点周边区域开发强度的提高。在轨道两侧500 m范围内，土地利用多以混合用地为主，且土地开发强度较高。

2. 确立特殊土地用途和开发激励机制

在美国阿灵顿，当地在制定土地综合利用规划过程中，将地铁走廊视为一类特殊的土地利用单元，还将地铁站点周边400~800 m的范围作为重点开发区域，制定了相关的土地利用规划。在功能分区上，当地政府制定了有针对性的激励机制，鼓励地铁站点周边区域实施高密度开发，并对地铁站点周边区域的低密度开发提出限制措施。在开发过程中，当地政府特别关注地铁站点周边区域的土地开发强度、土地混合使用情况以及站点周边步行环境与开放空间的质量。

我国的广东省东莞市专门开展了《东莞市域轨道沿线土地利用专题研究》以对土地控制方案进行明确，即以镇(区)为单位，在政府近期对土地的控制中明确以3种用地作为依据和参考。这 3 类用地分别为场站用地、轨道交通建设安全防护区和车站腹地综合开发区或储备控制区。场站用地主要包括常规公交场站以及轨交场站用地。在每个镇(区)单元中,通常会设置 1~3 个车站,从而需安排 7.5~9 亩(0.5~0.6 公顷)的常规公交场站用地。对于轨道交通建设安全防护区,则主要依据可研报告中的相关施工要求,将距轨道中心线两侧 35 m 设定为线路施工安全防护范围。车站腹地综合开发区或储备控制区一般指重点站点周边 200 m 范围内的未开发用地,政府可以通过招标拍卖的方式将其与站点地区的综合开发结合起来。另外,对于那些距离站点 500~800 m 范围内的具有改造潜力的土地,建议政府尽可能地对其进行征地拆迁,为后续综合改造奠定基础(顾新等,2007)。

因此,在开展中心城区轨道交通沿线土地开发的过程中,可以参考上述两个地区的开发经验,通过在轨道交通站点周边区域设置特殊用地的方式提前做好预留,从而在轨道交通运营阶段实现土地收益增值,推动其建设投资实现良性循环。

3. 以轨道交通引导构建公共交通社区

在 20 世纪初期,美国城市的集中式居民区与公共交通出行非常契合,这些集中区依托公共交通进行集中、连片开发。美国学者称这类在空间布局上多位于城市或郊区边缘的集中式居民区为"公共交通社区"。

一般而言,对于居住在公共交通社区的居民,其步行距离范围内的用地多以多功能混合开发为主。以作为交通枢纽的公交车站为核心,在其周边布局公共活动广场、商业和服务设施,从而打造一个小型社区中心。从建筑密度来看,整个社区由中心到外围逐级递减。人们可通过步行系统从社区各处前往社区中心。停车场设在社区中心附近,以方便私家车居民前往社区中心进行消费或转乘公共交通工具。

在规划和布局中心城区沿线居住用地的过程中,可以参考美国公共交通社区的结构模式,有效发挥轨道交通在改善区域交通可达性方面的作用,同时,依托社区为轨道交通提供大量长期、稳定的客流支持,推动实现二者的协调发展。

5.5.2　依托交通廊道引导沿线功能混合设置

在轨道交通发展建设的过程中,一方面,它为居民提供了一种高速、便捷、低碳的出行方式;另一方面,它吸引大量人流集聚在站点周边,为沿线商业、办公、居住等活动提供充足客源,促使人口更集中于这一区域,带动沿线商业、办公、居住等用地需求大量增加,最终形成城市空间沿轨道交通线路轴向发展的空间格局。大量城市功能布局在轨道交通发展轴上的站点周边区域,有效避免了城市摊大饼式扩张。同时,站点周边聚集的丰富的城市功能也为轨道交通运营培育了大量客流。最终二者的协同发展得以实现,站点周边区域的交通可达性进一步提升,城市空间发展轴线更加清晰。

轨道交通引导城市空间的轴向发展已在多地实践成功,新加坡就是一个典型案例。该国的第一版概念规划就提出了环线计划,即沿着环形走廊和城市外围布局公共住房和新市镇,并规划了一条轨道线路来串起环线走廊内的各新市镇。1987 年,第一条轨道线路开通运营，在各方的通力配合下，轨道交通已成为人们日常生活出行的重要方式，且在其沿线集聚了大量的居住社区和就业区。据统计，与轨道交通走廊相距 1 km 的范围内聚集了超过 50% 的人口和就业机会，这进一步带动了轨道轴线的良性发展。

有学者指出，在推动轨道交通走廊与沿线功能布局协同发展的过程中，应重点关注效率和安全（任利剑，2014）。在此基础上，本节结合天津市中心城区地铁 1、2、3 号线的实际情况，分析其沿线土地利用布局情况，并提出推动二者协同发展的相关对策与建议。

1. 调控站点间距实现开发与保护的平衡

在城市轨道交通发展建设的过程中，站点对其周边土地的开发有着较为显著的促进和带动作用，有鉴于此，需要特别关注各站点间的间距以及其对城市空间发展和生态环境保护的相关影响。一般而言，在确定市区内轨道交通各站点间距的过程中，应将功能集聚程度、居民出行便利程度等因素纳入考虑范围。距市中心越近，各站点之间的距离应越小。在确定郊区轨道交通各站点间距的过程中，应充分考虑城市圈的有序扩张，外围组团和主城区之间应通过生态绿地隔离开，避免城市无限制的扩展。因此，相较于市区站点间距，城市外围地区站点间的间距应相对大一些。

当前，天津地铁 1 号线各站点的间距大致在 800~1 600 m。从理论上讲，这一站间距相对合理，但从实际使用需求来看，仍较难满足现实需要。地铁 1 号线将天津市的小白楼市级中心和滨江道市级商业中心有机串联起来。这两个区域是市区内各类商业、金融以及商务办公活动最为集中的区域，同时也是天津市客流密度较大，交通较为拥挤的区域。但是，作为天津市轨道交通的主干线，其营口道站距离小白楼站 1.6 km，小白楼站距离下瓦房站 1.3 km。这样的站点间距甚至比外围地区的站点间距还大，很难发挥地铁 1 号线在滨江道商业区和小白楼商务区出行便利性方面所起的作用，难以进一步地提高滨江道商业区和小白楼商务区的功能集中度或缓解上述两个地区日常通勤的出行压力。

为进一步推动南京路沿线商业、商务办公等各类功能的发展，建议在营口道站和小白楼站之间增设一站。增设站可设于和平区抗震纪念碑广场，并通过地下通道将其与周边的君隆广场、友谊宾馆、国际大厦等主要商务、商业楼宇进行串接。这样，原有两站之间的距离从 1 600 m 缩减到 800 m，可以促进南京路南侧土地价值的提升，带动该地区高密度商业街区的发展，同时为保护五大道历史文化区和泰安道历史文化区开辟新的路径，还为游客前往五大道提供便捷的方式。

与之相对应，根据城市发展的需要，城市外围地区的地铁站点间距可适当加大。一方面可以实现城市外围生态绿地的连续性，另一方面也可以降低地铁线路的运营成本。目前，天津地铁 2 号线和地铁 3 号线在环外的站点间距大致在 2 300~2 800 m 之间，这与《天津市城市总体规划（2005—2020 年）》中确定的环外 500~1 000 m 内要布置 58 m 的绿化隔离带相一致。在规划建设地铁 1 号线东延线的过程中，从双林站向东延伸跨越外环线可到达李楼站，该站正位于环外绿化隔离带内，两站间的距离为 1 600 m。此车站距离的设定主要是因李楼站点周边建设用地距离外环线不足 200 m，在施工过程中不可避免影响绿化隔离带的完整性。另外，地铁 1 号线东延线共设置了 10 座车站，站点之间的平均距离小于 1 600 m。在运营过程中，这不可避免地会增加地铁公司的运营成本，降低整条线路的运行速度。根据国内外主要城市轨道交通的运营经验，城郊地铁站点的空间影响范围一般为距站点 1 000 m 的半径。综合考虑人口分布情况、生态环境保护等因素，较为合理的城郊地铁站点间距在 2 000 m 以上。因此，建议根据这一标准适当调整地铁 1 号线东延线上的站点数量和站点间隔距离。

2. 发挥端点带动作用促进外围组团建设

《天津市城市总体规划（2005—2020 年）》指出，天津市主城区的布局结构为“中心城区 + 外围城镇组团”。但是这一布局结构是在天津市推动轨道交通建设前确定的，因此外围各城镇组团的形成和发展主要依靠的是外部道路交通干线。新城实际的发展状况与公路干线联系紧密，可以说，这是一种典型的公路引导新城的发展模式。例如，位于天津市北部的双街组团有京津公路穿过，位于天津市南部的大寺组团有津港公路穿过，位于天津市东南部的新立组团则有津塘公路和津塘公路二线穿过。通过公路的带动，这些组团得以快速发展。

相反，位于天津市西北部的青光—双口组团以及东南部的小淀组团，由于没有便捷的公路连接，其与外部的交通联系相对较弱，发展较不理想，实际情况与《天津市城市总体规划（2005—2020 年）》中提出的发展目标、规模等仍有较大差距。在当前天津市大力发展轨道交通的大背景下，上述外围城镇组团的发展得到了轨道交通的支持。依托轨交线路的带动和站点的辐射作用，可以在各站点周边实现 TOD 开发，有效促进外围城镇组团的健康发展。

由于地铁 1 号线未来将跨越外环线分别向东和向西延伸，所以其作为天津市城市发展主轴线的作用将更为显著，将吸引更多的乘客在日常出行中选择乘坐该线路。一方面，地铁 1 号线从双林站向东延伸至双桥河站，为双港组团、津南新城、海河教育园区的发展带来积极作用，也为中心城区内部分功能向上述地区的疏散提供了依托。另一方面，地铁 1 号线从刘园站向西延伸至双口站，为青光—双口组团的发展带来积极条件，也为当地居民的日常出行提供了便利的交通条件。

地铁 2 号线和地铁 3 号线这两条放射型主干线，在运营过程中也通过发挥端点优势，在促进外围功能组团的发展中发挥了重要作用。地铁 2 号线的东延线将空港经济区和滨海国际机场有机串联起来，对促进空港物流园区的发展起到了重要的支撑作用。同时，通过将航空物流枢纽、铁路枢纽和城市中心地区进行连接，该条线路有效地改善了区域内的交通条件。它还将城市各类功能与轨道交通有机整合起来，极大地提高了天津市中心城区的辐射带动能力，为区域的经济发展提供了更好的服务。地铁 2 号线西侧的西青新城是中心城区以外唯一成功实现独立发展的综合功能组团。如果能够构建其与中心城区的便捷交通联系，将为疏散中心城区的部分功能提供竞争优势，进而为优化城市空间布局奠定基础。因此，为进一步发挥地铁 2 号线的疏散引导功能，应加快推进其西延线的建设，将西青区杨柳青镇与中心城区串联起来，并结合 2 号线的端点站推动西青新城中心区的建设，实现整条线路各功能节点平衡、有序的发展。相较于地铁 1 号线、2 号线而言，地铁 3 号线没有延伸计划，该线的始末站将不再发生变化，因此有必要进一步加强其沿线各站域的开发，并通过构建紧凑型的功能组团推动线路的高效运营。在小淀站、丰产河站等站点周边区域，当地建设了大规模的居住区，吸引大量市区人口前去居住，从而带动了城市东北部区域活力的提升。在天津南站、杨伍庄站等站点周边区域，当地开发建设了大规模的住宅小区和商业楼宇，依靠便捷的地铁线路，成功吸引大量人口前去工作、生活，从而带动了南站片区活力的提升。

另外，可以发挥外环路与轨道交通两大交通走廊功能叠加的作用，特别是在两条走廊的交汇处周边区域配置部分商务办公功能。中心城区通过外环线与青光—双口组团物理隔离，两个片区则通过地铁1号线有机串联。因此，可以依托良好的外部交通基础条件，结合河北工业大学的科学和教育资源以及北运河周边的生态环境资源，在外环路西侧以及津保高速北侧这一区域推动高新技术产业园区的建设，实现地铁1号线沿线的职住均衡并缓解当前的潮汐式交通问题。

3. 优化节点间奏引导功能与运力的匹配

1）*推动各节点功能的差异化互补*

轨道交通将城市中的相关功能节点有机连接后，它们通过彼此之间的便捷衔接相互补充，从而更好地服务居民的日常生活。根据目前的开发建设实践，在市场机制的调节下，商业配套设施正在逐步丰富和完善，人们日常的生活消费需求基本可以在社区内予以解决。尽管更高层次的消费需要在社区外实现，但对于居住社区而言，这类消费需求对居民的影响并不显著。例如，在地铁1号线投入运营的初期，位于线路西北端的大型居住区缺少相应的商业配套设施，然而，随着交通出行环境的改善，人口不断向这一区域集中，在西横堤站附近出现了与之配套的商业中心，其为周边社区居民提供了各种基本的商业服务。

在研究城市功能与轨道交通协同发展的过程中，还需要深入分析医院、学校等社会公共服务设施在地铁沿线各节点的配置水平对城市公共服务均等化、宜居城市构建的重要意义。目前，在天津市中心城区，大部分公立医院均布局在中环线内，市区内土地资源的稀缺性不仅限制了医院本身的发展，而且使中心城区的道路交通产生较大压力。在高峰时段，各类三甲医院的周边道路经常出现交通堵塞现象。同时，随着就诊人数的增多，为满足患者就医需求，许多医院需要扩大规模。如果借此机会将整个医院迁移至城市外围，并将其与轨道交通站点的开发结合起来，那么不仅可以解决医院扩大规模所需的土地供应的问题，也可以有效缓解中心城区的交通压力，推动站点地区实现以医疗功能为导向的差异化开发。此外，还有利于拓宽医疗资源的服务人群范围，特别是对居住在城市外围地区的老年人，就医过程将更为便捷。就地铁1号线而言，二纬路站至土城站这一区间，共有5家市级医院，分别是市中心妇产医院、中国医学科学院血液病医院、医大总医院、市胸科医院和天津医院。然而，二纬路站以北和土城站以南这两个区间，则没有布局三甲医院，这就使得轨道交通廊道上居住在这两个区段内的居民需要前往市中心就医，就医人流与居民的日常通勤出行相叠加，给城市道路系统和轨道交通运营带来压力。因此，可以根据各大医院的就诊需求和扩建计划，在二纬路站以北和土城站以南这两个区域选择合适的地点，建设新的医院，从而为该地区居民的日常就医提供更为便捷的服务，并促进节点之间功能的差异互补。

优质教育资源的布局类似于医疗设施的布局，多集中在中环线以内的中心城区。城市家庭接送孩子上下学是一种普遍现象，但儿童上学的目的地与其父母的工作地大都不同，这就导致市区内出行量大量增加，市内交通产生较大压力。通过引入轨道交通，可以有效补充轨道沿线的教育资源，缓解优质教育资源在空间上的分布不均，同时引导更多家庭乘坐轨道交通前往学校，减少私家车的使用，进而缓解早晚高峰时期的道路拥堵。目前，位于地铁 1 号线沿线的瑞景中学、红桥实验小学、复兴中学周边的道路交通环境明显优于中心城区。随着城市轨道交通网络的逐步形成和完善，应继续加强统筹规划，促进优质基础教育资源在全市的均衡分布，以实现推进教育公平和缓解中心城区交通压力的双赢。

2）实现功能组织与线路运力相匹配

合理的站点间奏既可方便沿线居民的日常生活，也能实现对整条线路运力的调节。城市轨道交通在规划建设阶段需要对未来的客流量进行预测，但随着线路的开通运营以及站点周边区域带动作用的逐渐显现，客流量会不断增加，特别是在线路成网后，客流量会迅速增加，整条线路运力超负荷的情况将可能发生。因此，在周边区域开发的过程中，需要统筹考虑各节点的功能组织与线路运力二者之间的匹配程度，这对于轨道交通的健康发展非常重要。随着轨交线路的网络化发展，其客流量从培育到饱和的过程也将不断缩短。因此，有必要从规划的视角，来分析轨交沿线各类城市功能的布局，以及由此产生的对整体线路通行能力的影响。在轨交线路建成运营后，还需要加强对各类节点功能组织的管理。

随着轨交网络的加速形成，轨交线路逐渐从中心城区向城市外围拓展，以地铁 1 号线为例，其客流量也呈现逐年增长的趋势，并将很快实现满负荷运营。因此，有必要在达到满负荷运营之前对其沿线的各类功能组织形式进行优化完善，以实现客流需求与线路供给间的动态平衡。

从理论上来分析，可以通过减小发车间隔时间和增加列车数量来提高轨道交通的旅客运输能力，但是上述方式受到轨道交通运输技术水平的限制，并且有运输能力的上限。当技术手段不足以增加运输能力时，还可以通过促进轨交沿线节点的功能混合和功能互补等方式，推动实现轨道交通线路运力与客流需求的匹配。目前，地铁 1 号线沿线节点的功能类型已发生较大变化，从过去的单一型功能节点转变为当前的混合型功能节点。在转变过程中，其对整体线路的运营产生极为显著的正向影响。但是，随着城市轨道交通网络的快速发展和线路的扩展，地铁 1 号线未来将迎来客流的快速增长。因此，需要通过节点功能的混合开发以及其与沿线功能间奏的相互协调，进一步提升整体线路的运输能力，从而实现区域开发与线路运营的良性发展。

5.5.3　基于土地增值收益引导节点功能布局

作为提升区域活力、引导居民绿色出行、增加轨道交通人流、提升站点周边经济效益的重要方式，轨道交通站域的功能混合已成为推动土地开发利用的重要手段。本节根据天津市中心城区的控制性详细规划，在统计分析轨道交通空间影响范围内土地利用性质的基础上，识别出各轨道站域的主导功能，然后，基于轨道交通站点对土地开发因距离和功能的不同而形成的影响程度差异，提出以土地开发收益最大化为目标的城市轨道交通站域混合功能的空间分布模式。

1. 城市轨道交通站域混合设置的主导功能

目前，天津市中心城区的轨道交通正逐渐成网，将距站点 600 m 的半径范围作为其空间影响范围。结合区域内的道路走向，根据控制性详细规划，对地铁 1 号线、3 号线和 6 号线各个站域的土地利用性质进行统计（图 5-13、5-14）。结果显示，在空间影响范围内，3 条地铁沿线的居住用地占比分别为 39%、41% 和 36%，商业用地占比分别为 14%、16% 和 15%，办公用地占比分别为 17%、11% 和 12%，绿地占比分别为 20%、21% 和 29%。四种用地类型合计占比分别为 90%、89% 和 92%，均接近 90%。因此，当天津中心城区的轨道交通成网运营后，站点周边区域的土地类型将主要为居住、商业、办公和绿地。

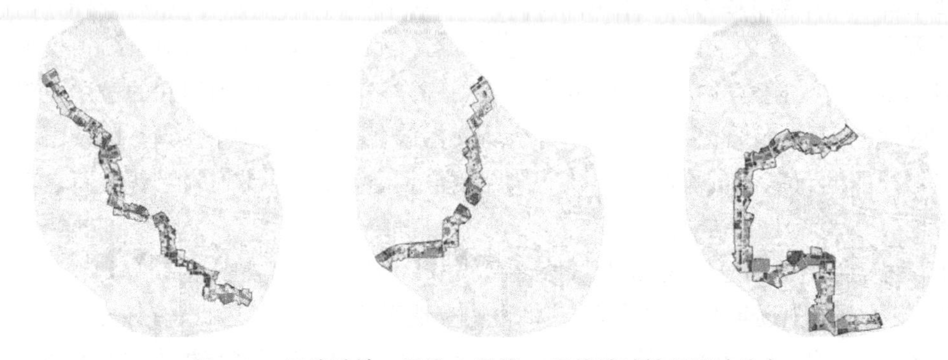

图 5-13　天津地铁 1 号线、3 号线、6 号线站域控规用地分布

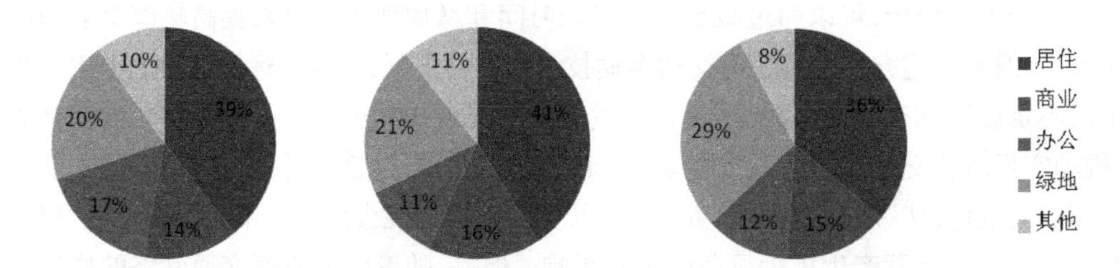

图 5-14　天津地铁 1 号线、3 号线、6 号线站域控规用地构成

2. 以土地经济收益引导功能的空间分布

事实上，不同城市功能的属性是不同的，地铁站点在不同距离内对不同功能的促进作用也存在差异。因此，应从区域整体视角统筹区域内的土地资源配置，对增值更快、附加值更高的用地类型进行科学合理布局，最大限度地实现不同功能土地开发的经济收益。

在居住用地开发方面，根据 5.1.4 节计算得到的轨道交通对沿线房价的 Sig. 值（表 5-5），规划期内地铁 6 号线对沿线房价的影响在距地铁站点 300~500 m 范围内最为显著，在 500~600 m 范围内较为显著，而在距地铁站点 300 m 范围内仅为显著。因此，住宅较适合布局在距地铁站点 300~600 m 内，最理想的区域为距地铁站点 300~500 m 范围内。

为了更好地研究轨道交通对沿线商业用地和办公用地的影响机理，本文对 6 号线沿线的相关样本进行了数据收集与统计，相关数据见图 5-15。对于商业用地，在完成相关特征价格变量选择（表 5-8）的基础上，使用 HPM 模型对收集到的样本数据进行分析。计算结果表明（相关 Sig. 值如表 5-9 所示），商业设施在距地铁站点 200 m 范围内最为显著，在距地铁站点 200~500 m 范围内较为显著，而在距地铁站点 500 m 范围外则不显著。

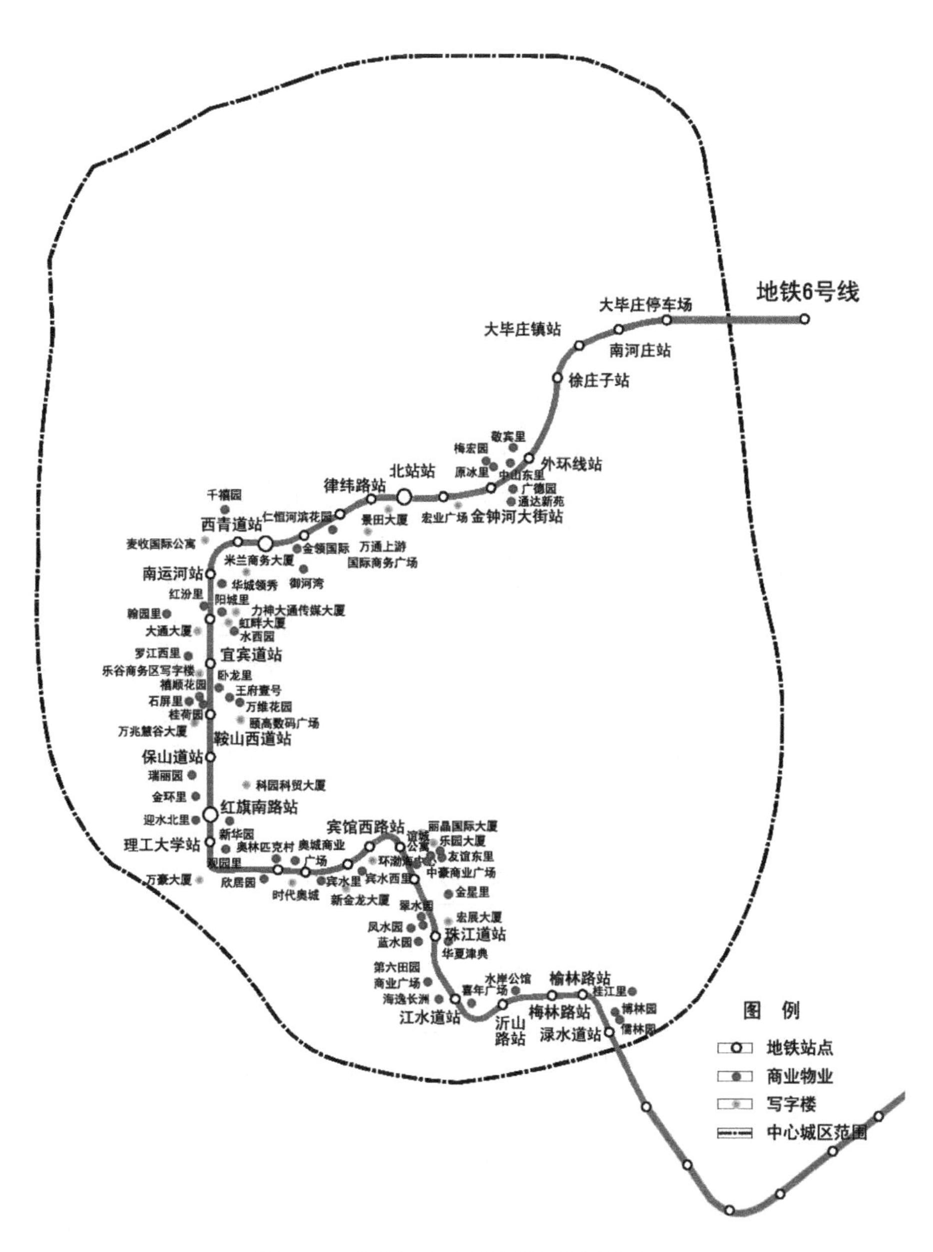

图 5-15　商业与办公用地样本数据分布

表 5-8　轨道交通对沿线商业地产价格影响的特征变量

特征类型	变量名称	变量说明
区位特征	与最近地铁站点的距离（m）	
	最近地铁站点至市中心的时间（min）	
结构特征	楼层	
	是否临街	1 表示是；2 表示否
	建筑类型	1 表示住宅底商；2 表示商铺；3 表示写字楼底商
	建筑面积（m^2）	交易面积
	房龄（年）	自竣工至 2011 年的房龄
邻里特征	周边是否有商场	1 km 半径范围内
	周边是否有公园	1 km 半径范围内

表 5-9　天津轨道交通 6 号线对沿线商业地产价格影响的显著性 Sig. 值

与站点距离（m）	D-100	D-200	D-300	D-400	D-500	D-600	D-700	D-800	D-900	D-1000
sig. 值	0.001	0.008	0.082	0.072	0.088	0.843	0.178	0.420	0.064	0.754

对于办公用地，在完成相关特征价格变量选择（表 5-10）的基础上，使用 HPM 模型对收集到的样本数据进行分析。计算结果表明（相关回归系数值见表 5-11），轨道交通对沿线办公用地价格基本不产生影响。产生上述情况的原因大致包含两个方面：一是研究结论与收集到的样本数据有关，与住宅和商业建筑相比，本研究中所收集到的办公建筑样本量较小，从而可能对计算结果产生影响。二是轨道交通对天津办公用地的影响不显著，通过地铁提升周边办公用地价格的发展趋势尚未显现。但反观日本东京、中国香港等轨道交通站域土地开发已经相对成熟的地区，轨道交通在促进沿线办公用地增值方面发挥着重要作用。基于此，本文借鉴赖志敏的相关研究成果，即深圳地铁对办公用地的影响在距地铁站点 100 m 范围内最为显著（距地铁站点 100 m 范围内办公用地的平均地价涨幅较距地铁站点 100~200 m 范围内的平均地价涨幅高出 14 个百分点），而在距地铁站点 200 m 范围外则不显著。

表 5-10　轨道交通对沿线办公地产价格影响的特征变量

特征类型	变量名称	变量说明
区位特征	与最近地铁站点的距离（m）	
	最近地铁站点至市中心的时间（min）	
结构特征	建筑面积（m^2）	交易面积
	建筑类型	1 表示中高层；2 表示高层；3 表示超高层
	楼层	1 表示低区；2 表示中区；3 表示高区
	房龄（年）	自竣工至 2011 年的房龄
邻里特征	周边是否有商场	1 km 半径范围内
	周边是否有公园	1 km 半径范围内

表 5-11　轨道交通对沿线办公地产价格影响的模型回归系数

模型	非标准化系数		标准系数	T（回归系数检验统计值）	显著性 Sig. 值	共线性统计量	
	回归系数 β	标准误差				容差	VIF
α	4.122	0.438		9.413	0.000		
至最近地铁站点距离	3.371	0.000	0.007	0.128	0.898	0.638	1.568
最近地铁站点到 CBD 的时间	−0.003	0.006	−0.029	−0.466	0.642	0.499	2.005
建筑面积	0.001	0.000	0.747	15.555	0.000	0.817	1.224
建筑类型	0.599	0.142	0.234	4.220	0.000	0.614	1.629
楼层	0.095	0.073	0.067	1.310	0.194	0.726	1.378
房龄	−0.047	0.011	−0.229	-4.141	0.000	0.615	1.626
距住宅 1 km 范围内是否有商场	−0.185	0.221	−0.051	−0.840	0.403	0.508	1.969
距住宅 1 km 范围内是否有公园	0.284	0.241	0.069	1.179	0.241	0.550	1.817

在城市轨道交通站域设置绿地的过程中，由于其无法产生直接的经济效益，且较难衡量其产生的间接经济效益，因此本书不做深入分析。在分析了城市轨道交通对沿线不同距离的居住、商业和办公用地影响机理的基础上，本书对 3 种用地类型的增值情况进行了对比分析（表 5-12）。研究发现，为进一步发挥城市轨道交通的引领带动作用，实现沿线土地开发收益最大化的目标，有必要在距离轨道站点 200 m 范围内较多布置办公与商业用地，同时适度配置一部分商住混合型建筑；在距离轨道站点 200~500 m 范围内较多布置商业与居住用地，同时适度配置一部分办公用地；在距离轨道站点 500~600 m 范围内较多布置居住用地，同时适度配置一部分商业用地。

表 5-12　轨道交通对沿线不同功能用地的带动提升作用

空间影响范围（m）	用地类型		
	住宅	商业	办公
D-100	显著	极其显著	极其显著
D-200	显著	极其显著	显著
D-300	极其显著	显著	不显著
D-400	极其显著	显著	不显著
D-500	极其显著	显著	不显著
D-600	较显著	不显著	不显著

5.5.4　基于最低覆盖人口推算站域基准容积率

沿线土地的科学开发是保障轨道交通高效运营的关键，因此，可以通过轨道交通对沿线人口覆盖率的最低要求反向计算站域的基准容积率。但是,不同轨道交通站点的功能构成存在差异,且各站点所处的区位等级与功能定位也不尽相同,这使得各站域的各类建筑配比有所不同。事实上,不同功能类型的建筑所要求的人均建筑面积是有差别的,这使得在人口规模相同的条件下,土地开发的平均容积率仍具有一定的差异性。因此,本节首先分析中心城区不同类型、不同等级轨道交通站点周边区域的建筑配比情况,然后使用门槛值倒推法确定各类典型轨道站点周边区域的基准容积率。

1. 不同类型轨道站域的建筑功能配比

为了使用门槛值倒推法确定轨道交通站域的平均容积率,有必要先行明确站域内的建筑功能配比。在收集统计地铁 1 号线、3 号线和 6 号线沿线建筑面积的基础上,研究发现,根据地铁站点的主导功能,可以将其划分为商业型站点、商务型站点、居住型站点和综合型站点四大类。其中,商业型站点周边一般以商业用地为主,其或聚集着大量商业资源,或所经过的区域位于未来规划的重要商业节点。商务型站点周边一般以商务办公用地为主,在站点周边区域的上下班时间段内,有较高强度的通勤性客流。居住型站点大多分布在城市的外围,站点周边一般以居住用地为主。综合型站点是办公、商业、居住等各类功能开发较为平衡的站点,其中某些站点周边还包括医疗、教育、休闲等功能。

地铁站点兼具交通与中心两种功能。随着地铁站点与城市中心节点的耦合发展,地铁站域已逐渐融入城市的中心体系。但是,不同地铁站点的交通属性不尽相同,对客流的集聚与疏散能力也有差异,从而使得各站点在城市中心体系中形成了相应的等级序列。对于那些类型相同的地铁站点,由于各站点所处的城市中心等级体系存在差异,所以站点周边所集聚的人口、建筑功能配比、容积率等也各不相同。据此,本节将地铁站点分为四个等级:A 级为城市中心级别,B 级为城市副中心级别,C 级为区域中心级别,D 级为社区级别。在综合考虑地铁站点功能类型和等级水平的基础上,对天津地铁 1、3、6 号线各站点进行分类,并选取部分典型站点为实证对象,分析其影响范围内的建筑功能配比情况(表 5-13)。

表 5-13 中心城区典型轨道交通站域的建筑功能配比

站点类型	站点级别	站点名称	建筑配比				
			住宅	零售商业	写字楼	文娱体育	■住宅 ■办公 ■商业 ■文娱
商业型	A 级	营口道站	7%	68%	5%	20%	
	C 级	宜宾路站	19%	45%	27%	9%	
	D 级	小树林站	22%	41%	31%	6%	

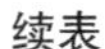

续表

站点类型	站点级别	站点名称	建筑配比				
			住宅	零售商业	写字楼	文娱体育	■住宅 ■办公 ■商业 ■文娱
商务型	A 级	小白楼站	15%	26%	35%	24%	
	C 级	金钟河大街站	30%	19%	32%	19%	
居住型	C 级	新梅江站	51%	18%	22%	9%	
	D 级	华山里站	60%	14%	21%	5%	
综合型	B 级	西北角站	31%	35%	21%	13%	
	C 级	二纬路站	39%	29%	25%	7%	
	D 级	张兴庄站	30%	29%	37%	4%	

2. 基于门槛值倒推法确定站域基准容积率

为了确保地铁网络的高效运行，一些学者指出，在亚洲主要城市中，每个地铁站点周边 500 m 区域内，应至少覆盖 5 万人（陈卫国，2006）。上文基于 HPM 模型计算出中心城区地铁网络形成后，其对沿线土地增值的全周期影响范围为以地铁站点为圆心，半径 600 m 的区域范围。因此，本节借鉴陈卫国提出的地铁站点最小人口覆盖要求，在相同人口密度下，以 600 m 为半径计算得到最低覆盖人口为 7.2 万人。

根据表 5-13 中列出的建筑功能配比情况，假设每个地铁站点影响范围内（距地铁站点 600 m）的总建筑面积为 A m^2，门槛值为 7.2 万人（包括居住和就业人口），采用倒推法（假设住宅建筑面积为 35 m^2/人，零售商业建筑面积为 45 m^2/人，写字楼建筑面积为 25 m^2/人，文娱、体育建筑面积为 75 m^2/人）计算每个典型站点的基准容积率（表 5-14）。

以金钟河大街站为例，由 $A\times0.3/35+A\times0.19/45+A\times0.32/25+A\times0.19/75=7.2$ 万人计算得到 $A=256$ ha，在半径为 600 m 的影响范围内，基准容积率为 256/113.1=2.26。假设在半径为 600 m 的影响范围内，其总面积的 25% 被道路占用，相应的地块面积为 $113.1\times0.75=84.8$ ha，则该地块的基准容积率为 256/84.8=3.02。

表 5-14 中心城区典型轨道交通站域的基准容积率

站点类型	站点级别	站点名称	用地面积（ha）	用地面积（不含道路）（ha）	总建筑面积（ha）	容积率	容积率（不含道路）
商业型	A 级	营口道站	113.1	84.8	331	2.92	3.90
	C 级	宜宾路站	113.1	84.8	263	2.32	3.10
	D 级	小树林站	113.1	84.8	252	2.23	2.97
商务型	A 级	小白楼站	113.1	84.8	264	2.34	3.11
	C 级	金钟河大街站	113.1	84.8	256	2.26	3.02
居住型	C 级	新梅江站	113.1	84.8	252	2.23	2.97
	D 级	华山里站	113.1	84.8	246	2.17	2.90
综合型	B 级	西北角站	113.1	84.8	269	2.38	3.17
	C 级	二纬路站	113.1	84.8	252	2.23	2.98
	D 级	张兴庄站	113.1	84.8	237	2.10	2.80

5.6 本章小结

（1）本章在已有的定量分析的基础上，通过引入时间维度，从时间空间两个层面对轨道交通沿线房地产增值的时间影响过程和空间影响范围进行了定量研究，并从轨道交通规划、建设和运营的整个生命周期，梳理了沿线房地产价值的演化机理，从而为城市管理者制定有针对性的土地开发策略提供理论依据。

天津市中心城区的实证研究显示，伴随着住宅与地铁站点距离的扩大，其价格在不同时期均出现下降，但不同时期的地铁站点对其沿线房价的影响程度存在差异。具体情况为已运营线路 > 建设期线路 > 规划期线路，三者的影响半径分别为 700 m、1 100 m 和 600 m。由于轨道交通网络体系的形成意味着规划期内的线路已投入运营，因此本文选择 6 号线的空间影响范围（距地铁站点 600 m）作为沿线土地增值的影响范围。

（2）本章利用时间序列数据的前后对比，探讨了城市轨道交通对沿线土地利用混合度影响的异质性。研究表明，对于原有土地利用混合度较低的区域，轨道交通可以显著增加站域的用地混合度，但对于原有土地利用混合度较高的区域，轨道交通对站域用地混合度的影响并不显著。随着轨道交通的开通运营，在土地利用优势度较高的站域，其土地开发利用格局更加均衡，在土地利用优势度较低的站域，其主导功能则有所增强。

（3）城市轨道交通站域内，土地利用的主要类型包括商业（含休闲、娱乐功能）、办公和居住。轨道交通对不同用地类型的影响相应地反映在土地价格之中。一方面，轨道交通站域的各类土地价格一般高于其他区域。另一方面，随着距离站点远近的变化，各类土地的价格也出现变化。因此，为了最大化地获得站点区域的土地开发收益，应根据站域内不同功能用地的空间经济特征，统筹布局各类功能用地的空间分布。

（4）城市轨道交通作为一种大运量的公共交通工具，对沿线的土地开发具有很强的依赖性，站点周边区域人口密度的大小是影响其能否高效运营的关键。因此，本章结合站域基准容积率这一概念，对开发强度进行了分析，只有当开发强度高于基准容积率时，才能充分体现土地开发的经济性，为轨道交通的高效运营提供充足的人流。

（5）为了实现轨道交通引导下的土地集约利用，一是要基于沿线土地的开发现状和功能定位合理确定不同区段的开发目标及开发策略；二是要基于轨道交通开发走廊引导沿线功能的混合设置；三是要在轨道交通站点的影响范围内，根据不同功能的土地增值收益情况，统筹推动各类功能用地的空间分布；四是要根据轨道交通站点周边地区的最低人口覆盖率要求，计算确定基准容积率的阈值。

06

第6章　基于步行友好引导轨道交通站域空间环境设计

城市轨道交通网络的日益发展和完善带动其服务范围不断扩大。随着轨道交通站域这类“新型用地”在城市建设用地中的比例不断增加,其逐渐成为城市建设用地的重要组成。与此同时,伴随着这类“新型用地”的不断增加,轨道交通站域空间环境的营造也成为当前开展城市环境设计的重要内容。然而,城市轨道交通建设的高昂成本决定了其线路建设与站点设置的相对稀缺性,使得轨道交通难以实现类似于小汽车的“门到门”服务,需要与其他交通方式配合以扩大服务范围。其中,步行是居民日常短距离出行最主要的方式,它作为与其他交通方式连接的有效纽带,承担着居民日常短距离工作和生活的功能出行。因此,在轨道交通站域有限的空间范围内,需要更加注重良好步行环境的营造,这不仅是实现站域功能整合、提高轨道交通利用率的有效途径,也是改善居民日常生活空间质量、鼓励人们绿色出行、营造以人为本的城市空间环境的核心。

除了居民的行为习惯、出行偏好等个体因素影响步行的产生与延续外,周边的物质空间环境也会影响居民出行的感知与体验,进而作用于其出行行为。基于此,本章首先基于行为干预理论,探究轨道交通站域步行出行空间环境的影响因素,继而,分别从功能诱发、路径通达、精神愉悦三个方面探讨城市轨道交通站域的空间环境设计,并结合天津市中心城区的实证研究提出响应策略。

6.1　轨道交通站域步行出行的影响因素

步行是居民短途接驳城市轨道交通最主要的方式,要开展环境对步行行为影响的调查研究首先需要对环境影响行为发生的作用机理进行理论探索。因此,本节首先梳理行为与环境关系的相关理论,继而重点介绍行为干预理论并探讨其对步行行为的适用性,然后,基于居民步行出行的多层级心理需求,分析轨道交通站域步行行为发生的影响要素。

6.1.1　行为与环境的交互影响

关于行为与环境关系的相关研究,建筑学、地理学、环境行为学、环境心理学等诸多学科领域有着广泛的探讨,目前的研究主要是基于两大对立的人与环境关系的理论,一是强调环境对行为的影响，如行为主义理论；二是强调人对现实环境的认知，如控制理论（Hillier 等，1973）。行为主义理论又称刺激理论，认为现实环境是我们感知外部世界的重要信息来源，它决定了我们的行为模式，每个人对环境不同的应激模式产生了个体的行为差异（徐磊青等，2002）。而控制理论则认为，人的各种行为主要受控于个体而非刺激，基于不同的刺激种类和数量，人的控制能力是有差异的。可见，前者更加强调环境对行为的作用且过于突出其单一影响，而后者则更加关注人的主观能动性，强调其主导地位。两种观点各有侧重，但都肯定了物质环境对居民行为有不同程度的影响，也都反映出其二者之间非简单的线性关系。

随后的研究中，越来越多的学者摆脱了人与环境的二元论，强调其相互之间的作用关系。如 Lewin（1946）生态心理学的观点以及行为与环境关系的 $B=f(P,E)$ 函数，其中 B、P、E 分别代表行为（Behavior）、人（Person）和环境（Environment），强调了人的行为是个体需求与环境共同作用的结果。而 Albert Bandura（1977）的社会认知理论则认为个人因素（认知、感知、自我效能）、环境要素（团体、人际等）与行为（类型、频率、持续时间）之间是相互联系与相互作用的。这种人与环境的相互决定论避免了环境决定论或人的主体论的弊端，更加客观辩证，因此得到了越来越多的认可。

6.1.2　行为干预理论

人的行为受到多重因素影响，包括个人因素、环境因素、社会因素等，而个人的行为习惯、思维方式、感知能力等诸多方面对个人行为的产生及延续起着决定性引导作用（Dishman，1991；朱为模，2009）。因此，早期的干预理论主要聚焦于对个人心理、社会交往等因素的研究，理论模型也主要基于传统的行为学或心理学思想，如社会认知理论、计划行为理论等。随着研究的不断深入，学者们逐渐认识到个人因素和以人际关系为主导的社会因素只是影响个人行为的一部分要素，继而开始了对其他理论模型的研究探讨。

20 世纪 90 年代，基于学科交叉的行为研究不断涌现。一些学者通过借鉴生态学领域的一些研究思想分析人类行为与社会环境和物质环境的相互作用，并进一步提出行为干预的社会生态学模型（Kelly，1990）。该模型认为干预行为的主要因素包括个人特征、物质环境、社会环境三个方面。个人特征主要强调个人的行为习惯、认知能力、感知态度等对行为的影响；物质环境着重于交通系统、土地开发等建成环境的作用；社会环境则主要涵盖社会制度、方针政策、人际交往等诸多方面。由于确立了交通系统、土地开发等物质环境以及方针、制度等社会环境这些非“人”因素对个人行为的影响，基于社会生态学的行为干预理论得到了学者们的普遍认可。与此同时，将物质环境因素引入行为干预理论之中的做法，为探究城市空间环境对行为的作用机理提供了可能性。

基于此，社会生态学模型视角下的环境对行为的干预影响研究不断增多。1988 年，Simons 等（1988）最早提出体力活动促进模型，从 3 类主体（个人、组织、政府）、4 类场所（社区、工厂、学校、疗养院）各自的环境出发，探讨其对体力活动的影响，主要的作用变量包括个体的自我感知、社会支持与政策、物质环境等。在总结前人关于体力活动相关研究的基础上，Corti(1998)提出了步行行为干预的社会生态学模型,强调个人特征、社会环境、物质环境等多方要素对步行行为的影响,个人特征着重于个人的态度、习惯、行为能力等方面,社会环境侧重于人际交往和对体力活动的认知,物质环境主要包括设施可达、路径便捷、自然及社会景观等。基于前人关于环境对体力活动的影响研究，Spencer 等于 2003 年进一步整合个体与环境因素,提出更为全面的步行活动影响系统,包括从微观到宏观的四个层次,分别为微系统、中系统、外系统、宏系统(Spencer 等，2003)。微系统指个体行为发生的具体场所,如街道、公园等。两个及两个以上微系统的相互作用与联系就形成了中系统。外系统则是一个较大的社会体系,主要通过社会道德、经济价值、文化信仰等对个人和环境产生作用与影响。宏系统则涵盖上述的三个系统,主要指居住地域的文化价值、社会阶层等文化社会环境。该模型不仅强调了物质环境的基础性影响,还反映出其影响层级和作用强度。

基于上述社会生态学模型,阿方佐(Alfonzo)于 2005 年进一步深化了城市空间环境对步行出行的影响研究,提出步行需求层级模型,其认为,有 5 个层次的需求影响步行意愿的形成与实现,从低到高分别为可能性、可达性、安全性、舒适性和愉悦性(图 6-1)。除最基本的可能性与个体特征紧密相关外,其他因素均受到城市建成环境的影响。因此,阿方佐认为环境要素通过影响个体的出行意愿作用于步行行为,只有外在的物质环境要素被认可,个体内发的行为活动才有产生的可能。

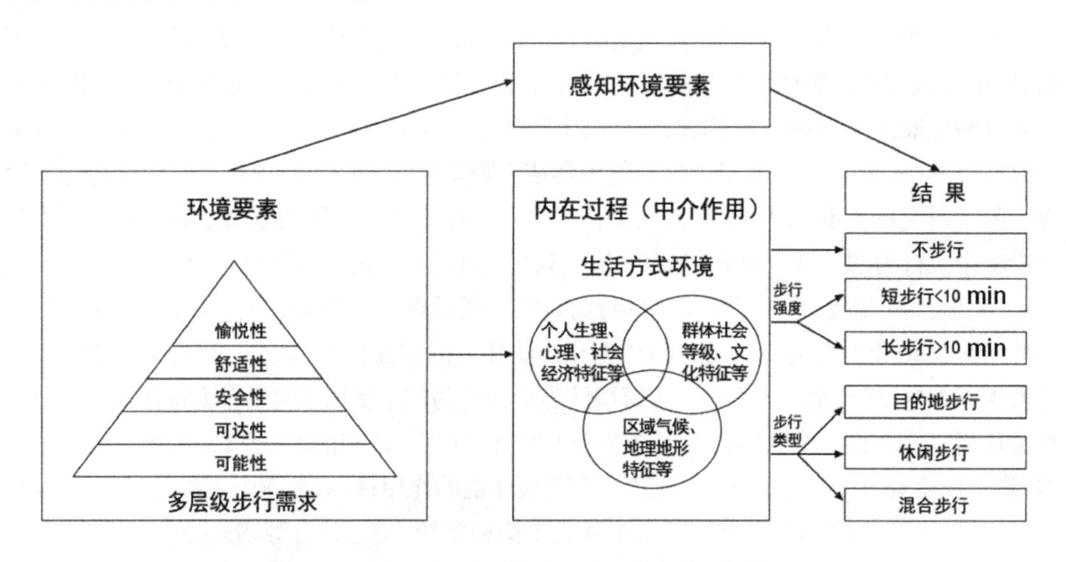

图 6-1 基于社会生态学的多层级步行需求层级模型

资料来源:阿方佐,2005

6.1.3 步行行为影响因素

从上文对行为干预理论的分析可以看出,个人因素、环境因素和社会因素的共同作用影响了人们行为的发生与改变，不同学者提出的行为干预模型侧重不同层面的干预因素。本文基于实证研究的客观需求，选取借鉴 Lawrence Green 和 Marshall Kreuter 于 1994 年提出的已经得到广泛应用的 PROCEDE-PROCEED 模型。该模型从功能视角出发，将行为干预的影响因素归结为倾向因素、促成因素、强化因素三个层次，其系统化的影响体系组织架构涵盖行为发生与持续的全过程，提供了全面理解行为干预影响因素的清晰思路。

1. 倾向因素

通常情况下，交通只是人们出行的一种手段而不是目的，人们很少会单纯为了享受交通而交通。大多数出行者的出行目的多是为了工作、学习、休息娱乐、社会活动等。因此，步行行为的产生需要一定的动机，倾向因素是诱发步行产生的最初动力。

对于居民是否选择步行出行方式，出行目的地的类型（包括住宅、工作场所、学校、生活休闲和娱乐设施等）和空间布局是两个最主要的影响因素。在步行范围之内，合理的设施布局可以有效提高居民选择步行作为出行方式的比例，从而引导绿色低碳出行的模式发展。

2. 促成因素

步行行为的实现除受个体步行能力的影响外，还依赖一定的技术水平或资源条件以及制度、政策等社会环境因素。促成因素是引发倾向因素由想法转变为现实的必要条件，是步行意愿得以落实的重要因素，只有在倾向因素和促成因素的协同作用下，步行出行才能实现。

当人们确定了步行出行意愿后，首先想到的即是如何实现该出行想法，此时，出行方式的选择就受到出行距离、出行时间等因素的影响，只有当目的地在步行距离范围内，人们才有可能选择步行出行，这才有可能促成步行行为的实现。

3. 强化因素

步行行为产生后，是否可以持续，除受其他社会个体或群体的影响外，更多地取决于个体自身的步行感知与体验，这种在步行行为产生后影响其增强或减弱的因素即为强化因素，其是维持步行持久性的重要支撑。因此，要增强步行行为的发生频率和延长步行行为的持续时间，首先需要探究人们的步行心理。

综上所述，倾向因素提供了步行出行的行为动机，促成因素引导步行出行成为现实，强化因素则增强了步行出行的持久性，三者相互衔接，交叉影响，协同作用。在城市轨道交通站域有限的空间范围内，基于居民步行出行的多层级心理需求，多样化的日常服务功能是诱发步行行为产生的先决条件，连续便捷的通达路径是步行行为得以实现的重要支撑，而安全舒适、令人精神愉悦的空间环境则是步行行为得以持续的保障。

6.2 轨道交通站域步行出行的功能诱发

公共服务设施是居民日常步行出行的主要目的地，人们是否选择步行的交通方式受其种类和空间布局的直接影响。只有在步行可及的范围内，有能满足其使用需求的服务设施，步行出行才有可能实现。多样化的日常服务功能、合理的设施布局能显著提升步行出行的概率，从而引导绿色、低碳的出行模式和生活方式的发展。在城市轨道交通站域，除了点到点的基于轨道交通使用需求的步行出行外，丰富的日常服务设施也会增加“顺路”出行的可能性。那么，在城市轨交站域，人们日常生活中经常需要使用的服务设施有哪些？可接受的步行出行范围是多大？只有了解了居民的实际使用需求，才能更好地供给。

因此，本部分内容旨在引入国际上流行的步行指数研究方法，结合我国轨道交通站域日常设施的使用需求，开展天津市中心城区的实证测度，旨在通过对该研究方法的改进与应用，为轨道交通站域日常设施的配置水平提供评估方法，为提升轨道交通站域的可步行性水平提供科学依据。

6.2.1 步行指数概念和研究综述

1. 基本概念

出行目的地的功能配置是诱发步行产生的重要前提。近年来，随着绿色低碳理念的不断推广，步行出行不断回归，国内外关于目的地设施对步行出行影响的相关研究不断增加。其中，认可度较高的是由美国学者于 2007 年提出的“步行指数”（Walk Score）理念。

步行指数是世界上很多国家广泛用于评估和测度特定地点或特定区域可步行性的一种定量计算方法。该概念基于日常生活设施的分布对城市步行能力进行度量。根据居民步行起点周围一定半径范围内日常生活设施的种类、相对数量和空间分布特征，计算得出这一出发点的步行指数，同时综合考量影响步行指数的相关因素（包括步行距离衰减函数、步行街区的长度、区域内交叉路口的密度等），从而提高计算的精度。一般而言，步行指数可以划分为单点步行指数和面域步行指数两大类。单点步行指数主要描述某一特定地点的步行能力。在计算获得单点步行指数的基础上，在目标区域中构建一定长度的网格，通过空间插值方法可以进一步获得面域步行指数。可以说，步行指数为评估某个地点或区域的步行能力提供了一种科学化、定量化的计算方法。由于步行指数反映一定步行范围内城市日常设施配置的合理性，其目前已经成为一种国际性量化测度可步行性的方法（Carr 等，2010），在美国、英国、加拿大、澳大利亚、新西兰等国家得到广泛的实践与应用。基于步行指数的相关研究已经涵盖城市步行能力排名、街区步行能力评估、房产相关价值评估与计算、居民绿色生活与健康、低碳交通和资源节约等众多领域。

2. 研究综述

步行指数的计算方法最初是由马特·勒纳、迈克·马蒂厄和杰西·科彻尔 3 人于 2007 年在西雅图成功开发出来的，它是一个开源的可步行性计算程序，旨在为居民的日常出行、生活购物提供便利。自 2007 年投入使用以来，步行指数计算软件作为一种免费、可视化的计算工具，可被用来量化分析城市可步行性和日常生活设施布局是否科学合理，目前已在社会生活的多个领域得到广泛应用，对居民生活产生了较大的影响。

当前,很多学者通过步行指数方法对社会经济领域的相关问题开展了大量研究,包括城市规划与建设、公共事业管理、低碳交通出行、物业购置选择等。Bliesner 等于 2010 年的研究指出,步行指数的数值大小与社区居民的公共健康之间存在显著的相关性。在步行指数得分较低的社区,有超过 60% 的居民,其体重超过平均体重;而在步行指数得分较高的社区,只有大约 35% 的居民,其体重超过平均体重。Brown 等于 2013 年在研究中发现,在人们从古巴移民到美国后的 3 个月内,每增加 10 个百分点的步行指数,有目的的步行出行将提高 19 个百分点,他们的活动量将增加 26 个百分点,其步行分钟数也将增加 27 个百分点。Carr 等于 2010 年在其研究中发现,伴随着步行指数的提高,社区内居民的责任感和户外活动量相应提高,社区安全度和小区房产价值也相应得到提升,可以说,在步行指数较高的地区,其犯罪率相对较低。Gomez-Ibanez 等于 2009 年的研究结果显示,在马里兰州,步行指数得分越低的地区,人们使用小汽车出行的频率越高。小汽车的广泛使用造成大量的能源消耗与二氧化碳排放,从而加重了当地的环境污染。美国另一项基于 15 个主要城市的研究表明,步行指数对房价有一定影响,二者之间存在着显著的相关性。Cortright 于 2009 年的研究结果显示人们倾向于支付更多的钱生活在步行指数相对较高的地区,从而便利其日常出行。

在城市管理领域,美国的主要城市每年都会计算各城市的步行指数,并在不同城市间开展横向对比。各城市、各街区的步行指数为城市规划师、城市管理者提供政策指引,使其能为居民提供更便于日常生活的服务设施。因此,随着低碳城市、可持续发展等理念逐渐被公众认可,步行指数已成为提升城市竞争力、提高城市魅力的一个重要手段和标志。2010 年,美国华盛顿地区在区域和街区发展规划的制定过程中,就利用步行指数提供辅助。城市管理者提出要在地区规划中建立多层次和多样化的活力中心,包括城市中心和郊区就业中心。在社区层面,重点围绕提高步行能力做好相关工作,具体举措包括在开发不充分的土地上进行高强度的混合开发,积极吸引外来人口以支持服务设施的健康运营,提出健康街道工作计划加强项目招商,鼓励当地经销商与绿色蔬菜供应商建立长期稳定的直联合作关系,进一步改善当地步行环境等,从而积极营造鼓励居民步行出行的活动空间。在一次采访过程中,华盛顿特区规划局的 Harrlet 局长指出,步行指数在城市规划工作中是一项极为重要的研究工具,在规划过程中可以为规划师提供重要的研究参考。

作为一种广泛使用的科学定量的评估步行能力的方法,步行指数以其简便、直观、开源等诸多优点,被越来越多的学者、城市管理者广泛使用。研究人员可以使用该方法将复杂的相关理论模型、评价数据转化为直观的数字,并通过社交媒体对外发布,以供城市居民和城市管理人员使用。同时,这一方法的计算结果较为科学,居民可以参考步行指数进行其居住社区的选择。

步行指数方法引入我国后,诸多学者开展了相关的理论与实证研究。卢银桃于 2013 年选取上海市江浦路街道为研究对象,评价了社区的可步行性。吴健生等于 2014 年以深圳福田区为研究对象,运用步行指数方法评估了日常生活设施的配置情况。黄建中等于 2016 年通过改进步行指数评价方法,选取上海 3 个布局模式不同的典型社区,开展了适宜老年人日常生活的社区服务设施布局研究。可以看出,步行指数在指导中国城市合理配置日常公共服务设施方面具有一定的借鉴和参考意义。

6.2.2 轨道站域的步行指数测度

地铁1、2、3号线是天津市最早建成通车的3条线路，也是天津轨道交通线网的基本骨架。3条线路穿越了内环、中环、外环3个空间圈层，覆盖了东、西、东北、东南、西北、西南多个天津市主要的公共交通走廊，有效沟通起中心城区范围内的六个区。本节选取1、2、3号线上的全部站点作为研究对象，借鉴步行指数的计算方法，并结合我国国情进行城市轨道交通站域的日常服务设施测度与评价。

本节的数据准备包括天津市中心城区遥感解译路网数据、天津市中心城区轨道交通线路图，日常设施数据来源于百度地图。

步行指数包含两个层面，单点步行指数和面域步行指数。单点步行指数反映的是某个具体地点的可步行性（如商店、广场等），面域步行指数根据面域范围大小可以划分为街区、社区、城市等多个空间尺度。本节分别计算轨道交通站点的单点步行指数和轨道交通沿线的面域步行指数。

1. 单点步行指数

单点步行指数的计算可以分为3个步骤：构建设施分类表；计算考虑了距离衰减的基础步行指数；修正基础步行指数，得到最终的步行指数。

本文根据中国国情和城市轨道交通站域的实际情况，对步行指数的设施分类表进行了适当调整，使其共包含餐饮、购物、休闲、公共服务、个人护理、教育、医疗7个方面的15类设施，并通过专家打分法根据各类设施的重要程度赋予其权重，权重总和为15（表6-1）。由于餐饮类设施种类丰富，因此将其分为多个类别，并分别赋予权重。

表6-1 设施分类表及权重

设施分类		分类权重								权重
餐饮	餐馆	0.75	0.50	0.30	0.25	0.25	0.20	0.15	0.10	2.50
	咖啡店	0.45	0.20	0.10						0.75
	酒吧	0.45	0.20	0.10						0.75
购物	便利店	2.50								2.50
	商店	0.50								0.50
休闲	书店	0.50								0.50
	公园	1								1
	娱乐	1								1
公共服务	银行	1								1
	手机营业厅	0.50								0.50

续表

设施分类		分类权重								权重
个人护理	理发店	0.50								0.50
	美容店	0.50								0.50
教育	学校	1								1
	幼儿园	1								1
医疗	药店	1								1
总计		15								15

在上述设施分类表的基础上，考虑距离衰减对步行的影响，计算轨道站域不同设施的步行指数。杨观宇 2012 年的研究指出，步行接驳轨道交通的优势出行时间为 10 min 以内，可接受时间为 20 min。按照标准步行速度 4.8 km/h 计算，选取轨道站点周边 1 600 m 的范围作为步行指数的测度范围。根据人们的容忍时间，分析设施使用的距离衰减规律。根据调查，当设施距离轨道站点小于 400 m，即 5 min 步行时距内，其不发生距离衰减；当设施距离为 400 m 时，开始衰减；当设施距离为 800 m 时，衰减至原值的 75%；当设施距离为 1 200 m 时，衰减至原值的 12%。随着距离继续增大，衰减率下降，当设施距离大于 1 600 m 时，其对轨道站点的步行指数无影响（图 6-2）。

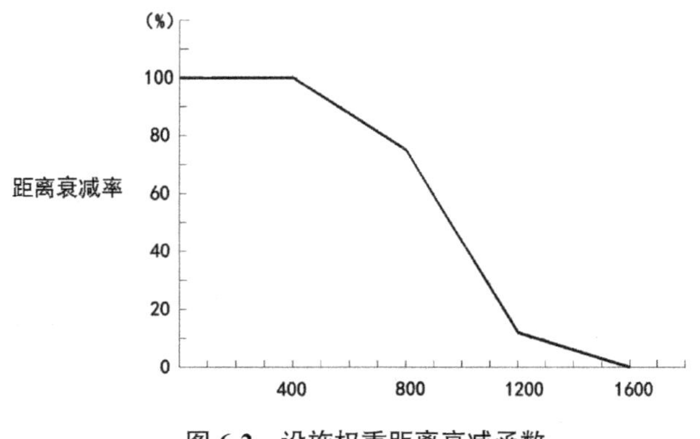

图 6-2　设施权重距离衰减函数

步行指数计算：

（1）基于百度地图，根据设施分类表，以轨道交通站点为中心，确定 1 600 m 范围内各类设施的空间分布并赋予其相应权重；

（2）计算轨道站点到各类设施的距离；

（3）对初始可步行性得分依据距离衰减系数进行距离衰减，得到各类设施的可步行性得分；

（4）对各类设施的可步行性得分进行累加，计算得到各轨道站点的基础步行指数；

（5）进一步考虑现实出行中，道路交叉口密度与街区长度对步行指数的影响，进行指数修正。将这两个测度指标的衰减率各分为五级，且使两者可衰减率之和最大为 10%（表 6-2）。

表 6-2 交叉口密度和街区长度衰减率对照表

交叉口密度(个/km²)	衰减率	街区长度(m)	衰减率
>77	0	<120	0
59~77	1%	120~150	1%
48~58	2%	150~165	2%
36~47	3%	165~180	3%
23~35	4%	180~195	4%
<23	5%	>195	5%

(6)修正后的基础步行指数最高为 15,将其放大 6.67 倍,得到一个 0~100 的数值,分数越高,代表该终点越适宜步行。

经计算,天津地铁 1、2、3 号线各站点的步行指数如表 6-3 所示。

表 6-3 天津地铁 1、2、3 号线各站点的步行指数

1 号线	步行指数	2 号线	步行指数	3 号线	步行指数
营口道	75.93	曹庄	66.60	营口道	75.93
西横堤	61.80	长虹公园	60.47	天塔	58.93
华山里	61.00	远洋国际中心	57.20	红旗南路	55.20
洪湖里	60.93	西南角	55.67	北站	54.80
下瓦房	57.33	东南角	55.07	中山路	54.73
南楼	57.13	鼓楼	53.27	和平路	53.07
鞍山道	56.53	靖江路	52.80	王顶堤	52.33
西南角	55.67	咸阳路	52.67	吴家窑	51.47
西北角	55.40	建国道	52.67	西康路	50.00
二纬路	55.27	屿东城	51.93	津湾广场	49.67
陈塘庄	55.00	芥园西道	51.27	金狮桥	49.67
海光寺	54.53	广开四马路	50.20	华苑	49.40
小白楼	53.80	天津站	46.27	张兴庄	47.67
勤俭道	53.00	翠阜新村	46.07	天士力	47.13
土城	52.87	顺驰桥	45.53	天津站	46.27
财经大学	52.73	卞兴	44.60	宜兴埠路	46.00
果酒厂	49.67	滨海国际机场	39.33	周邓纪念馆	45.73
刘园	47.33	国山路	33.13	杨伍庄	40.13
双林	41.47	空港经济区	31.80	华北集团	37.87
西站	40.87	登州路	31.53	铁东路	35.40
复兴门	40.60			丰产河	32.80
本溪路	37.07			南站	26.73

续表

1 号线	步行指数	2 号线	步行指数	3 号线	步行指数
				大学城	25.47
				高新区	25.40
				学府工业区	10.40
				小淀	1.40
平均值	53.45	平均值	48.90	平均值	43.22

2. 面域步行指数

单点步行指数仅测度各轨道站点的可步行性，通过面域步行指数可以反映轨道交通沿线 2 000 m 范围内的公共设施配置情况。在研究范围内构建一个分布均匀的 400 m × 400 m 正方形格网点阵数据集，计算各格网中心点的单点步行指数，即得到面域步行指数，它可以直观反映一个区域的可步行性。

经计算，天津地铁 1、2、3 号线沿线的面域步行指数分别如图 6-3、6-4、6-5 所示。

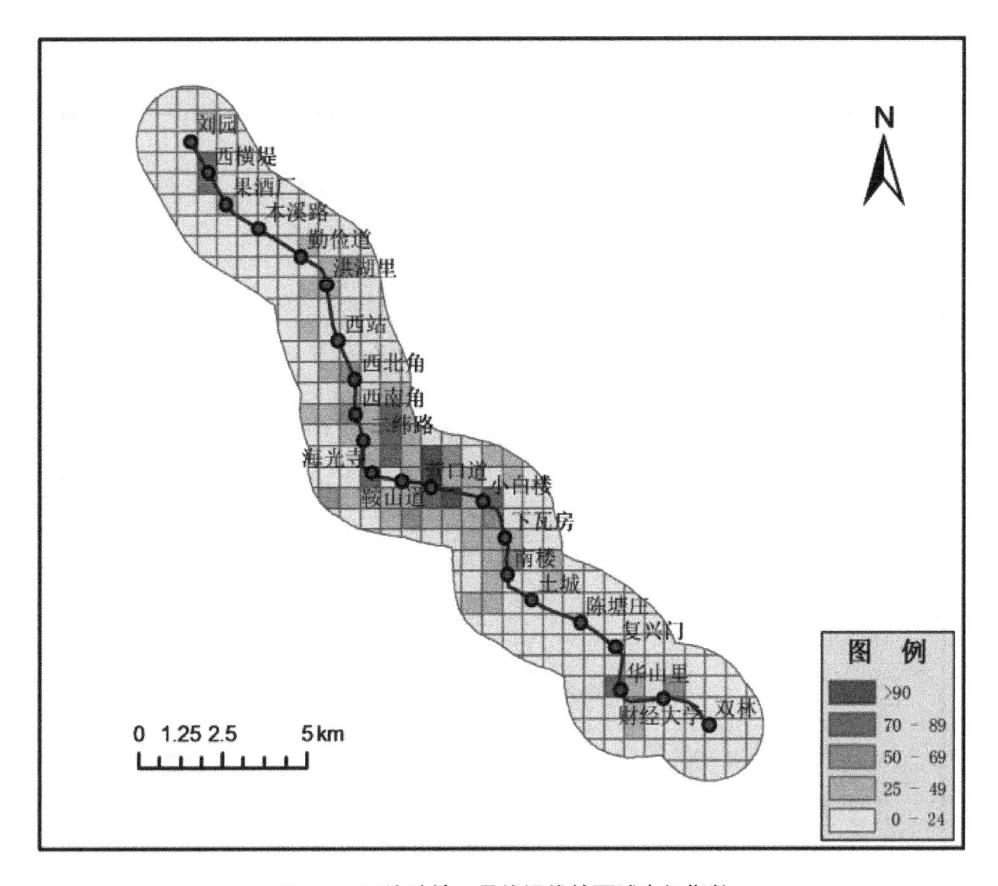

图 6-3　天津地铁 1 号线沿线的面域步行指数

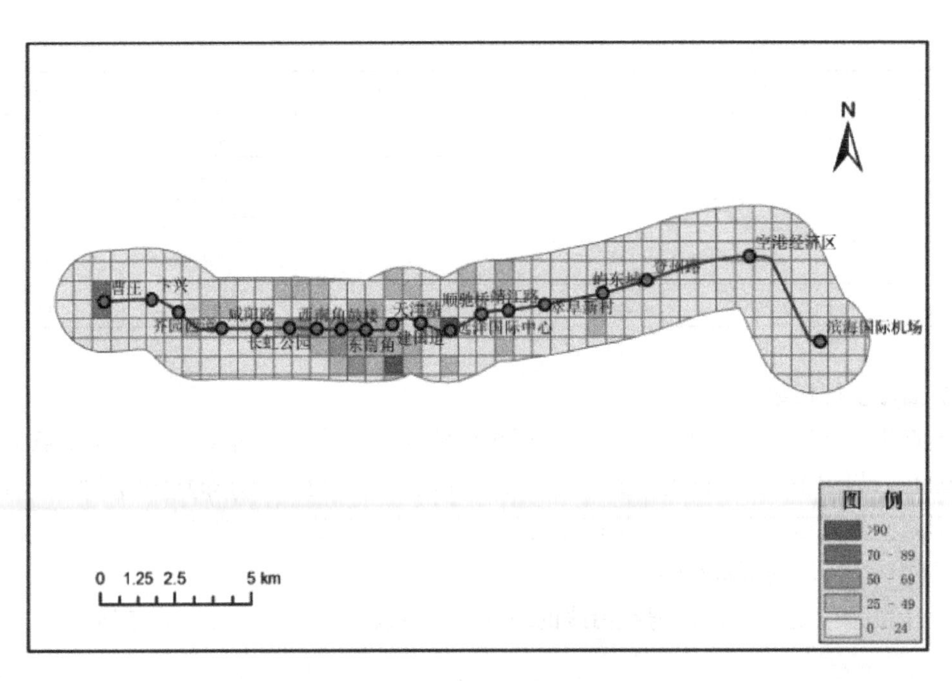

图 6-4 天津地铁 2 号线沿线的面域步行指数

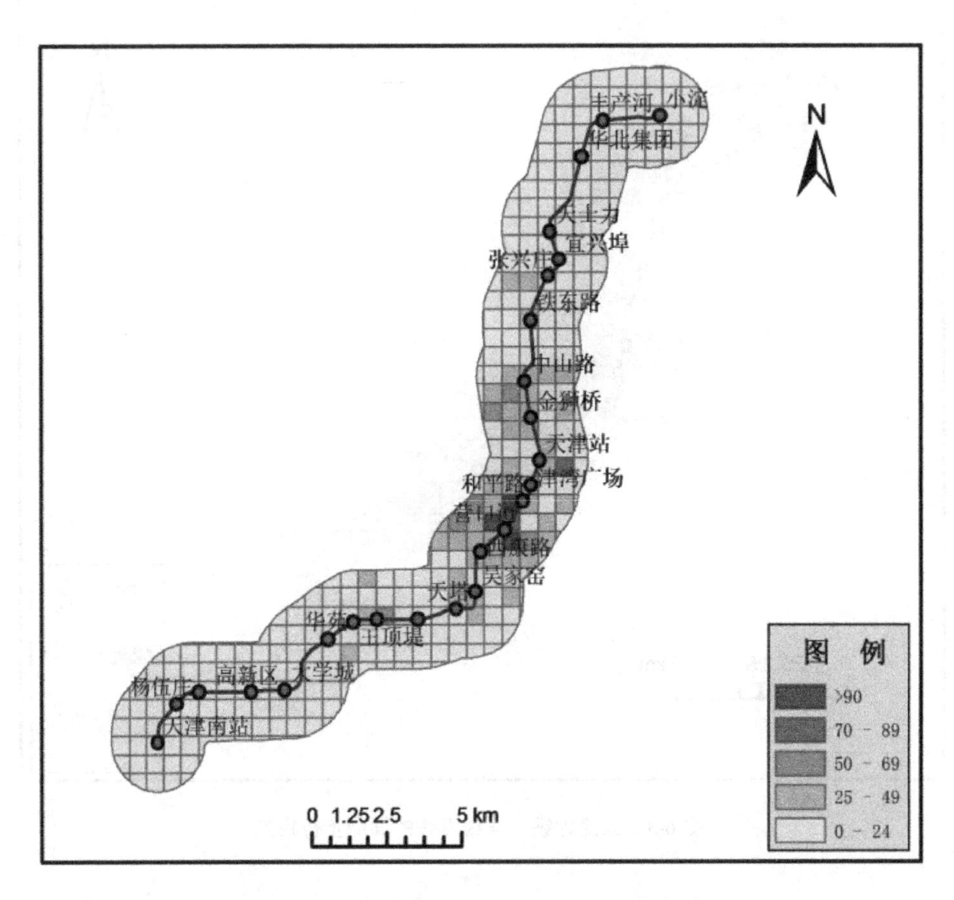

图 6-5 天津地铁 3 号线沿线的面域步行指数

3. 步行指数分析

1）总体特征

总体而言，3 条线路中，步行指数最高的站点为 1 号线与 3 号线的换乘站营口道站，得分为 75.90；得分最低的为 3 号线的端点站小淀站，步行指数仅为 1.40，该站点周边的公共设施仅包括 1 家餐馆、1 家商店和 4 个银行自助网点。

根据步行指数评价表（表 6-4），将天津地铁 1、2、3 号线的站点步行指数分为 5 级。其中，没有分值高于 90 的站点，仅营口道站得分在 70~89 之间，非常适合步行；一半站点（33 个）的得分在 50~69 之间，可步行性一般；而近一半的站点（29 个）得分在 25~49 之间，即可步行性较差。此外，2 个站点的得分在 24 以下，其站点地区的日常设施很少，几乎所有的出行都需依赖小汽车。总体而言，天津轨道站点地区的步行指数较低，需进行较大程度地改进提升。

表 6-4　步行指数评价表

步行指数	描述
90~100	步行者天堂：日常出行完全可以通过步行解决
70~89	非常适合步行：大多数日常出行可以通过步行达到
50~69	可步行性一般：有一部分的设施在步行范围内
25~49	可步行性较差：步行范围内设施较少
0~24	小汽车依赖：几乎所有的出行都依赖小汽车

资料来源：Walk Score Methodology，http://blog.walkscore.com/research/

2）分线路对比

研究结果显示，1 号线的平均步行指数最高，约为 53.45，其次为 2 号线，平均指数为 48.90，3 号线的平均指数最低，仅为 43.22。相较于 2、3 号线而言，1 号线的平均指数较高源于以下两方面：①建设时间早。1 号线于 1984 年建成通车，是天津市最早通车运行的轨道交通线路，也是中国内地第 2 条轨道交通线路。2006 年，1 号线全线通车运营，比其他 2 条线路早了近 6 年。在此过程中，随着轨道交通影响的日益加深，站点与周边地区的良性互动作用不断增强，带动了周边地区基础设施的建设更新，吸引了诸多商业设施及居住人口。②站点选址于开发较成熟地区。作为天津市第 1 条轨道交通线路，1 号线的站点多选址于开发较成熟、人流量较大、社会经济发展水平较高的地区，站点周围居住区较多，商业发展水平较高。而 2、3 号线的部分站点选址于发展尚未成熟的地区，如 2 号线的空港经济区站、3 号线的高新区站和学府工业区站等。这体现了城市轨道交通建设选址的两种类型，即客流追随型和区域引导型。客流追随型即是轨道交通的建设晚于区域开发，轨道线路设置于开发较成熟区域，以此来疏散区域人流，减缓交通压力。而区域引导型则是轨道交通建设先于区域开发，以交通通达性的提升来带动引导区域的功能集聚、设施开发。因此，可以预见，随着轨道交通网络的日益完善，站点交通能力与场所功能将同步提升，2 号线和 3 号线各站域的可步行性将不断提升。

3）分设施对比

将地铁1、2、3号线各站域各类日常生活设施数量，按自西向东的线路方向，分别建立折线图，以3号线为例，如图6-6所示。

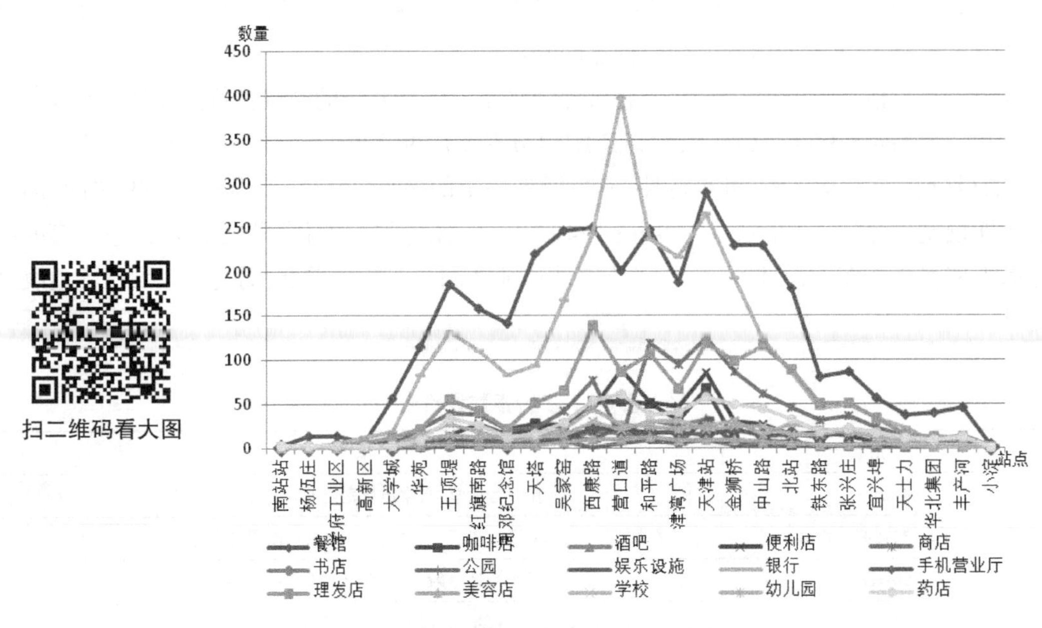

图6-6　天津地铁3号线各站域设施数量

从总体分布来看，3号线站点周边各类生活设施呈现明显的两边低、中间高的分布态势，越靠近中心城区，人口密度越大，城市开发越成熟，各类设施数量越多。其中，餐馆、银行、商店和理发店的数量明显大于其他设施类别。便利店、娱乐设施、药店的数量次之。学校和幼儿园的分布与居住小区数量和人口密度相关，其数量在以居住为主导功能的站点周边较多，但在临近交通枢纽和历史风貌区的站点周边有所回落。咖啡馆和酒吧的分布呈现明显的正态分布，在中心城区的站点周边设施数量急剧增加，但总体而言，两类设施的建设滞后于其他设施，这与我国居民对酒吧、咖啡馆需求相对较少的国情有关。手机营业厅和美容店的数量相对较少，书店和公园两类设施的数量总体上极度缺乏，因此，未来应当在提升市民物质生活水平的同时，加大精神和文化设施的建设力度，全面提高居民的生活品质。

4）分面域对比

天津地铁1、2、3号线的面域步行指数反映了线路沿线2 000 m范围内的公共设施配置情况。可以看出，3条线路大体呈现出两端指数低、中间指数高的分布特点。1号线可步行性高的地区主要集中在中环线以内的西北角站至南楼站区段（图6-7），其中步行指数最高的为临近和平路—滨江道商业主中心的营口道站。西站站虽位于天津市目前正着力打造的西站商业副中心，但由于副中心正处于建设之中，所以可步行性一般。中环线以外站点的可步行性相对较低，但西北方向的次端点站西横堤站，在轨道交通建设的带动下，进行了城市用地的更新改造，新建了多个高档住宅小区，其日常生活设施种类丰富、数量众多且集中分布，可步行性较好。

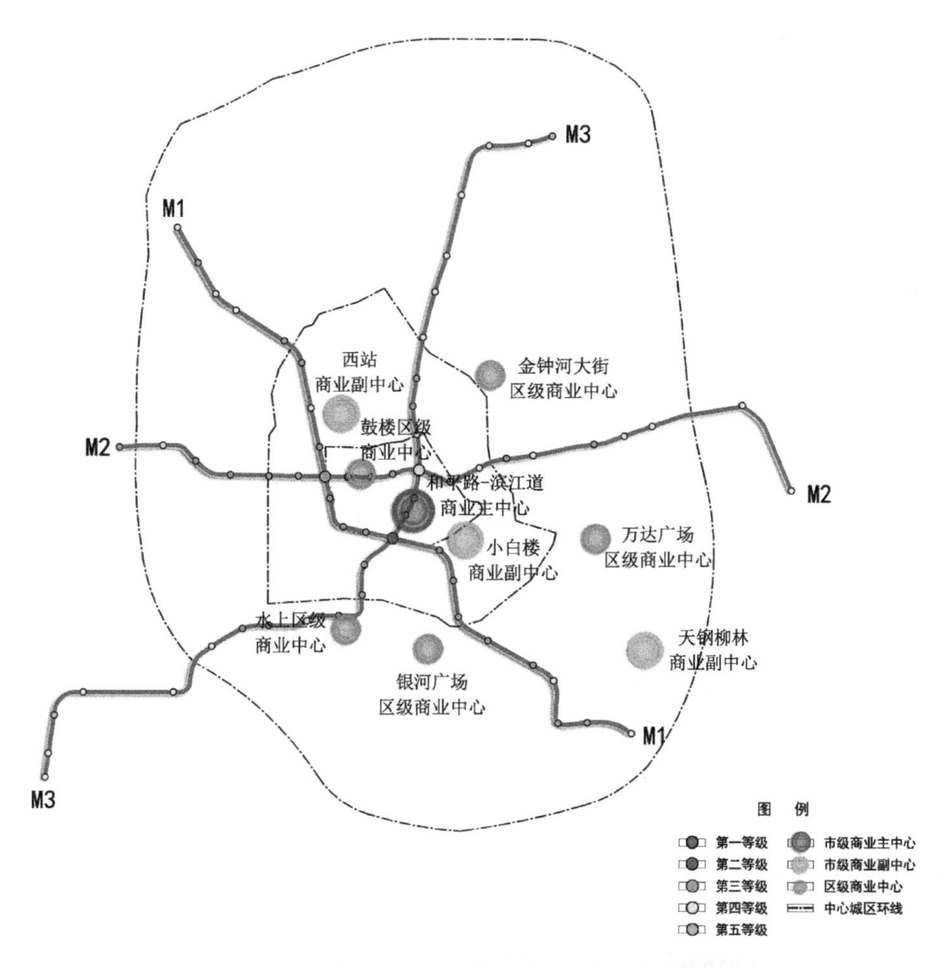

图 6-7 天津地铁 1、2、3 号线各站点步行指数等级划分

2 号线可步行性高的地区主要集中在内环线以内的西南角站至远洋国际中心站区段，临近鼓楼区级商业中心和天津站。但天津站作为集铁路、地铁、公交、出租车等为一体的大型交通枢纽，站点 800 m 用地范围内的交通用地占比高达 56%。日常生活设施的配置中，餐饮、购物、便利店等设施的可步行性较好，其他设施的可步行性较差，因此，整体的可步行性一般。2 号线步行指数最高的是位于外环线以外的西侧端点站曹庄站，由于结合站点进行了城市综合体的开发建设，除学校和公园外，其各类日常生活设施的配置均较好。2 号线为天津市东西方向的轨道交通骨干线，东侧通过空港经济区连接滨海国际机场。由于东侧的轨道交通站点多服务于人口密度较小的工业产业区，其各类日常设施的配置均不完善，整体的可步行性处于全线最低水平。

3 号线可步行性高的地区主要集中在中环线以内的中山路站至天塔站区段，步行指数最高的同样为 1、3 号线的换乘站营口道站。由于 3 号线线路较长，两端的诸多站点分布于城市开发尚未成熟地区，因此整体的可步行性较差。东北方向的端点站小淀站和西南方向的学府工业区站的步行指数甚至低于24分，几乎所有的日常出行都无法通过步行实现。

6.2.3 轨道站域的步行指数分异

通过对天津地铁1、2、3号线步行指数的统计分析发现，轨道站域的可步行性水平总体呈现出空间区位分异、功能类型分异及规模等级分异的特点。

1. 空间区位分异

利用中心城区城市道路的内环、中环、外环将中心城区划分为4个空间圈层，可以发现内环和中环内各轨道站点的步行指数相对较高。城市中心区的开发建设通常相对成熟，不仅各日常生活设施的业态种类较为丰富，而且密度也更大。城市中心区的轨道站点通常采用"客流追随型"的设置模式，即其常与现有的各级城市中心相结合，这样既能方便乘客步行前往各级中心，也能够有效汇集中心内的购物休闲客流，从而提升站点的客流量及综合服务功能。随着城市空间不断向外拓展而建设的城市外围地区的轨道站点，其设置通常服务于工业产业区或郊区居住区，由于难以依托已经成形的城市中心，其各类日常生活设施的配置相对较少。

2. 功能类型分异

由于步行指数表征的是城市日常生活设施的配置情况，因此其与所在地区的人口密度紧密相关。那些承载更高人口密度用地类型的轨道站点，其日常设施的配置率相对更高。统计结果显示，以商业、居住、商务为主导功能的站点，其步行指数相对较高，以工业、交通、教育为主导功能的站点，其步行指数相对较低。

3. 规模等级分异

城市轨道交通站点具有交通和场所的双重属性，因此其规模等级也分为两个层面。在交通层面，具有换乘功能的站点拥有更多的通过客流和更高的规模等级。但由于轨道站域的日常生活设施配置更多的是满足以此站点为目的地的乘客的"顺路"行为，因此，换乘站的通过性客流并不对其产生需求，亦即轨道站点的交通等级并不对周边的日常生活设施配置产生直接影响。从实证研究中也可以看出，天津站作为目前天津市唯一的三线换乘枢纽，其步行指数并不高。在场所层面，轨道交通站点的功能等级反映了其所处区域的城市功能定位。研究显示，临近城市主副商业中心及区级商业中心的各站点的步行指数相对较高。商业中心通常融合餐饮、购物、休闲、娱乐等多种功能，能够以一站式的服务满足人们的多种日常生活需求。

上述分析表明，位于城市中心，或临近城市各级商业中心，或承载较高人口密度用地类型的轨道站点，其步行指数相对较高。在统计的65个轨道站点中，2号线的端点站曹庄站、1号线的次端点站西横堤站均位于城市外围地段，且不临近主要的商业中心，但分列总排名的第2、3位。这主要是由于随着居住郊区化的快速推进，为增强郊区居住区的可达性、品质感和吸引力，开发商对于站点周边地区进行了整体开发，即在居住地产的基础上同期配备各类日常生活设施，构建复合化、一站式的社区公共服务中心，这为提升城市外围地区轨道交通站点的可步行性提供了思路。

本部分内容通过引入步行指数的研究方法，结合我国国情和城市轨道交通站域日常设施配置的实际情况，开展城市轨道交通站域的可步行性测度及等级分异研究。以天津地铁 1、2、3 号线为实证研究对象，通过单点步行指数和面域步行指数的计算，分别对各轨道站点影响区和线路沿线 2 000 m 范围内的日常生活设施配置情况进行统计分析，研究结论如下：(1)天津轨道交通站域的可步行性总体不高，还需进行进一步改进提升。(2)轨道站域的餐饮、购物、便利店、娱乐等设施的可步行性总体较好，书店和公园的可步行性相对较差，在不断改善城市物质设施建设的同时，还需关注精神文化需求和城市公共空间的建设。(3)轨道站域的可步行性水平呈现出空间区位分异、功能类型分异和规模等级分异的总体特征。位于城市中心，或临近城市各级商业中心，或承载较高人口密度用地类型的轨道站点，其步行指数相对较高。(4)城市外围地区的轨道交通站点步行指数不高，在进行建设时，可以与周边地块做好统筹规划，整体开发，这样既能为轨道站点筹集长期、稳定的客流量，也能保障站点地区各类日常生活设施配置的适宜性，提升可步行性。

本部分内容将步行指数的研究方法应用于城市轨道交通站域的日常服务设施配置测度，采用统一的计算方法和评价标准，便于开展同一城市的历时性比较和不同城市的共时性比较，为制定城市轨道交通站域步行水平的提升策略提供了科学依据。

6.3　轨道交通站域步行出行的路径通达

步行是居民与城市轨道交通衔接的重要出行方式之一。一般情况下，只有当轨道交通站域的步行出行较为便利时，人们才会选择此种方式前往。显然，轨道交通站域步行网络的组织与设置是影响居民步行选择的重要因素。如果步行网络的连通性较好，步行运动的连续性较强，那么将减少居民的步行出行时间，提升居民对于步行出行的满意度，推动居民选择步行方式前往轨道交通站点。

6.3.1　构建便捷连续的轨道 + 步道体系

加强步行路网的建设是吸引居民选择步行出行的重要基础。随着城市轨道交通建设的不断推进，轨道交通网络体系逐步形成完善。在站域空间有限的情况下，大量人流聚集使得做好交通疏散至关重要。立体化的步行网络体系能较高效率地疏散大量人流，通过地上、地下、地面 3 套步行系统各个要素的有机融合，建设连续、安全与友好的步行网络。

香港是世界上人口最稠密的城市之一，基于稀缺的土地和高强度、高密度的发展环境，香港逐渐转向以立体交通为支撑的城市交通系统。香港中环地区是金融和商业聚集区，这里的土地价格是全港最高的，因此该地区多为超高层建筑。在区域有限的土地内，通过步行与轨道交通有效接驳，并结合站点区域设置商业设施，形成一个完善的出行网络系统，这不仅可以有效疏散城市中心区内高密度的客流，还可以有效分离人流与车流，在避免二者互相干扰的同时显著提高居民的通勤效率。与此同时，城市中心高密度的开发极大地提高了土地的利用效率，有效提升了站点周边商业开发的经济价值与投资收益，进而提升了区域的整体活力。香港中环地区的行人步行网络系统从北部的天星轮渡码头开始，经过香港站、机场快线站、中环站等人流量较大的站点，横穿 CBD 的主要高层建筑，再到达通往太平山顶的缆车站。人行道、过街天桥、行人街区、街道广场、屋顶花园、建筑物过境大厅等共同构成其立体化的出行系统，各子系统间利用楼梯、电梯、扶梯等完成串联，方便居民日常在各子系统之间进行出行转换。香港中环地区除了加强不同建筑物间的立体连接外，还设置了大量商业休闲设施，为城市居民的日常生活提供了便利舒适的公共休闲场所。因此，人们会在周末或节假日期间聚集在那里进行娱乐活动（包括购物、吃饭、锻炼、美发、唱歌等），从而形成一个临时性的人群聚集区，这反映出居民对立体化出行系统的认可。

在人口密度同样非常高的东京，轨道交通亦是居民交通出行的重要选择，但其对站点地区汇集的大量人流则是依靠发达的地下人行道网络系统来进行疏散的。东京城市轨道交通站点地区形成了 1 个规模宏大的“地下城市”。例如，在新秀站共有 11 条地铁线交汇，每天平均客流量超过 320 万人次。在新秀站内部，地下人行网络与 143 000 m^2 的地下空间相连，这些地下空间包括地下商业街、地下城市广场和其他功能设施。在东京最大的交通枢纽 JR 东京站附近，形成了 1 个地下商业街，面积为 263 000 m^2，这个地下商业街为东京市目前占地面积最大的地下商业街。

6.3.2 打造适宜步行出行的街区形态

立体式的步行网络系统，可以通过两点之间的直接通道缩短步行距离，极大提升网络中各节点间连接的便捷性。同时，由于步行出行一般不受交通管制的约束，因此可以显著减少居民的等待时间。尽管立体化步行网络具有极大的便利性，但建设完善的立体步行体系，共同构建起城市的步行网络体系的成本相对高昂。因此，在城市道路中设置人行道已成为独立步行网络的重要补充。其中，城市道路网的组织结构和街区大小是需要重点考量的两个因素，因为这二者影响居民的步行出行距离和出行时间，进而影响居民对步行出行的满意度。

城市道路系统的组织架构和路网密度是 2 项关键指标，它们会显著影响街区的空间尺度。同济大学的陈泳教授等在对上海轨道交通站域开展系统研究时发现，不同类型社区到达地铁站点的步行距离和步行时间是影响居民是否选择步行出行的重要因素，而影响步行距离、过街等待时间的主要因素则是街区规模的大小（陈泳等，2012）。

城市轨道交通站域内街区的平均边长越小、交叉路口的密度越大，那么步行的绕行距离就越小。由于受到建筑物的阻隔，居民按照现有路网行进时，往往很难按照直线路径从起点行进至终点，经常需要绕行。因此，当街区尺度相对较小时，在相同空间范围内，居民就能有更多的路径选择机会，绕行的距离相对更短。对于过街等待时间这一因素，研究发现与之相关性最高的指标为红灯等候时间 >60 秒的次数，其次为出行过程中等候红灯的总次数,而相关性最低的指标为交叉路口数量。这主要是因为具有多个交叉路口的街区通常路网密度相对较高,同时这些街区内街道的交通信号灯变换周期相对较短,即使整条街道上有多个红灯,每次的等候时间也均不长。特别是对于那些狭窄街道的十字路口,行人在出行过程中很容易控制步行速度,从而可以很好地避开红灯。相反,在城市主干道的交叉路口,信号灯的变换周期一般较长,这就造成行人在路口等候红灯时需要较长的等候时间。对于一些较为宽阔的城市干道,当行人到达路口时即使还没有亮起红灯,他们通常也会在路口停留,等待下一个绿灯亮起时再穿过马路。例如,在上海黄陂南路地铁站附近,老式里弄具有高路网密度和小街区尺度,居民的步行出行较为便利;而在莲花路站附近,街道呈现为低路网密度和大街区尺度,对于行人而言,步行较为不便。

6.4 轨道交通站域步行出行的精神愉悦

所谓步行心理,是用来评价人们在行进过程中对周边步行环境的感受,步行的满意程度会对人们是否选择步行出行及选择的相关路径产生一定的影响,也就是说,步行环境通过影响步行者的出行感受进而影响其实际出行方式的选择。可以说,步行环境的优劣直接影响居民在出行过程中的满意程度,同时也会左右其对出行时间的感知。如果人们对于出行环境的满意度较高,则其感知的出行时间会缩短。因此,在城市轨道交通网络化发展这一背景下,在轨道站域营造一个安全舒适的出行环境,就成为鼓励居民步行前往轨道交通站点的重要途径之一。那么对于如何提高城市空间的品质和吸引力这一问题,坚持以人为本的城市空间设计理念就显得尤为重要。本部分内容根据问卷调查的相关统计结果,梳理影响轨道交通站域步行满意度的相关因素,并从保障步行路权配置、构建宜人空间尺度、结合绿色开敞空间、完善步行服务设施四个方面探讨站域步行环境的营造策略。

6.4.1 轨道站域步行满意度影响因素

城市空间环境的研究范围相对广泛,影响轨道交通站域行人出行感知与体验的因素众多,本节并不打算讨论在实践中影响城市空间的所有要素,而只是想着重探讨行人在轨道站域的步行出行感知。因此,本节内容首先开展相关的问卷调查,以厘清城市轨道交通站域影响居民步行满意度的相关因素,从而为改善站点地区的空间环境提供理论指导。

1. 问卷设计

首先,通过文献综述和实地调查,筛选出居民在步行过程中的关注要点,进而从中提取影响因素,并据此拟定调查问卷初稿。通过问卷测试,对问卷初稿的题目形式、数量、顺序进行修改与完善,从而形成正式问卷并进行实地发放。最后,对调查问卷进行回收,删除无效问卷,并对调查结果进行整理与统计分析。

本次问卷调查为自填问卷,多为封闭式题目,辅之以部分开放式题目。问卷包括三方面内容,即受访者的个人属性、出行情况、对轨道站域步行环境满意度的评估。受访者的个人属性包括性别、年龄等个人基本信息。出行情况包括受访者乘坐轨道交通的频度、出行目的、接驳轨道交通的主要方式等。对轨道站域步行环境满意度的评估包括两个部分;总体满意度和单项满意度。总体满意度部分包括 3 个问题,以其了解受访者选择步行至轨道交通站点的主要原因以及站域步行环境设计的主要影响因素。单项满意度部分包括 7 个问题,分别从安全性、便利性、连续性和舒适性等方面了解受访者对每个单项的满意程度和主要的影响因素。

2. 问卷发放与回收

本次问卷调查采用现场发放、现场填写、现场回收的方式,以确保较高的回收率。2013 年 4 月,研究小组在一个星期的时间内前往天津市中心城区各地铁站的出入口处发放问卷,在受访者回答完毕后进行问卷回收。问卷的分发时间涵盖工作日和休息日,早晚高峰和平峰等不同时段,从而可以更全面地反映乘客对于轨道交通的日常使用情况以及对轨道站域步行出行环境的空间感知。本次调查共发放问卷 120 份,回收 120 份,其中有效问卷 112 份,有效率为 93.3%。

3. 影响因素

在受访者中,女性占比为 54.8%,男性占比为 45.2%,大体相当。在居民对轨道站域步行出行环境的满意度方面,只有约 33% 的居民感到满意,约 40% 的居民认为一般,约 24% 的居民感到不满意(图 6-8)。其中,居民认为安全性是轨道站域步行环境设计中需要考虑的最重要问题,占比达 82.14%,其次分别为便利性、连续性、舒适性,三者的占比均达 50% 以上,再次为标识性,占比为 34.82%(图 6-9)。

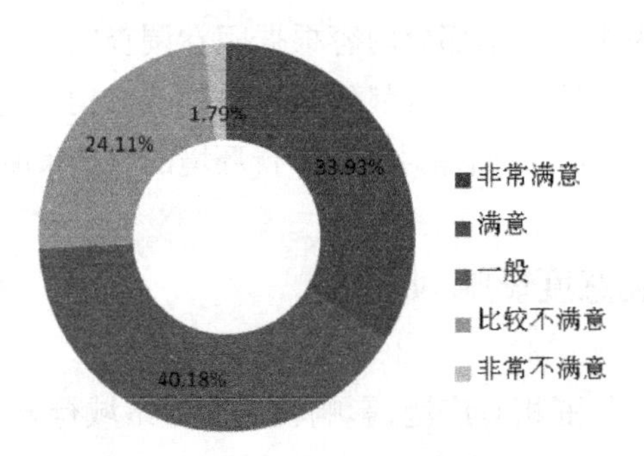

图 6-8 步行环境总体满意度评价

调研数据显示,在居民选择步行作为接驳轨道交通的出行方式时,影响其安全性感知的主要因素为人行道经常被占用,选择率高达 79.46%。其次为未设置人行道(图 6-10)。人行道未设置或被占用,迫使居民只能与机动车共用道路,这显然会增加居民步行出行的交通安全隐患。在便利性方面,约 50% 的居民认为目前轨道交通站域的步行出行便捷,但 20.54% 的居民认为步行出行比较不便捷, 7.14% 的居民认为非常不便捷,这主要是由于需绕行较远才能到达轨道交通站点(图 6-11)。

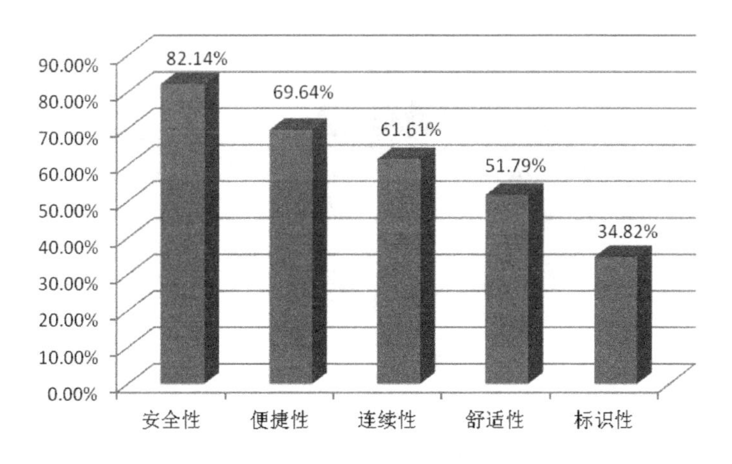

图 6-9　步行环境设计考虑因素排序

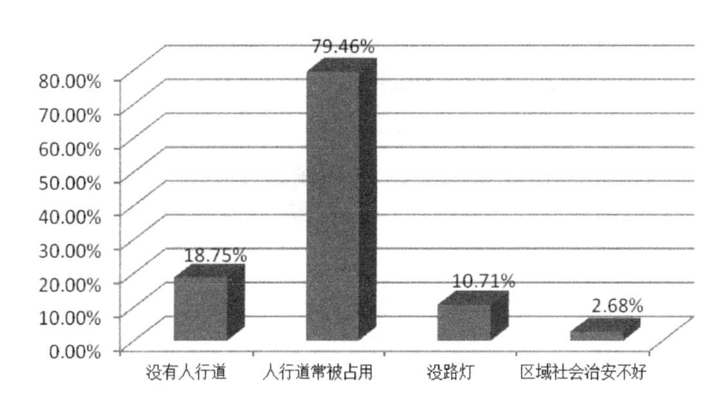

图 6-10　步行出行的不安全因素

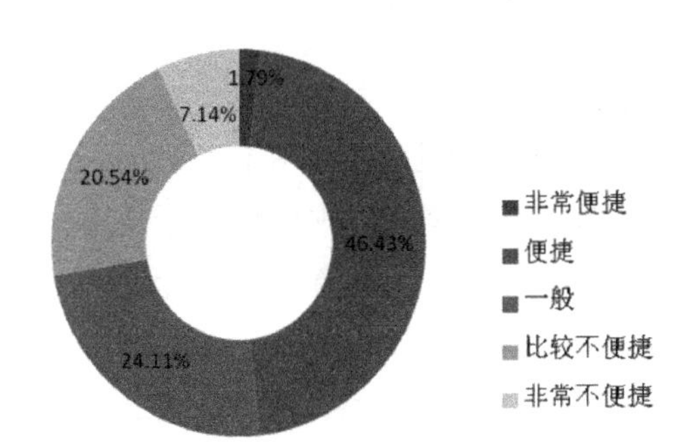

图 6-11　步行便捷性评价

在连续性方面，有近 20% 的居民认为步行出行较为连续，红灯的等待时间较短，而约 40% 的居民在调查中表示红灯的等待时间过长导致步行的连续性较差（图 6-12）。人们在步行过程中，一般可以容忍的最长红灯等待时间为 90 s 以内，只有不到 20% 的人们可以容忍 90 s 以上的红灯等候时间（图 6-13）。

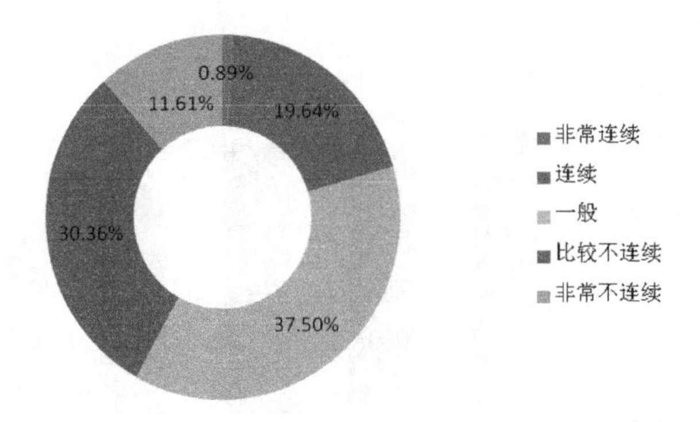

图 6-12　步行连续性评价

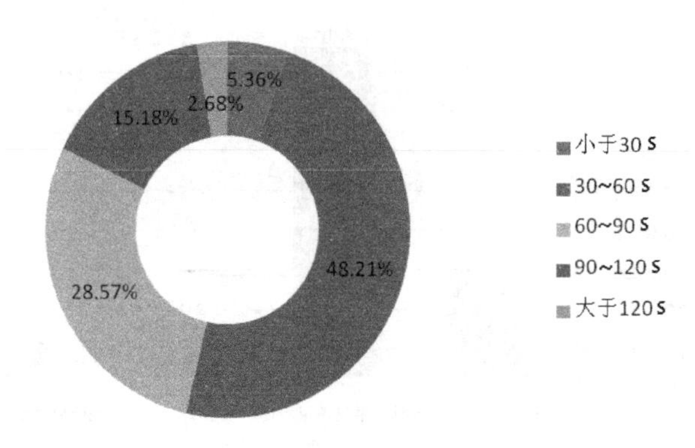

图 6-13　步行等候时间阈值

目前，只有不到 20% 的受访者在调查中表示轨道交通站域的步行环境舒适，而超过 34% 的受访者均认为当前的步行环境不舒适（图 6-14）。主要原因包括以下几个方面：一是人行道经常被小汽车占用；二是车辆的尾气排放与噪声对步行干扰较大；三是人行道周边的绿色景观较差，步行环境有待改善；四是人行道设计不合理，一般较窄，影响居民的出行使用；五是道路不清洁（图 6-15）。

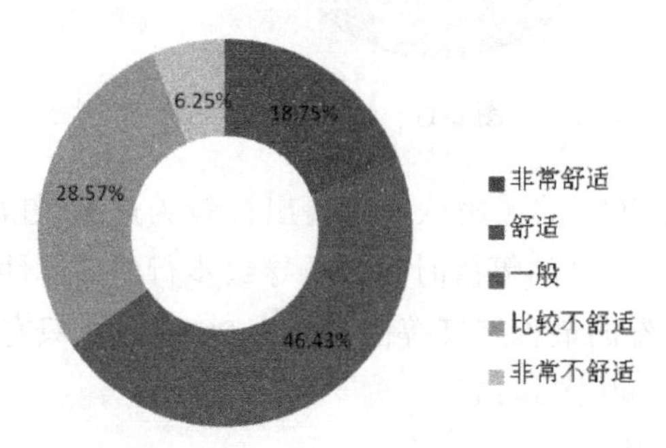

图 6-14　步行舒适性评价

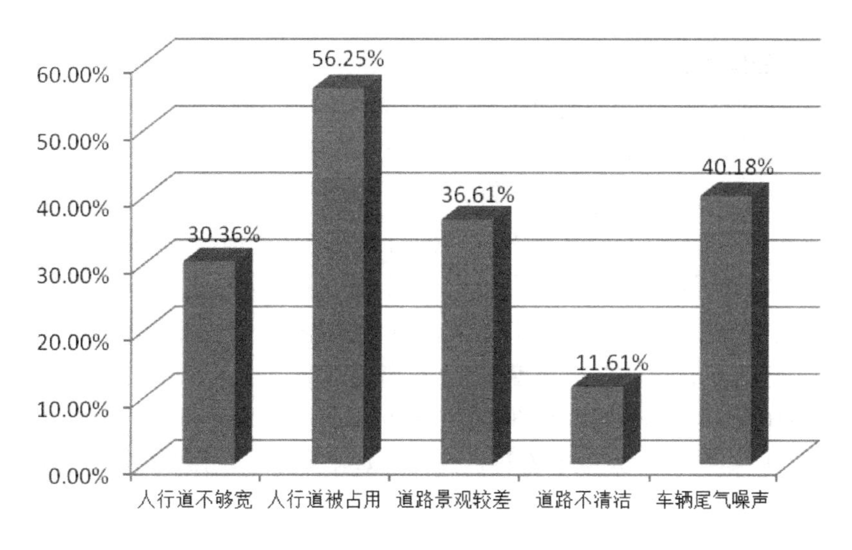

图 6-15　步行出行的不舒适因素

6.4.2　营造宜人舒适的步行出行环境

基于问卷调查，本节厘清了当前城市轨道交通站域影响出行者对步行环境满意度的主要因素。接下来，将分别从保障步行路权配置、构建宜人空间尺度、结合绿色开敞空间、完善步行服务设施 4 个方面讨论提升和改善城市轨道交通站域空间环境的发展策略。

1. 保障步行路权配置

人行道是城市轨道交通站域步行网络的一个重要组成，是人们在城市道路内行走和移动的物理空间，其环境质量对行人是否采用步行出行具有最直接的影响。但是目前，随着我国家庭小汽车的普及，城市内许多原本三块板或四块板的城市道路已被改造成一块板或两块板，使得原本自行车享有的独立路权被小汽车侵占，显著增加了行人出行过程中的潜在隐患。与此同时，由于城市中私家车数量的快速增长以及停车位的短缺，城市内沿路停车和占用人行道等问题不断涌现，使得原本较为狭窄的人行道更为拥堵，大大降低了行人在步行过程中的良好感知体验和满意度。因此，一些学者提出采用“快慢分离”的城市道路设计理念，避免二者的相互干扰，以确保慢行交通享有独立路权，免受小汽车等的干扰。为实现这一目标，一些设计师提出可以采用不同形式的物理分离。例如，在日本的泉公园城，通过设置绿色隔离带，将行人、骑自行车的人和开小汽车的人进行有效隔离，这不仅提高了居民步行时的安全性，还为居民日常出行提供了具有丰富内涵的多功能出行空间（安·福塞斯等，2012）。在丹麦的欧登塞，通过借助地面高差的自然地理特征，将人行道、自行车道以及机动车道在设计上从高到低进行分隔，使得三种交通方式实现了各自的物理隔离，显著保障了选择步行和自行车作为出行方式的居民的安全，而较为安全的出行环境吸引了更多的人选择步行和自行车出行。可以说，科学合理配置城市道路资源，保持人行道的一定宽度和道路绿化的品

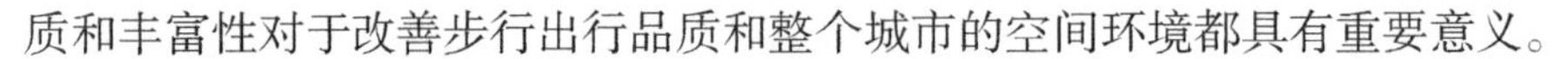

质和丰富性对于改善步行出行品质和整个城市的空间环境都具有重要意义。

2. 构建宜人空间尺度

居民的空间感受一般会受到周边物理环境尺度的影响。城市轨道交通站域的步行网络包括步行道、行人过街天桥、行人地下通道等步行所依赖的线性空间,以及广场和公园等供行人在步行过程中休息和停靠的点状空间。

人们在线性空间中的尺度感主要来自两侧封闭的空间界面,其中包括界面自身近人尺度的精细化处理以及界面的长宽高比例。本节以居民对步行道的空间尺度感为例,进一步阐释说明。旧金山市在城市设计控制中有相关规定,即需要对建筑物基础部分的街道墙进行檐口处理,对于高层建筑的基础高度,需要对街道高宽比在 1~2 的范围内进行凸线角处理,以便通过对比突出显示线角以下的近人空间尺度。纽约曼哈顿中部地区在当地的城市设计控制规定中也有类似的要求,其在设计规范中对建筑物底部和上部立面进行对比处理,更加关注建筑物界面的可访问性,从而有效降低高层建筑物对行人的视觉压迫感。对于沿街建筑物的底层而言,可以将其与商铺相结合,构建成一个丰富的商业集群,这样不仅可以形成连续的步行连廊,而且可以构建城市独特的街道景观带,还可以在夜间为行人提供夜景照明。丰富的商业集群由于具有适中的商店规模和多元化的经营业务,极大地方便了居民在出行过程中的沿途购物和日常生活休闲。对于街道建筑界面,通过分析其高宽比对居民空间围合感的影响时发现, 0.5 的高宽比是商业性步行街对居民产生空间围合感的一个极值。当高宽比等于 1 时,行人对步行空间的满意度较高,此时的空间环境有利于吸引行人的注意力,行人规模与商业氛围可保持较好的平衡。当高宽比大于 2 时,街道建筑物会对行人产生强烈的压抑感,此时行人对步行空间的满意度会下降,使得行人的出行需求和商业氛围的营造被抑制(赖志敏,2005)。

对于点状城市空间,地面高程差和景观设施的尺度处理是影响城市空间尺度的 2 个主要因素。以美国费城的宾州中心为例,其通过与市政厅地铁站有效衔接,并与下沉广场相连形成了相互协同配合的空间关系,为行人创造了良好的出行环境和休憩空间。下沉式广场位于地下一楼的地铁站和街道旁的建筑物之间,通过自动扶梯与地面一层或二层的公共汽车站衔接。商业建筑多在沿街建筑物的底层或负一层布局,利用人行走廊与临广场一侧的第一层和第二层进行连接。下沉式广场不仅连接地铁站与商业设施,更与周边建筑物共同构筑起具有区域特点的空间环境,不仅提高了轨道交通站域整体的空间设计水平,创造了吸引居民步行出行的空间环境,也进一步提升了城市公共空间的活力与吸引力。

3. 结合绿色开敞空间

城市绿色开敞空间是与人工建筑环境这一概念相对应的广义绿色空间体系。一般而言,城市绿色开敞空间包括城市广场、生态公园、滨河绿地、生态保护性绿地等多种形式。它承担着多种城市功能,包括生态保护、绿色景观以及生活休憩等,同时也是城市与自然环境之间进行能量、物质等交换的重要平台。将居民步行系统与区域范围内的绿色开敞空间在城市轨道交通站域进行科学整合,极大地丰富了步行系统周围的环境景观,使行人在出行过程中得到愉悦的体验,与此同时,也为居民提供了一个生活休闲和社会交往的公共平台,极大地提高了居民对于绿色开放空间的使用效率以及居民在步行出行过程中的满意度和舒适度。

以上海静安寺地铁站为例，静安寺站位于静安寺商业区，是上海地铁2号线和7号线的换乘站。便捷的交通使得这一区域内聚集了大量客流，故而站域在土地开发过程中以高密度、高强度的商业办公楼为主。在这些商业办公楼间建设绿色开敞空间（静安公园、东海休闲广场等），不仅实现了区域内绿色生态环境的自平衡，还通过步行系统有机连接了城市内的各功能区，丰富人们步行过程中的视觉体验，为居民的日常生活提供一个空间层次较为丰富、景观环境更为宜人的生活休憩空间，从而进一步提升步行出行的满意度。

4. 完善步行服务设施

居民对步行空间的感知不仅受外部环境的影响，而且与公共设施的服务水平息息相关。在居民步行的过程中，是否有完善便利的公共服务设施会对居民的出行满意度产生显著影响。可以说，良好的空间环境和人性化的步行设施对于提高步行出行的满意度具有重要意义。影响居民步行出行的相关服务设施非常多，本节重点从以下两个方面展开讨论，即街道家具的人性化设计和标识体系的科学精准引导。

1）街道家具的人性化设计

城市街道家具一般是指城市街道上各种类别的景观设施。可以说，它是服务城市生活、提升城市景观的一类公共生活道具，其功能类似于家庭中的各类生活家具。在服务和方便使用者的同时，要结合街道环境，共同营造出适宜步行的出行氛围。就步行出行而言，首先，它是一个动态的过程，城市步行道的设计需要考虑给行人一种流动的、前进的观感。科学的设计可以引导行人经过特定的路面，利用其形式的变化（包括路面铺装材质的变化、绿植的多样性等）使人们在行进过程中避免视觉疲劳，体验丰富的步行感受。其次，从静态的视角分析，人行道的设计还应该充分考虑行人在步行过程中的休息需求，这既可以通过变化人行道铺装设计，也可以通过设置休闲座椅、开放式小型休闲广场实现，甚至可以通过开展一些商业活动实现，使人们有“留下来”的想法与意愿，也使人们在心理上提高对出行环境的满意度。因此，在步行道上设置街道家具是非常必要的，它不仅能满足居民出行过程中的休憩需要，而且能在一些特定区域形成视觉节点与街道环境的有机结合。这样，具有丰富层次的立体式界面在行人与街道之间形成，从而成为行人与街道生活之间进行物质、信息交流的空间载体。在东京市的六本木地区，许多街道家具都是由一些世界级的著名建筑师设计的。这些街道家具在为该地区市民提供休闲、娱乐空间的同时，也已成为城市的美丽景观。

2）标识体系的科学精准引导

城市轨道交通大多在地下运营，因此，车站的出入口就成为其与外界进行沟通的唯一媒介。但是，与地面上的公交车站相比，轨道交通站点较为稀缺。特别是在城市边缘区，出行者如果对这一区域的路网系统缺乏了解，那么很可能需要花费较长时间才能到达轨道交通站点，从而选择车站数量更多的公交车出行。因此，一套科学精准的道路标识系统可以为乘客的日常出行提供清晰的指引，帮助乘客在出行过程中节省时间和精力。与之相对应的是，如果能够在轨道交通站点周边的主要干线道路上设置更为明显的车站引导标识，并在标识上明确到达车站的路线、距离等要素，那么将为居民出行带来极大的便利。轨道交通作为一种大运量、高效率的交通方式，做好标识体系的设计，将进一步吸引居民选择轨道交通作为其日常的主要出行工具。

6.5 天津市中心城区的空间环境响应

目前，天津市中心城区正处于轨道交通加速组网的关键时期。随着轨道交通的空间覆盖率不断提高，人们使用轨道交通出行的比率日益提升，轨道站域的步行出行环境也越来越受到关注。基于此，在城市轨道交通网络化发展的背景下，结合天津中心城区的空间环境特点与实际情况，构建轨道交通站域可步行性的评价体系，从而提出轨道交通站域以人为本的城市空间环境设计策略。

6.5.1 轨道交通站域的可步行性评价

出行环境的好坏是影响居民是否选择步行接驳轨道交通的重要因素，方便、安全、舒适、宜人的出行环境能够吸引更多的居民选择步行前往。但城市轨道交通站域的步行出行环境现状如何，能否满足居民的实际使用需求，需要对其进行科学系统的评价。因此，本节内容基于既有的相关研究，构建城市轨道交通站域的可步行性评价指标体系，并对天津地铁 2 号线开展实证研究，以期为城市轨道交通站域的空间环境设计提出策略建议。

1. 研究综述

后汽车时代，为鼓励绿色低碳出行，越来越多的城市政府开始关注步行环境的营造和改善，以推动城市的生态化、宜居性建设。澳大利亚道路交通管理局在系统研究了影响城市路网连通性、安全性、舒适性等相关因素的基础上，就改善居民步行的通达性等方面，出台了相关的城市步行设计指南（Road and Traffic Authority NSW，2002）。美国规划协会发布的《美国城市规划和设计标准》较为关注街道设计，认为它是引导居民步行出行的重要条件，也是完善城市功能的重要组成，这个标准通过大量图片和文字系统介绍了在街道设计中如何遵循以人为本的设计理念（American Planning Association，2006）。与此同时，美国交通部也出台了针对自行车和行人的政策指南（United States Department of Transportation，2011），重点强调如何改善街区步行环境。此外，美国纽约、芝加哥、洛杉矶、波士顿等城市也相继发布了街道设计指南。在欧洲和亚洲的一些国家，许多城市也纷纷出台了提升街道步行环境的设计指南。例如，伦敦、多伦多、阿布扎比、新德里等城市都制定了街道设计的相关导则，明确了方便、安全、舒适的步行设计原则，并对步行数据的收集要求做了相关说明。

近年来，相关学者在步行环境、步行出行行为等方面开展了大量卓有成效的研究，取得了丰富的理论研究成果。这些研究与公共卫生、交通工程、城市规划等领域紧密结合，形成了跨学科融合的研究趋势，并在研究方法、技术手段等方面取得了突破。

Krizek 等（2006）研究发现，科学合理地布局社区商业服务中心会显著增加居民选择步行出行的可能性，但社区商业服务中心是否在居民可接受的步行距离范围内以及步行距离的长短是影响居民是否选择步行出行的关键。Boatnet（2006）在其相关研究中发现，在影响居民步行行为的因素中，步行距离是最主要的，其次为邻里住区特征。也有部分学者将研究重点聚集于环境设施、人行道的设计以及街道景观设置等方面，以期能够吸引更多居民选择步行出行。Vojnovic 等（2006）研究发现，街道的通达能力、人们在步行过程中的安全感、步行环境的舒适性等是影响居民选择步行出行的重要因素。根据 Purciel 等（2009）的研究观点，吸引人们选择步行出行的城市外部空间应具有五个基本特征，即外部空间的可识别性强、外部空间的感知结构良好、街区尺度适合步行、行人视线通透和街道景观多样。根据 Cunningham（2005）的相关研究，对于步行环境而言，应通过做好街道功能提升、交通安全、景观设计、服务便利性等方面的相关工作，增强居民选择步行出行的可能性。Millington 等（2009）在研究中发现，街道的整洁和美观程度、居民的出行安全、步行沿线的建筑密度、各街道间的互通性、人行道建设情况、步行服务设施等因素对居民选择步行出行具有重要作用。根据街区的平均规模、小街区的数量、道路交叉口数量等指标，Doyle 等（2006）研究了街区的步行环境特征。周热娜等（2012）从 8 个方面研究了居住环境对居民步行出行的相关影响，分别为居住密度、土地混合利用情况、各街道相互连接情况、配套服务设施情况、环境景观设计、出行安全、步行指数及其他影响因素。通过问卷调查，卢银桃等（2012）从使用频率、多样性和距离衰减这三个维度，系统分析了不同服务设施布局对居民步行行为产生的影响，从而形成了基于日常服务设施布局的步行出行评价方法。

对于地铁站域的步行出行环境，国际上开展了一系列理论和实践的相关研究。Sherman（2001）在系统分析了步行出行对城市环境、交通系统所带来的益处的基础上，将位于市中心、郊区和远郊 3 个圈层不同类型的地铁站进行了对比分析，从步行连续性、安全性和空间环境设计等方面研究了不同区域的步行状况，并提出了相应的具体措施来改善步行出行体验。Chang（2005）根据路网密度、交叉口数量和绕路系数（PRD）等评价指标，比较分析了以公共活动中心为中心的 3 个临近街区：纯网格式街区、常规尽端路网街区以及二者的组合街区，并对这 3 个街区的步行可达性进行了评价。Hale 等（2010）在华盛顿地区通过现场调查和问卷调查相结合的方式，对这一地区 8 个不同类型的地铁站周边区域进行研究，深入探讨居民步行前往这 8 个地铁站点的情况以及站点周边的土地使用密度、路网结构、车站布局等因素对居民步行出行的影响。陈泳等（2012）以上海市轨道交通为例，分别从居民步行至地铁站点的距离、步行至地铁站点所花费的时间、步行过程中的心理感受三个维度，系统研究了地铁站点周边步行环境的优劣。结果表明，乘坐轨道交通的居民最为关心的是出行环境的便利性，其次为街区尺度大小以及居民在主要道路交叉口的等候时间，此外，步行过程中的连续性与安全性也对行人的时空感知产生一定的影响。

通过以上的分析可以看出，基于不同的研究视角，学者们关注步行出行的方面不同。从事交通规划的研究人员更为关注步行的出行特征，他们重视城市形态对居民步行出行的作用机理，例如街道网络的特征、土地利用情况以及区域内的人口密度等因素，基于定量分析方法探索这些因素及其相互间对步行出行的影响，为评估步行环境提供定量判断依据。而从事城市设计的研究人员更为关注步行体验，从微观视角出发分析城市设计因素对步行活动和体验的作用机理，判别街道步行环境质量对居民出行的影响。他们认为，微小而可感知的城市环境特征对居民步行活动的影响更为显著，但他们却很难对其进行客观测度和评判。

与此同时，关于城市步行环境和步行行为的相关研究逐渐从早期关注城市土地利用对交通的影响（特别是土地混合利用情况、街道连通性等因素对不同交通出行模式选择的影响），开始向当前更为关注人的心理转变。近些年，学者们越来越关注居民的步行心理和行为，他们从步行环境设计、步行品质提升等不同研究视角出发，对影响居民选择步行出行的相关因素开展调查。因此，本节内容从行人对空间环境的现实需求出发，整合宏观的城市路网形态分析结果和微观的城市设计实地调查，构建相关指标体系用以评估轨道交通站域的步行环境，然后采用熵值法和简单加权法对各站域的步行环境进行排序，发现其中存在的问题，为改善轨道站域的步行环境提供借鉴与参考。

2. 指标体系

人们选择轨道交通出行，通常是因为其具有高效、准时、安全等优点。轨道交通站域与其他地区的步行环境相比，行人更加关注其步行的可达性，即行人在步行过程中从起点到目的地的难易程度。在这个过程中，步行行为不仅受到出行的距离、时间等影响，而且步行环境质量也会对行人的出行心理产生影响，作用于他们对于时空的感知。也就是说，人们对步行空间环境的满意度越高，他们就越会倾向于选择步行出行，步行环境的客观特征最终通过行人的主观感知作用于居民的出行选择。但是，步行过程中的单个或局部环境因素（例如人行道两侧的绿化情况、交叉口数量等）一般不会对居民步行产生直接影响，它是通过多个相关环境要素的相互融合，形成诸如安全感、舒适感等性能感知，从而影响居民对于步行出行的满意度。基于既有的相关研究，综合考量轨道交通站域步行环境的影响因素，本节从安全性、便捷性、连续性和舒适性四个维度，构建轨道交通站域步行环境评价的指标体系（表 6-5）。

表 6-5　轨道交通站域步行环境评价指标体系

第一层次	第二层次	第三层次	打分因子
城市轨道交通站域步行环境评价	安全性	人行道铺设	独立设置且不被占用(5) 独立设置偶尔被占用(4) 独立设置经常被占用(3) 非独立设置，与非机动车共用(2) 非独立设置，与机动车共用(1)
		夜间照明	照明良好，光线明亮(5) 偶尔不亮，光线昏暗(4) 偶尔明亮，光线不充分(3) 有路灯，但基本不亮(2) 无路灯(1)
		标识内容	数量众多，内容丰富(5) 数量较多，内容清晰(4) 数量适中，指示明确(3) 数量较少，内容简单(2) 无标识(1)
	便捷性	绕路系数	$L_{步行}/R$
		街区边长(m)	$L_1+L_2+\cdots+L_n/n$
		交叉口密度(个/km²)	$N/\pi R^2$
		道路网密度(km/km²)	$L_a+L_b+\cdots+L_n/\pi R^2$
		最近公交站点距离(m)	
	连续性	等候系数	$T_{等候}/T_{步行}$
		交叉口总数(个)	
		红灯等候总次数(次)	
		大于 1 min 红灯等候次数(次)	
	舒适性	沿街商业数量	数量众多，连续设置(5) 数量较多，非连续设置(4) 数量一般，偶尔设置(3) 数量较少，零星设置(2) 没有设置(1)
		沿街商业品质	品质高端(5) 品质较高(4) 品质一般(3) 品质较低(2) 品质低下(1)
		绿化环境	层次丰富，品质宜人(5) 层次较丰富，品质尚佳(4) 植被单一，品质一般(3) 植被单一，品质欠佳(2) 无绿化，品质较低(1)
		步道通行能力	步道宽阔，行走宽敞(5) 步道较宽，行走舒适(4) 步道适中，行走得宜(3) 步道较窄，行走不便(2) 步道狭窄，行走拥挤(1)

在这些指标中,便捷性指行人所感知的步行至地铁站点的方便程度,即人们在步行过程中对距离、时间等的感知体验,它主要受站点周边路网情况以及换乘其他交通方式的便利性的影响。为表征便捷性,本节选取绕路系数、街区边长、交叉口密度、道路网密度、最近公交站点距离这五个指标。一些研究发现,人们前往轨道交通站点的理想步行时间在 10 min 以内(潘海啸等, 2012)。根据行人 4.8 km/h 的平均步行速度, 10 min 的步行距离大约为 800 m。本节选择以轨道交通站点为圆心、800 m 为半径的空间范围作为研究区域。参照 Hess(1997)计算地铁站域绕路系数的研究方法,相关步骤如下。首先,将圆分成八个象限,在这八个象限内,随机选择一条与圆相交的街道作为步行终点。其次,从圆心开始,以最短的路径前往终点,分别计算这八个象限内的最短步行路径($L_1, L_2, \cdots, L_8$)。再次,将这八个象限内的最短步行路径加总后除以 8,从而获得 PRD 值。街区边长为所有街区边长的平均值。交叉口密度指轨道交通站域内,交叉路口的数量总和除以站域用地面积。道路网密度指轨道交通站域内,各条道路长度求和后与站域用地面积的比值。最近公交站点距离指地铁站点距离最近公交车站的实际行走距离。

影响居民步行出行的因素中,出行时间是影响居民步行出行的一项非常重要的因素。通常情况下,居民的步行活动是较为连续的,但是,受十字路口红绿信号灯的影响,居民整体的步行时间将延长。可以说,连续性是反映步行过程中居民步行时间的一个重要因素,在这里,选择四个指标来对其进行表征:等候系数、交叉口总数、红灯等候总次数、大于 1 min 红灯等候次数。根据 Gehl(2009)的步行实验,其计算步骤如下。首先,以轨道交通站点为起点,随机选择三条步行路径。其次,从轨道站点开始,沿前述选定的三条路径步行至圆弧相交处,然后再返回起点,并记录往返总时长和等候红灯所花费的时间等信息。再次,对上述活动重复三次,并取三次花费时间的平均值。最后,计算每条路线在所经过的交叉口的等待时间($t=t_1+t_2+\cdots+t_n$),通过将交叉口的等候时间 t 除以平均总步行时间 T,可获得相应的 WTI 值。交叉口总数是所选步行路径中的交叉路口数量的总和,这一指标能够反映行人在步行过程中在路口可能需要等候的总次数。红灯等候总次数是所选步行路径中的实际等待总次数。

安全性和舒适性这两个指标是居民步行出行过程中心理感知和体验的度量因子。安全性是人们选择步行出行的最基本要求,而舒适性则是人们选择步行出行的较高水平的要求。安全性指人们在步行出行过程中所感受到的受保护情况,它受照明、路牌指引、步行道设置等要素的影响,因此,选择人行道铺设、夜间照明、标识内容三个指标来进行表征。由于行人很难定量评价这三个指标,因此,使用李克特量表对其进行评分,分为五个级别的语义描述:非常满意、满意、一般、相对不满意、非常不满意,并给出相应的计算得分: 5、4、3、2、1。

舒适性指居民在步行过程中感受到的便利性与愉悦性,其影响因素包括沿街配套的生活服务设施、绿化环境、步行道的舒适性和街道景观设计等,因此,选取沿街商业数量、沿街商业品质、绿化环境、步道通行能力四个指标来对其进行表征。同样地,也使用李克特量表对其进行评分,五个级别的语义描述为非常满意、满意、一般、相对不满意、非常不满意,分别对应相应的计算得分:5、4、3、2、1。

3. 评价方法

如上所述,评估城市轨道交通站域的步行环境需要考虑多个影响因素,这些不同的指标,有的可以通过定量赋值的方式来测度,而有的指标,如安全性、舒适性等,则很难通过给予定量值的方式衡量。有鉴于此,需要通过多准则评价方法来解决此类问题。轨道交通的建设和运营成本高昂,在线路设置过程中很难覆盖城市的各个角落,因此轨道交通车站属于一种相对稀缺的城市公共资源。样本数量的不足使得对数据量要求较高的评价方法很难被采用。因此,本节采用一种多目标综合评价方法,通过熵值法确定各指标的权重值,再通过简单加权法对各备选方案进行综合打分,进而确定各备选方案的排名。

1)熵值法确定评价指标综合权重

熵值法是一种客观确定指标权重的方法。它可以从获取的基本数据中测量有用信息量的大小,并按照定量分析与定性分析相结合的方式计算得出数据的综合指数。因此,熵值法可以准确反映轨道交通站域步行环境评价指标数据所包含的信息量,并且可以消除主观赋权方法中的主观偏差。为了解决不同指标间量纲不同的问题,首先需要对轨道交通站域步行环境评价指标数据开展标准化处理。

首先,$P=(p_{ij})_{m\times n}$,且

$$p_{ij}=\frac{x_{ij}-\min\limits_{i}\left\{x_{ij}\right\}}{\max\limits_{i}\left\{x_{ij}\right\}-\min\limits_{i}\left\{x_{ij}\right\}},\ i=1,2,\cdots m,\ j=1,2,\cdots,n \tag{6-1}$$

然后计算各指标的熵值。定义 H_j 的熵值为,

$$H_j=-k\sum_{i=1}^{m}r_{ij}\ln r_{ij},\ j=1,2,\cdots,n \tag{6-2}$$

其中,$r_{ij}=\dfrac{P_{ij}}{\sum\limits_{i=1}^{m}p_{ij}}$,表示对象 i 对指标 j 的贡献。当 $r_{ij}=0$,$\ln r_{ij}=0$ 时,系数 $k=1/\ln m$。

最后,可通过以下公式计算最终权重,

$$\omega_j=\frac{1-H_j}{n-\sum\limits_{j=1}^{n}H_j},\ j=1,2,\cdots,n \tag{6-3}$$

可见,各目标值之差越大,熵值越小,信息效用越高,指标权重越大。

2)简单加权法(SAW,simple additive weighting)

简单加权法,也称加权和法,是一种目前广泛使用的多属性决策方法(Yeh 等, 1999)。其基本原理是计算每个备选方案在所有属性上的得分评价的加权和(Chang 等, 2001)。该方法需要规范化决策矩阵($\boldsymbol{X}$),以便为规范化决策矩阵中的所有数据提供一个可比较的分值。

$$t_{ij}=\begin{cases}\dfrac{x_{ij}}{\max\limits_{i} x_{ij}}, \text{ if } j \text{ is a benefit attribute}\\ \dfrac{\min\limits_{i} x_{ij}}{x_{ij}}, \text{ if } j \text{ is a cost attribute}\end{cases}, i=1,2,\cdots m, j=1,2,\cdots,n \tag{6-4}$$

式中，t_{ij}（$0\leqslant t_{ij}\leqslant 1$）定义为备选方案 A_i 对属性 C_j 的标准化得分。标准化过程以线性（比例）方式转换所有得分，以便各指标得分的相对数量级保持相等（Wang，2015）。

每个备选方案的总体偏好值（V_i）可以通过下式计算得出，

$$V_i=\sum_{j=1}^{n}\omega_j r_{ij}, i=1,2,\cdots m \tag{6-5}$$

总体偏好值 V_i 越大，则越倾向于选取方案 A_i。

4. 实证研究

基于上面介绍的熵值法和简单加权法，对天津地铁 2 号线各站域的步行环境进行综合评价。

1）基础数据

天津地铁 2 号线西起西青区的曹庄站，东至东丽区的天津滨海国际机场站，2014 年 8 月建成通车，目前每天的客流量超过 30 万人，是中心城区轨道交通网络系统中的东西主干线。大量的人流可以确保乘客来源的多样性和出行频度的差异性。本节以地铁 2 号线的 20 个站点为研究对象，以站点为圆心、800 m 半径为研究范围。通过空间环境注记与问卷调查相结合的方式收集基础数据。其中，对于便捷性指标和连续性指标，根据路网情况进行分析和计算；对于安全性指标和舒适性指标，则随机选择站域内的 5 条城市道路作为评价对象，结合问卷调查和实地观察对其进行记录和评分，从而计算出平均得分。表 6-6 显示了变量的相关数据描述。

表 6-6 输入变量说明

变量	Min	Max	Mean	SD
绕路系数	1.18	2.12	1.37	0.43
街区边长（m）	139	533	295.29	83.5
交叉口密度（个/km²）	2	33	15.71	7.5
道路网密度（km/km²）	3.11	9.32	6.01	1.32
最近公交站点距离（m）	33	769	188.93	16.5
等候系数	0.11	0.27	0.18	0.02
交叉口总数（个）	1.67	6	3.76	1.33
红灯等候总次数（次）	1.67	4.67	3.36	1.17
大于 1 min 红灯等候次数（次）	0.67	2.33	1.55	0.33
人行道铺设	1	5	3.64	1.25
夜间照明	1	5	4.14	0

续表

变量	Min	Max	Mean	SD
标志内容	1	3	1.29	1
沿街商业数量	1	4	1.93	0.5
沿街商业品质	1	3.5	1.75	0
绿化环境	1	5	2.54	0
步道通行能力	1	5	3.38	1.75

2）轨道站域的可步行性评价

首先，将收集到的基础数据通过熵值法确定各指标的权重。根据公式（6-2），计算方案指标的熵值 H_j，相应的计算结果如表 6-7 所示。

表 6-7　各指标的熵值 H_j

H_1	H_2	H_3	H_4	H_5	H_6	H_7	H_8
0.835 4	0.925 9	0.939 4	0.945 1	0.868 4	0.961 1	0.960 3	0.962 6
H_9	H_{10}	H_{11}	H_{12}	H_{13}	H_{14}	H_{15}	H_{16}
0.953 8	0.961 3	0.974 0	0.404 9	0.793 6	0.732 2	0.904 7	0.945 0

在得到各指标的熵值 H_j 后，根据公式（6-3）计算各备选方案的熵值 ω_j，计算结果如表 6-8 所示。

表 6-8　备选方案的指标熵值 ω_j

ω_1	ω_2	ω_3	ω_4	ω_5	ω_6	ω_7	ω_8
0.085	0.038	0.031	0.028	0.068	0.020	0.021	0.019
ω_9	ω_{10}	ω_{11}	ω_{12}	ω_{13}	ω_{14}	ω_{15}	ω_{16}
0.024	0.020	0.013	0.308	0.107	0.139	0.049	0.028

在计算得到各指标权重的基础上，根据公式（6-4）和公式（6-5），计算得到各方案的综合得分 V_i，计算结果如图 6-16 所示。

3）结果分析

根据地铁 2 号线各站点的可步行性评价结果，将其划分为四个梯度。其中，东南角站和西南角站被列为第一梯度，表明这两个站点最适宜步行；天津站站、天津滨海国际机场站、广开四马路站、远洋国际中心站、曹庄站、鼓楼站被列为第二梯度，表明这六个站点的可步行性较好；咸阳路站、建国道站、登州路站、长虹公园站、空港经济区站、靖江路站、顺驰桥站、芥园西道站、屿东城站被列为第三梯度，表明这九个站点的可步行性处于较为一般的水平；卞兴站、翠阜新村站、国山路站被列为第四梯度，表明这三个站点的可步行性较差，需要进一步改善。在对上述站点进行总体评估和分类的基础上，本节从这四个梯度中分别选择每个梯度中排名第一的站点进行对比分析(表6-9),以归纳提炼出影响站域可步行性的相关因素。

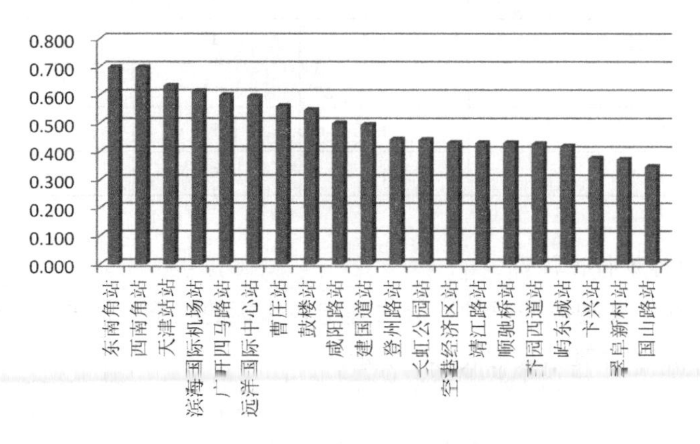

图 6-16 天津地铁 2 号线各站点的可步行性综合得分

表 6-9 各梯度代表性站点得分比较

梯度等级	站名	便捷性	连续性	安全性	舒适性	总分
1	东南角站	0.728	0.434	0.543	0.904	0.698
2	天津站站	0.680	0.443	0.674	0.598	0.632
3	咸阳路站	0.683	0.431	0.379	0.502	0.500
4	卞兴站	0.530	0.616	0.320	0.253	0.376

(1)在便捷性方面,四个典型站点的得分结果如表6-10所示,综合得分由高到低依次为东南角站、咸阳路站、天津站站、卞兴站。步行作为接驳城市轨道交通最主要的交通方式,其与轨道交通之间衔接的便捷性,直接影响着居民步行出行的空间距离。4个典型站点的绕路系数与街区的路网形态指标密切相关,如图6-17。在城市中心小街阔、密路网的东南角站,其站点地区的绕路系数低于街区尺度稍大、道路网密度稍小的咸阳路站,更明显低于城市外围大街坊、宽马路的卞兴站。同样位于城市中心的天津站站由于其综合交通枢纽的功能属性,周边地区多为交通场站用地,天然地分隔了城市道路交通体系。因此,天津站站周边的非交通用地虽然亦是采用小街阔、密路网的道路组织模式,但交通场站的天然分隔影响使其绕路系数大于交叉口密度和道路网密度稍低的咸阳路站。同时,较小的街区尺度为居民的步行出行提供了多种选择,较短的出行距离有效覆盖了所有的出行方向。而在卞兴站,站点800 m的空间影响范围仅能有效覆盖8个象限中的7个,其西北象限内的用地难以通过步行达到轨道交通站点,这就容易使得居民因步行接驳轨道交通的距离过长而选择其他交通方式出行。

表 6-10　天津地铁 2 号线典型站点的便捷性指标

站名	绕路系数（PRD）	街区边长（m）	交叉口密度（个/km^2）	道路网密度（km/km^2）	距离最近公交站点距离
东南角站	1.28	175	33	9.32	158
天津站站	1.37	139	26	7.46	189
咸阳路站	1.31	220	19	6.97	76
卞兴站	1.42	280	12	5.72	769

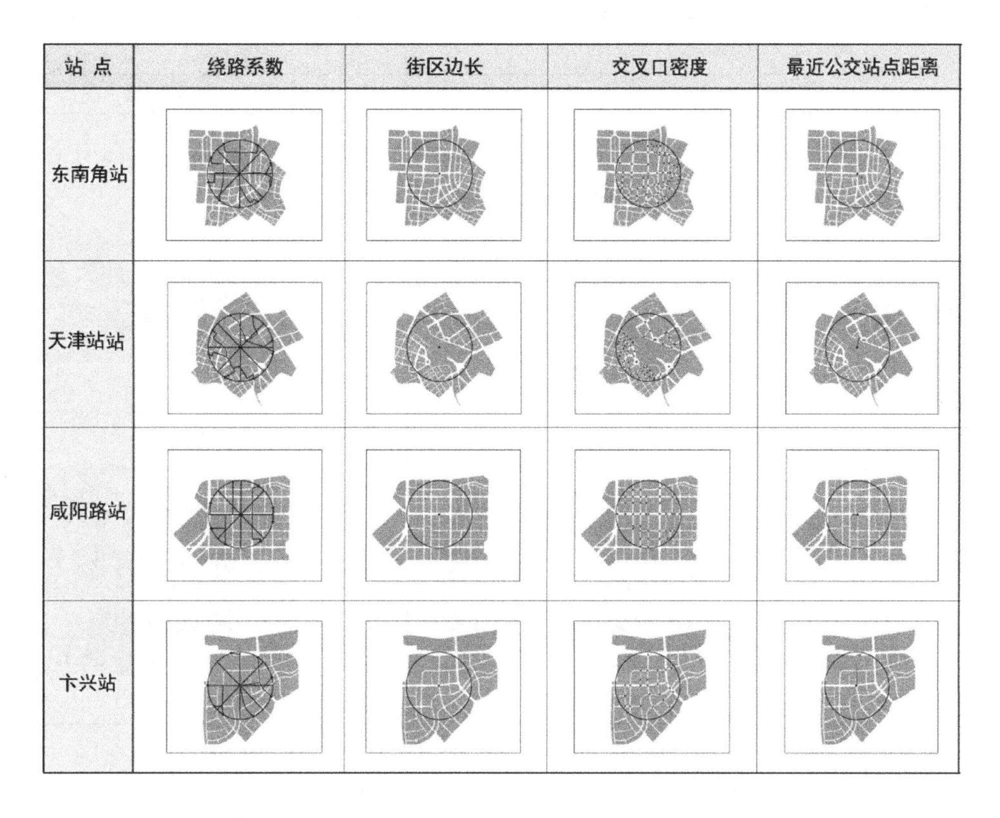

图 6-17　天津地铁 2 号线典型站点周边街区路网形态

（2）在连续性方面，四个典型站点的得分结果如表 6-11 所示，综合得分由高到低依次为卞兴站、天津站站、东南角站、咸阳路站。除出行距离外，出行时间也是影响居民出行方式选择的重要因素。自由状态下，居民的步行行为是连续不间断的，然而在路途中，受道路交叉口处红灯的影响，整个步行时间会延长。计算结果显示，卞兴站的交叉口总数较少，红灯等候总次数明显少于其他站点，因此等候系数相对较小。此外，图 6-18 对于各站点周边步行网络的分析结果显示，天津站站的地下步行体系十分发达，不仅其可步行的空间范围大，而且其与地面的交通联系十分便捷，共有 10 个地面出入口。排名第三的东南角站，除了地面、地下的步行网络外，还有两座立体过街天桥架设在车流量、人流量较大的城市干道上。相较于咸阳路站而言，天津站站和东南角站都形成了立体化的步行网络体系，使得出行等候时间减少。

表 6-11　天津地铁 2 号线典型站点的连续性指标

站名	等候系数(WTI)	交叉口总数	红灯等候总次数	大于 1 min 红灯等候次数
东南角站	0.173 6	5.33	4	1.67
天津站站	0.169 2	5	4	1.67
咸阳路站	0.192	4.33	3.67	2.00
卞兴站	0.154 2	3	2.33	1.33

扫二维码看大图

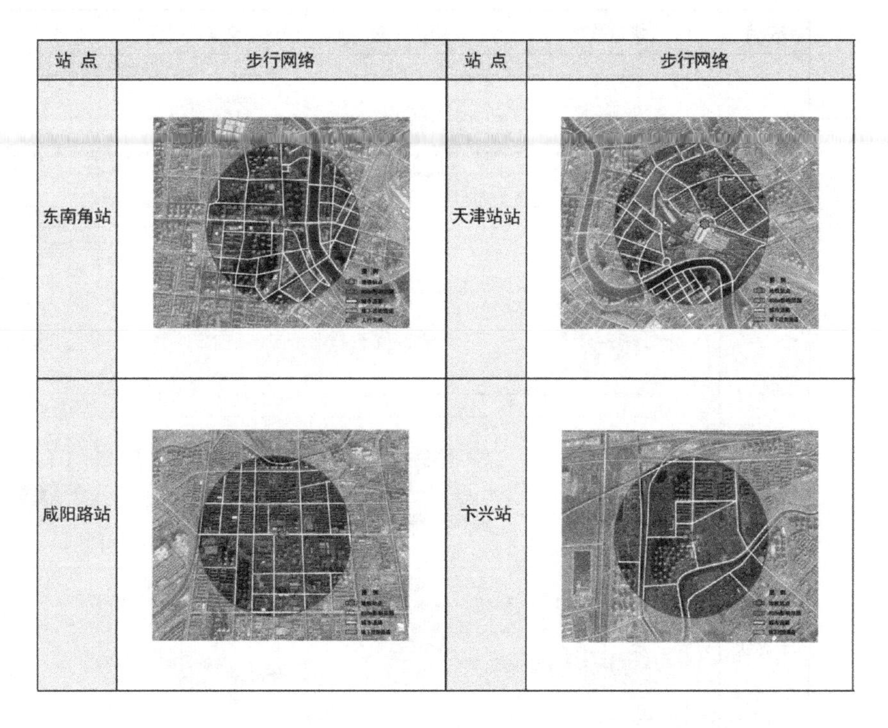

图 6-18　天津地铁 2 号线典型站点周边的步行网络

(3)在安全性方面,四个典型站点的得分结果如表 6-12 所示,综合得分由高到低依次为天津站站、东南角站、咸阳路站、卞兴站。步行心理是人们对站域步行环境的感知与评价,其满意程度会潜在地影响人们对步行行为和路径的选择。安全舒适的步行环境会增加居民出行的愉悦感,降低其对于出行时间的要求。计算结果显示,标志内容对安全性影响最为显著,由于城市其他建筑物、构筑物的遮挡,当地铁站出入口不在居民的视线范围内时,出入口的标识指引就至关重要,它的设置可以减少居民的找寻时间,增强出行的安全感。图 6-19 的调研照片显示,东南角站与天津站站有着明确的指引标识,但咸阳路站与卞兴站的站域范围内却并未发现地铁指引标识。此外,从站点周边道路的横断面可以看出,除卞兴站外,其他 3 个站点的周边道路都对人行道进行了独立设置,但天津站站却经常出现人行道被机动车占用等情况,这对居民行走过程中的安全性感知亦产生了一定的影响。

表 6-12　天津地铁 2 号线典型站点的安全性指标

站名	人行道	夜间照明	标志内容
东南角站	4.5	5	1.5
天津站站	3.5	4	2
咸阳路站	4	4	1
卞兴站	1	1	1

扫二维码看大图

图 6-19　天津地铁 2 号线典型站点周边的道路断面及标识性

（4）在舒适性方面，四个典型站点的得分结果如表 6-13 所示，综合得分由高到低依次为东南角站、天津站站、咸阳路站、卞兴站。居民对于步行出行的空间感知除了受其所在外界环境的影响之外，还与相配套的步行服务设施的完善程度密切相关。精心设计的服务设施可以增强居民步行出行的愉悦感，提高生活空间的环境品质，对于步行出行率的提升有着重要意义。计算结果显示，沿街商业数量、品质对舒适性的影响较为显著。以东南角站为例（图 6-20），其站点周边商业类型丰富且装修良好，底层透明的商业橱窗界面在吸引顾客的同时，也以宜人的空间尺度营造了良好的步行出行环境。

表 6-13　天津地铁 2 号线典型站点的舒适性指标

站名	沿街商业数量	沿街商业品质	绿化环境	步道通行能力
东南角站	3.5	3.5	3.5	4.5
天津站站	3	2	2	2.5
咸阳路站	2	1.5	3	3.5
卞兴站	1	1	1	1

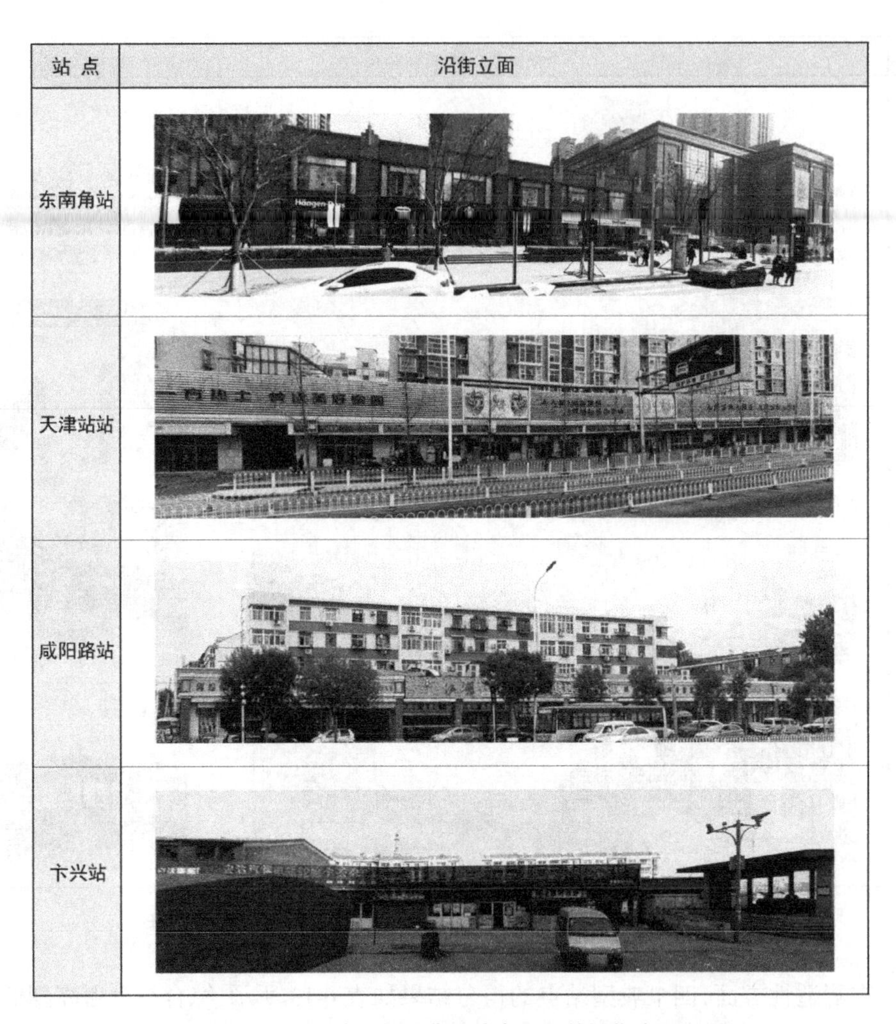

图 6-20　天津地铁 2 号线典型站点周边的沿街商业立面

6.5.2　轨道交通站域的空间环境设计

本节基于上文开展的轨道交通站域可步行性评价，针对天津中心城区的现实情况，提出空间环境的设计策略。

1. 加强城市支路建设，减少步行绕行距离

城市道路网具有清晰的层次结构以及明确的功能定位。高等级道路（包括快速路和城市主干道路）主要强调速度和通行能力，而低等级道路（包括城市次干道路和支路）主要强调到达性。《城市综合交通体系规划标准》（GB 51328—2018）明确规定了干线道路网络密度，在城市交通系统中，城市主干道路是城市的主体架构，将城市用地进行大尺度分隔，而支路的建设则提升了城市用地间的联系，可以说是影响城市街区尺度的一个关键要素。因此，为了提高居民在中心城区轨道交通站域的步行便利性，有必要加强支路系统的建设，从而降低街区尺度，实现 PRD 的缩小，丰富居民出行方式的选择。同时，对于地铁站点周边的居住社区道路，可以将其作为城市支路的重要补充，使其成为城市步行网络系统的重要组成。

2. 构建立体步行网络，降低步行等候时间

日本、欧洲和美国的相关研究表明，行人过马路时，当等待信号灯的时间超过 45 s 后，行人的违章行为会急剧增加，这极易引发安全事故。在德国，其道路通行能力手册中规定，在所有的交通信号系统中，行人过马路的延迟时间都应低于 1 分半钟（熊文等，2009）。该研究所进行的关于轨道交通站域步行满意度影响因素的实证研究成果显示，居民可以忍受的最长红灯等候时间大致在一分半钟以内，只有不到 20% 的居民在受访时表示他们可以忍受一分半钟以上的红灯等候。但是，在现实生活中，某些车站附近的信号灯等候时间甚至超过 2 min，这不仅极大地影响了居民步行出行的连续性和满意度，而且使得很多居民为了能够快速通过马路，常常选择闯红灯。因此，在城市轨道交通站域，一方面需要进一步加强支路建设，提升各街区间的连通能力，另一方面也需要增加过街天桥、地下通道和其他的辅助过街方式的数量，构建起立体化的行人出行系统，缩短居民的步行出行距离和出行时间。通过建设立体化的“轨道 + 步道”网络系统，从地下、地面和地上三个维度将步行系统各要素进行有机整合，从而构建一个具有连续性、安全性、友好性的步行网络系统。这样，城市轨道交通不仅可以通过垂直交通系统与周围的建筑物相连，而且可以通过地下通道、地面道路和空中走廊与之连通。由于大多数轨道交通车站设置在地下，乘客在出站后可以通过地下通道直接前往与站点相连的地下商业购物中心，这不仅提升了轨道交通对居民的吸引力，而且还进一步地将交通人流转换为消费客流，为商城培育更多的潜在顾客。就地面步行系统而言，为了确保居民出行的连续性和舒适性，所有街道需建设宽于 3 m 的人行道。但是，城市中心区域内的轨道交通站点相较外围地区而言，其人流更为集中与密集，因此在这一区域内应建设更宽的人行道，并在人行道旁做好室外座椅及相关街道家具的配置。通常，人行横道应设置在有交通信号控制的交叉路口，而一些交通量较大或者交通组织管理较为复杂的区域，可以设置人行过街天桥或地下过街通道，从而实现人流与车流的有效隔离，避免其互相干扰。然而，从使用者的角度来看，这对于残疾人或者携带行李和儿童的行人来说非常不便，因此，过街天桥的楼梯应多设计为线性式，缩短行人的步行距离。同时，当落差超过 1.5 m 时，建议设置自动扶梯。对于地下过街通道，其入口和通道应尽量做好通风和照明，以确保行人的出行安全。

以营口道地铁站为例，它位于天津市和平区滨江道，是中心城区地铁1号线与3号线的换乘站。该地区为天津市重要的商业中心，地价较高，供机动车停放的停车位相对较少，公共交通成为人们日常出行最重要的方式。基于该地区的经济发展状况以及大量集聚的客流，营口道站成为中心城区内客流量最大的地铁站。依托营口道地铁站，其周边形成了一个完整的步行网络系统，在这个系统中，地下通道、地面步行道以及地上过街天桥互相配合，服务居民的步行出行。营口道站有4个出入口，它们连接着周边的公共建筑，一些大型购物中心通过步行网络与营口道站形成了一个相互衔接的有机整体。在地面上，这一区域的路网密度相对较大，为居民的步行出行提供了多种选择。同时，在这一区域的常规公交站点地区设置了两座人行天桥，使其直接与两侧的大型购物中心相连。立体化的行人和车辆分流模式显著提高了步行的便利性和安全性，为站点两边的购物中心培育了大量客流。

3. 合理分配城市路权，改造道路绿化景观

根据城市道路功能，可以将轨道交通站域的城市道路划分为四类，分别为交通性道路、商业性道路、生活性道路和景观性道路。不同类别道路的横断面需要分别进行设计，以确保居民步行出行的路权配置，丰富道路两边的绿化设计，提高居民步行出行的满意度。

1）交通性道路

以推动车辆的快速、大量通过为主要功能的快速路、主干道及其他交通道路，一般适于市区间的长途交通运输，这类道路具有承载交通流量大、行车道多、行车道宽的特点。本节以南开区复康路为例，阐释相关路段的改造意向（图6-21）。为确保机动车能够快速有序通行、步行与自行车能够安全出行，可以将机动车与非机动车做好物理分隔，统一人行道与自行车专用道的高程设计。同时，也可以在人行道一侧种植乔木、灌木、草丛等多层次、立体化的绿植，形成连续的慢行走廊。

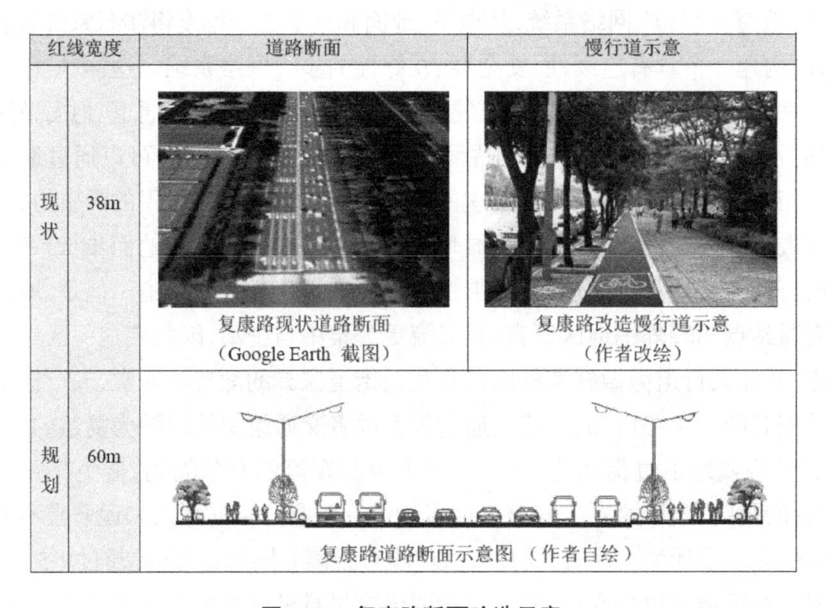

红线宽度
道路断面
慢行道示意
现状
38m
复康路现状道路断面
（Google Earth 截图）
复康路改造慢行道示意
（作者改绘）
规划
60m
复康路道路断面示意图 （作者自绘）

图6-21 复康路断面改造示意

2）商业性道路

商业性道路两旁较为发达的商业设施吸引了大量客流，使得道路上的人流密度、车流量始终呈现较大状态，高峰特征并不显著。这不仅对道路的通达性和路权分配提出了更高要求，而且还使得步行的出行空间需要被特别注意。本文选取和平区的南京路为例，阐释相关路段的改造意向（图 6-22）。作为天津市商业中心内的重要道路，其人流量在全天时段内均较为集中，因此人行道应尽量设置得较为宽阔，并应在人行道旁设置供行人休息的座椅和相关街道家具。此外，可以与轨道交通站点相结合，在其周边设置人行天桥直接与购物中心的二楼相连，这样既能方便居民的步行出行，也能吸引乘客前往购物中心。

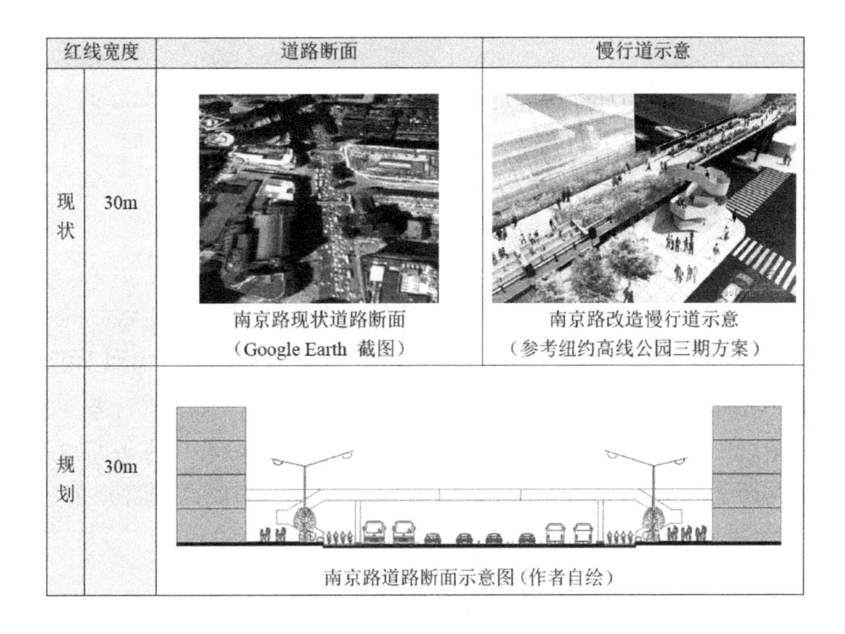

图 6-22　南京路断面改造示意

3）生活性道路

生活性道路的主要功能是满足居民在日常生活中的出行需求，其道路交通的主要特点为非机动车通行和步行出行相对较多，且多为上下班、上下学等日常通勤出行。同时，道路两侧建筑物内的商业、休闲娱乐功能可吸引居民前往，带动一定规模的购物、餐饮和其他生活交通出行。因此，为了便利居民的日常出行，在生活性道路的设计上，一般需设置更为宽阔的非机动车道及人行道供居民使用。本文以河西区珠江路为例，阐释相关路段的改造意向（图 6-23）。在道路设计上，增加了公交专用道以提高公交车的行驶速度。同时，考虑到该路段上有大量的自行车通行和行人出行，所以设置了专用的自行车道并通过绿色分隔带有效地将其与机动车道、人行道隔开，以此避免机动车、自行车、行人的相互干扰，形成安全安静的步行环境。

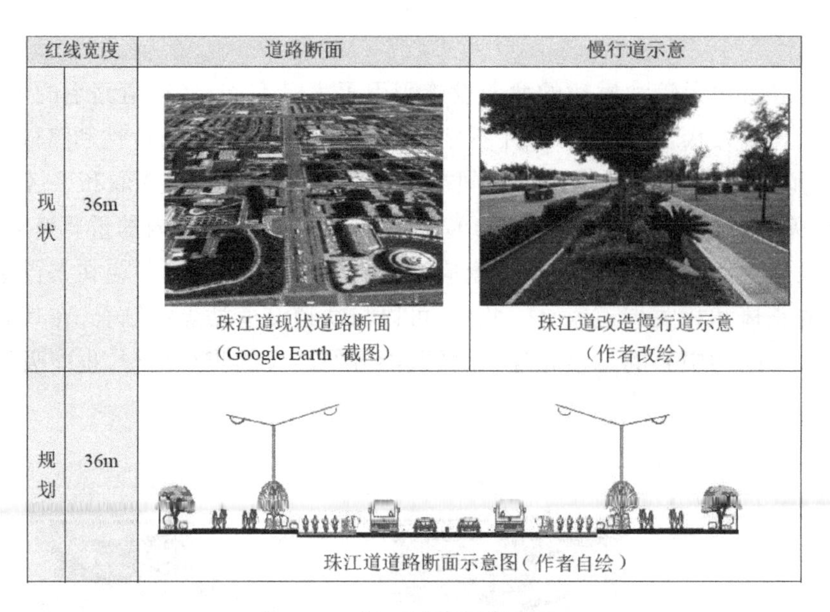

红线宽度
道路断面
慢行道示意
现状
36m
珠江道现状道路断面
（Google Earth 截图）
珠江道改造慢行道示意
（作者改绘）
规划
36m
珠江道道路断面示意图（作者自绘）

图 6-23 珠江路断面改造示意

4）景观性道路

景观性道路的主要功能是强调沿线的绿色景观并反映城市重要路段的风貌特征。通常，景观性道路两侧的绿化带能够为行人提供休闲、散步的活动场所，所以可以将其设计成与居民步行通道相结合的开放式绿地，并根据自然条件的具体情况进行差异化布局。本文选取河西区的紫金山路为例，阐释相关路段的改造意向（图 6-24）。在道路设计过程中因充分考虑位于道路西侧的卫津河的滨水自然生态景观，增加了道路西侧路旁绿化带的宽度，同时为方便行人在步行过程中欣赏河景，在道路西侧增加了一条步行道。

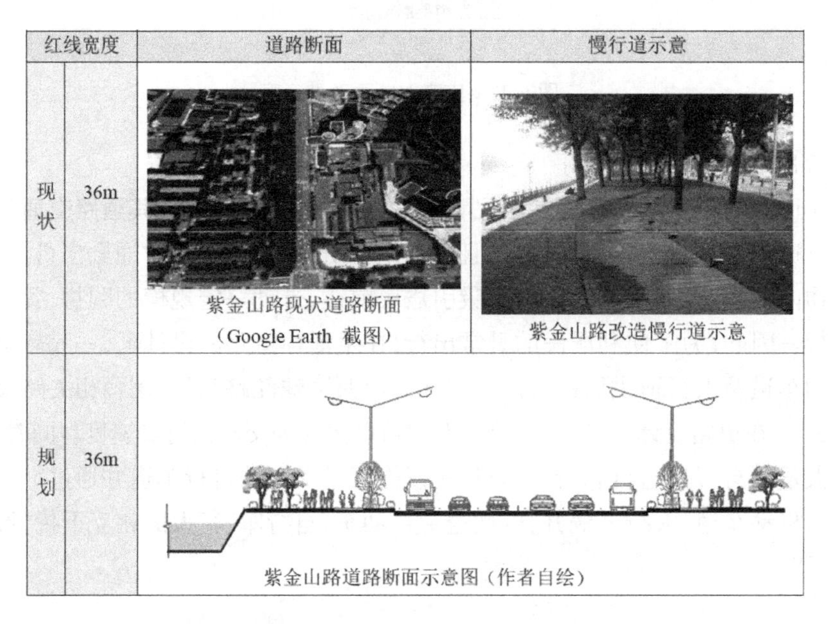

红线宽度
道路断面
慢行道示意
现状
36m
紫金山路现状道路断面
（Google Earth 截图）
紫金山路改造慢行道示意
规划
36m
紫金山路道路断面示意图（作者自绘）

图 6-24 紫金山路断面改造示意

4. 丰富道路沿街界面，增加立体绿化方式

居民在步行过程中对于空间的感知常常受到道路两旁建筑界面的影响。通过对比处理建筑物底部和上部立面，可以显著提高建筑界面的可访问性，并降低步行过程中建筑物对居民产生的视觉压迫。因此，可以将轨道交通站域道路两侧的底层建筑与商业结合起来，方便居民在步行过程中购物、休憩。同时，建筑物在街道两侧的布局应尽可能一致，以形成美观、连续的街道界面，提升居民的步行体验。本文选取天津地铁 2 号线的鼓楼站为例，对相关情况进行阐释。鼓楼站与南开大悦城相连接，大悦城前的步行广场宽度约为 10 m，广场两侧的商业界面多用透明玻璃装饰，这不仅吸引了乘客观察店铺内的商品，还创造了良好的步行环境以及令人愉悦的空间比例。

目前，城市轨道交通站域已经成为城市中土地增值最快、增值幅度最大的地区，其土地的开发多集中在商务、商业、居住等经济效益较高的用地类型上。与此同时，轨道交通站域也是一个人口密集的公共活动区域，其环境质量对居民的空间环境感知以及体验都会产生显著影响。因此，在城市轨道交通站域的非核心圈层范围内，可以适度增加小规模的公共绿地，以丰富居民步行过程中的视觉愉悦度，提升空间满意度。此外，也可以借鉴纽约高线公园[①]的绿地设计理念，与人行天桥、地下通道等相结合，提高立体绿化的层次与水平。

5. 完善标识引导体系，丰富街道家具设计

作为城市轨道交通与外界联络的主要节点，从城市设计的视角看，地铁站点的出入口应与周围环境相协调，同时也需做到统一、醒目、便于识别。目前，天津地铁站出入口的设计较为统一，都为透明的玻璃箱形式（图 6-25）。这种设计较为简单，便于实现自然采光，同时也方便居民快速识别。但是，由于城市中其他高层建筑物等的遮挡，当居民视线范围内看不到地铁站的出入口时，出入口的标识指引对于引导居民前往地铁站点就非常重要。它能够帮助居民快速找到地铁站点，减少找寻时间，进而增强居民出行的满意度和安全感。目前，天津市中心城区的地铁标识仅指示地铁站的空间相对位置（图 6-26），而未指示行人目前的位置和其与最近地铁站之间的大致距离及行进路线。由于缺乏相关的距离信息，居民在出行过程中很可能因为这种不确定性而选择其他出行方式。因此，需要考虑在地铁标识上补充相关路线及距离信息，使居民能够方便、快捷地到达地铁站点。

图 6-25 天津站地铁出入口

图 6-26 天津地铁指示标识

① 高线公园是位于纽约曼哈顿的线性空中式观景花园。它最初建于 1930 年，原本是一条铁路货运专用线，连接肉类加工区和第 34 街哈德逊港。在纽约 FHL 组织的大力推动下，高架线得以保存，以其建造的独特的空中式观景花园走廊不仅成为纽约的一道靓丽风景线，也已成为国际设计和旧建筑物重建的典范。资料来源：http://www.zaoyuanshi.com/article-21 605.html，造园师.

街道家具作为城市建设中服务行人的一个重要组成部分，其规划设计水平集中体现了城市管理者对居民出行的关心程度，在设计理念上，应做到服务多数、整体统一、简单实用。首先，作为街道上服务行人的一类重要辅助设施，街道家具在设置过程中要做好与周围环境的协调。从形式上讲，街道家具应以服务行人出行为主，不宜过于突出，但同时也要在行人需要它的时候能够方便地找到。其次，街道家具应该成为展示城市形象和精神文明特征的载体。除了美观大方之外，还应从人性化角度考虑，提高其使用的舒适性和便捷度。例如，在设置公交候车站台过程中充分考虑候车空间的高效利用，使行人出行更加顺畅，候车座位的利用更加高效。在行人密集的区域，使用休息栏杆而不是休息座椅，既显著提高区域内的人员承载数量，也降低行人在活动过程中的相互干扰，保证行人安全。

6.6 本章小结

本章在城市轨道交通网络化发展的背景下，探讨步行友好导向的轨道站域空间环境设计。首先，基于行为干预理论，分析轨道站域步行出行的影响因素，继而分别从功能诱发、路径通达、精神愉悦三个层面探讨轨道站域的空间环境设计，最后，结合天津中心城区轨道交通站域步行出行的现实情况，提出空间环境的设计策略。主要的研究结论包括以下内容：

（1）天津轨道交通站域的日常公共服务设施配置水平总体不高，还需进一步地改进提升。日常公共服务设施的配置水平总体呈现出空间区位分异、功能类型分异及规模等级分异的特征。位于城市中心，或临近城市各级商业中心，或承载较高人口密度用地类型的轨道站点，其配置种类相对丰富，配置数量相对较多。对于城市外围地区的轨道交通站点，在进行开发建设时，可以与周边地块做好统筹规划、整体开发，这样既能为轨道站点筹集长期稳定的客流量，也能保障站点地区各类日常生活设施配置的适宜性，提升可步行性。

（2）影响城市轨道交通站域步行满意度的因素，概括起来主要包括安全性、便利性、连续性、舒适性和标识性等。本章通过建立连续便捷的“轨道＋步道”网络系统，达到缩短居民出行距离、减少出行时间、提高出行效率的目的。当前，步道网络在发展过程中呈现立体化的发展趋势，与宽阔的道路和大尺度的街区相比，小街道、密路网的街道组织形式对于步行者而言具有更好的便利性和舒适度。同时，保障行人出行的路权、创造宜人的街区空间尺度、与城市绿色开敞空间有机融合、提供完整便捷的服务设施是创造安全便捷出行环境的重要内容，而舒适的步行出行环境，能够显著提高居民的步行愉悦感。

（3）在步行友好的设计导向下，天津市中心城区的轨道交通站域要加强周边区域的城市支路建设，搭建立体网络体系，缩短绕行距离与等候时间；合理配置城市路权，丰富道路两侧景观内涵；精心设计沿街界面，增加绿化内容层次；完善标识引导系统，以人为本配置街道家具。

07

第 7 章　基于乘客出行优化引导轨道交通服务质量提升

城市轨道交通网络体系的发展完善，显著提升了轨道交通的利用率。随着居民轨道出行频次的不断增加，其对于轨道交通服务质量的关注在不断增强。城市轨道交通服务质量，是轨道交通企业的运营服务工作在满足乘客出行需求方面所达到的程度，其对于轨道交通乘客的再使用意愿有着正向影响。因此，及时准确地了解乘客对于轨道交通服务质量的评价，剖析服务质量存在的问题，就成为提升服务品质、增加轨道交通客流量的重要途径。

针对城市轨道交通服务质量的提升，我国诸多城市的交通运输管理机构采用了多种方法，如增加公共交通的资金投入、对标发达城市的服务模式等。尽管如此，其所提供的服务仍然无法完全达到乘客的期望。城市轨道交通运营企业缺乏精准的度量工具来找出服务过程中的不足因素，但这正是改善服务水平、增加乘客量和实施可持续交通政策的重要前提。

发达国家对旅客服务质量的研究比较丰富，基于案例分析和乘客问卷调查，大多数相关研究从不同视角确定关键因素并提出对策建议。我国的社会经济、城市建设以及人口状况与西方国家相比有着较大差异，如 2018 年北京市的总人口为 2 150 万人，与澳大利亚的全国人口几乎持平。因此，西方国家开发的轨道交通服务质量评价模型需要结合我国国情进行相应的调整。本章即是基于多种分析方法来探究轨道交通服务质量与乘客满意度及其再次使用轨道交通意愿之间的相互关系及作用机理，为轨道交通服务质量的提升及可持续交通政策的实施提供理论依据。

7.1　轨道交通服务乘客满意度评价

乘客在城市轨道交通的使用过程中是否感到满意主要涉及两个方面的问题：一是乘客在使用过程中的具体感受水平；二是其使用轨道交通的具体感受水平与预期值的比较结果。当乘客使用轨道交通的具体感受水平超过期望值，他就会满意，满意的感觉越强，满意度就越高。然而，乘客在实际使用轨道交通的过程中，无论是对当前乘坐的感受还是对未来的期望，都很难提供精确的满意度偏好信息，其中往往包含一定的犹豫，即乘客对轨道交通的满意度认知结果表现为满意、不满意与犹豫。这使得传统的模糊集理论不能完整表述乘客对轨道交通的满意度认知结果。因此，阿塔纳索夫（Atanassov）于 1986 年将传统模糊集拓展到包括隶属度、非隶属度、犹豫度三个方面信息的直觉模糊集，并在此基础上提出了直觉模糊集理论与运算法则，更加准确地刻画乘客对轨道交通的满意度认知结果。

本节选取天津地铁 1、2、3、6、9 号线为研究对象，结合满意度评价的已有研究成果，构建轨道交通线网乘客满意度评价指标体系。而后,通过模糊熵方法确定各指标的相对重要性。最后,引入直觉模糊加权几何算子(IFWA)构建直觉模糊数决策评价模型,以量化分析天津轨道交通乘客的使用满意度。

7.1.1 评价指标体系的构建

福内尔(Fornell)等于1996年将满意度研究需要重点解决的问题归纳为以下三点:第一,满意度的内涵是什么以及影响满意度的因素包括哪些;第二,如何建立一个能够科学度量满意度的评价指标体系;第三,如何提升顾客满意度。奥利弗(Oliver)1980年提出"期望—不一致"模型,对顾客在消费前的期望与消费过程中对产品和服务的感受情况进行评价,从而做出判断。福内尔(Fornell)于1981年将顾客满意度的数学运算方法与心理感知结合起来,提出了顾客满意指数。弗里曼(Friman)2004年提出在公共交通领域,车辆延误、信息传递不及时、驾驶员的服务态度不好等负面事件都会对乘客满意度产生较大影响。莫福拉基(Morfoulaki)2007年根据公共交通行业特性,将乘客满意度定义为达到乘车期望的总体水平,用乘客实际使用感受与乘客期望的百分比来衡量。米勒(Miller)以伦敦地铁为研究对象,系统总结了改善服务和确保乘客满意度的方法。埃博利(Eboli)和马祖拉(Mazzulla)于2007年运用结构方程模型研究了公共交通乘客的满意度与服务质量之间的关系,其结果显示服务质量对乘客满意度影响显著。阿瓦斯蒂(Awasthi)2011年以蒙特利尔地铁为研究对象,运用SERVQUAL与TOPSIS集成方法,对其服务质量进行了评价。

要想准确评估城市轨道交通乘客对于轨道服务的满意程度,就需开展量化分析。目前,常用服务质量作为衡量乘客满意度的重要因素。艾登(Aydin)2017年分析了土耳其轨道交通服务质量,研究指出,车内是否拥挤是影响服务质量高低的关键因素。贝里(Berry)等、提里诺洛斯(Tyrinopoulos)等、埃博利(Eboli)等分别指出乘客是轨道交通服务质量的唯一评定人,运营商要通过了解乘客的使用感知,明晰他们的使用期望进行服务质量的相应改善。莱德曼(Redman)等于2013年通过对影响公共交通服务满意度的因素进行研究指出,服务可靠性与发车频率是影响服务满意度的主要因素。dell'Olio等研究指出,车厢清洁程度、候车时间以及乘车舒适性是公交使用者关注服务质量的主要方面,而候车时间、乘车时间以及车厢拥挤程度是潜在公交使用者关注服务质量的主要方面。

目前,国内对乘客满意度的研究越来越多。李素芬等从安全性、经济性、快速性、舒适性、方便性、服务性、硬件设施、乘务员素质、服务监督等方面对铁路乘客满意度进行了调研和评价。王欢明和诸大建从效率、回应性、公平三个维度建立了上海公共汽车乘客满意度评价指标体系,并运用灰色定权聚类评价方法对其进行评价。王红梅等从高效性、便捷性、舒适性、交通素质四个维度,建立了公共交通乘客满意度评价指标体系,并运用物元分析对北京市公共交通乘客满意度进行了评价。朱顺应等从换乘接驳、售票系统、乘车安全性、乘车信息四个维度,构建了轨道交通乘客满意度评价指标体系。何华兵从感知质量、公民预期、感知价值、公众信任、公民抱怨五个方面构建了公共交通乘客满意度评价指标体系。张兵等运用结构方程模型，从乘客便利感知质量、乘车环境质量以及运营服务质量三个方面，研究了公交服务质量与乘客满意度和忠诚度的关系。王海燕等从公交行业环境和资源、企业运营服务以及相关主体满意度三个方面分析了其对公交企业运营绩效的影响。

通过对上述研究文献的梳理归纳可以看出，影响轨道交通服务乘客满意度的因素较多。学者们的相关研究成果大体可以概括为以下七大方面：可达性、票务服务、信息服务系统、候车舒适性、乘车舒适性、安全性、乘车时间。

上述影响因素涵盖乘客使用轨道交通的全过程，可以用来测度其在使用过程中的实际感受与期望差距。例如，可达性是乘客从出行地到达地铁站的便捷程度，可以通过以下三个指标进行度量：进入地铁站点的便捷性、刷卡进站的便捷性、站台站厅电梯乘降环节的便利性；而票务服务则是乘客排队购票的便捷程度，可以通过自动售票机服务和人工售票服务两个子项进行评价。基于此，本文依据全面性与可操作性原则，构建出由“七大因素、20 个指标”构成的城市轨道交通服务乘客满意度评价指标体系（表 7-1）。

表 7-1　城市轨道交通乘客满意度评价指标体系

因素	指标
可达性	进入地铁站点的便捷性 C_1
	刷卡进站的便捷性 C_2
	站台站厅电梯乘降环节的便利性 C_3
票务服务	自动售票机服务 C_4
	人工售票服务 C_5
信息服务系统	站台服务中电子设备的应用 C_6（如，列车到站时刻显示屏）
	列车服务中电子设备的应用 C_7（如，电子路线图）
	列车到站广播 C_8
候车舒适性	车站卫生情况 C_9
	车站照明情况 C_{10}
	车站温度通风情况 C_{11}
乘车舒适性	车内卫生情况 C_{12}
	列车运行的噪音和振动 C_{13}
	车内温度与通风 C_{14}
	列车拥挤情况 C_{15}
安全性	车站安检情况 C_{16}
	车内治安秩序 C_{17}
乘车时间	候车时间 C_{18}
	运行时间 C_{19}
	列车运行正点率 C_{20}

7.1.2 基于直觉模糊数的评价方法

既有的相关研究结果显示,影响乘客满意度的因素多源于其主观感知,但乘客受自身教育程度、乘车习惯等因素的影响,往往很难对决策方案提供精准的偏好信息,即存在一定的犹豫。为进一步分析在存在犹豫度情景下的轨道交通乘客满意度,本小节内容运用直觉模糊数模型,基于表 7-1 的城市轨道交通乘客满意度评价指标体系开展满意度评价研究。

1. 评价模型的基本原理

基于直觉模糊数的城市轨道交通乘客满意度评价模型,以直觉模糊数多属性群决策思想为研究基础,将乘客满意度评价和模糊思想相结合,对乘客满意度进行多维度、多层次分解,构建出模糊语境下的指标体系。以直觉模糊数刻画乘客满意度的相关数据,从而产生直觉模糊群决策矩阵。在根据准则类型对数据进行规范化处理后,运用模糊熵方法确定指标权重。最后将评价矩阵和权重值进行集结求出得分值,对不同线路的乘客满意度进行评价和排序。

2. 评价模型的计算方法

1)基本概念

定义 1 设 X 是一个非空集合,则直觉模糊集 A 定义为:

$$A=\{\langle x,\mu_A(x),v_A(x)\rangle|x\in X\} \tag{7-1}$$

其中,$\mu_A(x)$为 X 中元素 x 属于 A 的隶属度,$v_A(x)$为 X 中元素 x 属于 A 的非隶属度,即 μ_A: $X\rightarrow[0,1]$, v_A: $X\rightarrow[0,1]$,且 $0\leqslant\mu_A(x)+v_A(x)\leqslant1$, $\forall x\in X$。同时 $\pi_A(x)=1-\mu_A(x)-v_A(x)$表示 X 中元素 x 属于 A 的犹豫度。

称 $\alpha=(\mu_\alpha,v_\alpha)$为直觉模糊数,其中 $\mu_\alpha\in[0,1]$, $v_\alpha\in[0,1]$, $\mu_\alpha+v_\alpha\leqslant1$。

定义 2 设 $\alpha=(\mu_\alpha,v_\alpha)$, $\beta=(\mu_\beta,v_\beta)$为直觉模糊数,则有如下运算:

(A) $\bar{\alpha}=(\mu_\alpha,v_\alpha)$;

(B) $\alpha\oplus\beta=(\mu_\alpha+\mu_\beta-\mu_\alpha\mu_\beta,v_\alpha v_\beta)$;

(C) $\alpha^\lambda=(1-(1-\mu_\alpha)^\lambda,v_\alpha^\lambda),\lambda>0$;

(D) $\alpha\otimes\beta=(\mu_\alpha\mu_\beta,v_\alpha+v_\beta-v_\alpha v_\beta)$;

(E) $\alpha^\lambda=(\mu_\alpha^\lambda,1-(1-v_\alpha)^\lambda),\lambda>0$。

定义 3 设 $\alpha_1=(\mu_{\alpha_1},v_{\alpha_1})$, $\alpha_2=(\mu_{\alpha_2},v_{\alpha_2})$为直觉模糊数, $s(\alpha_1)=\mu_{\alpha_1}+v_{\alpha_1}$, $s(\alpha_2)=\mu_{\alpha_2}-v_{\alpha_2}$ 分别为 α_1 和 α_2 的得分值, $h(\alpha_1)=\mu_{\alpha_1}+v_{\alpha_1}$ 和 $h(\alpha_2)=\mu_{\alpha_2}+v_{\alpha_2}$ 分别为 α_1 和 α_2 的精确度,则:

(1)若 $s(\alpha_1)<s(\alpha_2)$,则 $\alpha_1<\alpha_2$;

(2)若 $s(\alpha_1)=s(\alpha_2)$,则当 $h(\alpha_1)=h(\alpha_2)$, $\alpha_1=\alpha_2$;当 $h(\alpha_1)<h(\alpha_2)$, $\alpha_1<\alpha_2$;当 $h(\alpha_1)>h(\alpha_2)$, $\alpha_1>\alpha_2$。

定义 4 设 $\alpha_j=(\mu_{\alpha_j},v_{\alpha_j})$, $(j=1,2,\cdots,n)$是一组直觉模糊数,通过 IFWA 算子计算得到的集成值也是直觉模糊数。且设 IFWA: $\Theta^n\rightarrow\Theta$,若

$$\text{IFWA}\,\omega(\alpha_1,\alpha_2,\cdots,\alpha_n)=\omega_1\alpha_1\oplus\omega_2\alpha_2\oplus\cdots\oplus\omega_n\alpha_n\left(1-\prod_{j=1}^{n}(1-\mu_{\alpha_j})^{\omega_j},\prod_{j=1}^{n}\nu_{\alpha_j}^{\omega_j}\right)\tag{7-2}$$

则称 IFWA 为直觉模糊加权平均算子，其中，$\boldsymbol{\omega}=\left(\omega_1,\omega_2,\cdots\omega_n\right)^{\mathrm{T}}$ 为 $\alpha_j(j=1,2,\cdots,n)$的权重向量，$\omega_j\in[0,1]$，$\sum_{j=1}^{n}\omega_j=1$。

2）直觉模糊熵计算方法

设 $A=\{\langle x,\mu_A(x),\nu_A(x)\rangle|x\in X\}$ 为直觉模糊集，则直觉模糊集 A 的熵值表示为：

$$H(A)=-\frac{1}{n\ln 2}\sum_{i=1}^{n}[\mu_A(x)\ln\mu_A(x)+\nu_A(x)\ln\nu_A(x)-(1-\pi_A(x))\times\ln(1-\pi_A(x))-\pi_A(x)\ln 2]\tag{7-3}$$

3. 评价模型的计算步骤

步骤 1　建立决策评价矩阵。根据研究要求对方案集、准则集、决策者集进行确定，按照前述方法建立评价决策矩阵。其表达形式如下：对于轨道交通乘客满意度多准则群决策问题，令方案集为 $X=\{x_1,x_2,\cdots,x_m\}$，准则集为 $C=\{c_1,c_2,\cdots,c_n\}$，决策者集为 $D=\{d_1,d_2,\cdots,d_l\}$，准则的权重向量为 $\boldsymbol{\omega}=\left(\omega_1,\omega_2,\cdots\omega_n\right)^{\mathrm{T}}$，$\omega_j\in[0,\ 1]$，$\sum_{j=1}^{n}\omega_j=1$。因此，决策者 d_k 对方案 x_i 在准则 c_j 下的直觉模糊决策矩阵为 $\boldsymbol{A}_k=\left(a_{ij}^k\right)_{m\times n}$，其中 $\alpha_{ij}^k=(\mu_{\alpha_{ij}^k},\nu_{\alpha_{ij}^k})$，$\mu_{\alpha_{ij}^k}$、$\nu_{\alpha_{ij}^k}$ 和 $\pi_{ij}^k=1-\mu_{\alpha_{ij}^k}-\nu_{\alpha_{ij}^k}$ 表示决策者 d_k 在准则 c_j 下对方案 x_i 表现水平的满意度、不满意度以及犹豫度。

步骤 2　规范化决策矩阵。根据不同评价指标类型（效益型与成本型），将直觉模糊决策矩阵 $\boldsymbol{A}_k=\left(a_{ij}^k\right)_{m\times n}$ 根据式（7-4）进行规范化处理，使之转化为 $\boldsymbol{R}_k=\left(r_{ij}^k\right)_{m\times n}$。

$$r_{ij}^k=(\mu_{r_{ij}^k},\nu_{r_{ij}^k})=\begin{cases}\alpha_{ij}^k & U_j\text{为效益型指标}\\ \bar{\alpha}_{ij}^k & U_j\text{为成本型指标}\end{cases}\tag{7-4}$$

步骤 3　转换直觉模糊评价矩阵。提取上述规范化处理直觉模糊决策矩阵 $\boldsymbol{R}_k$ 的第 i 行构建轨道交通各线路 X_i 的评价矩阵。

$$\boldsymbol{T}_i=\left(\left(\mu_{\mu_{ij}^k},\nu_{\mu_{ij}^k}\right)\right)_{l\times n}\ (i=1,2,\cdots,m,j=1,2,\cdots,n,k=1,2,\cdots,l),$$

$$\text{即}\ \boldsymbol{T}_i=\begin{pmatrix}\left(\mu_{\mu_{i1}^1},\nu_{\mu_{i1}^1}\right) & \cdots & \left(\mu_{\mu_{in}^1},\nu_{\mu_{in}^1}\right)\\ \vdots & \ddots & \vdots\\ \left(\mu_{\mu_{i1}^l},\nu_{\mu_{i1}^l}\right) & \cdots & \left(\mu_{\mu_{in}^l},\nu_{\mu_{in}^l}\right)\end{pmatrix}$$

步骤 4　确定准则权重。根据熵值法的原理，数据中信息量越大，不确定性就越小，熵值也就越小；相反，熵值就越大。根据式（7-3），得到单个方案 X_i 在准则 c_j 下的熵值为：

$$H_j^i=-\frac{1}{l\ln 2}\sum_{k=1}^{l}\begin{bmatrix}\mu_{r_{ij}^k}(x)\ln\mu_{r_{ij}^k}(x)+\nu_{r_{ij}^k}(x)\ln\nu_{r_{ij}^k}(x)\\ -(1-\pi_{r_{ij}^k}(x))\times\ln(1-\pi_{r_{ij}^k}(x))-\pi_{r_{ij}^k}(x)\ln 2\end{bmatrix}\tag{7-5}$$

因此，准则 c_j 的熵权可以表示为：

$$\omega_j^i = \frac{1-H_j^i}{n-\sum_{j=1}^{n} H_j^i} \tag{7-6}$$

则各准则组成的熵权矩阵可表示为：

$$\hat{\omega}=\begin{pmatrix} \omega_1^1 & \cdots & \omega_n^1 \\ \vdots & \ddots & \vdots \\ \omega_1^m & \cdots & \omega_n^m \end{pmatrix}$$

根据相关熵理论，得到准则 c_j 的最优权重为：

$$\omega_j^* = \prod_{i=1}^{m}\omega_j^i / \sum_{j=1}^{n}\prod_{i=1}^{m}\omega_j^i,(i=1,2,\cdots,m; j=1,2,\cdots,n) \tag{7-7}$$

即可得出相应的准则权向量 $\boldsymbol{\omega}^* = \left(\omega_1^*, \omega_2^*, \cdots \omega_n^*\right)^{\mathrm{T}}$。

步骤 5　计算综合准则值。根据式（7-2）集结各线路的准则值，得到各线路的综合准则评价矩阵 $\boldsymbol{Y}_{ki}$。

步骤 6　对各线路的乘客满意度进行综合排序。将得到的综合评价矩阵 $\boldsymbol{Y}_{ki}$ 和乘客权重 $\boldsymbol{\xi}=\left(\xi_1,\ \xi_2,\cdots,\ \xi_l\right)^{\mathrm{T}}$ 进行集结，得到各线路的乘客满意度评价结果为：

$$z_{x_i} = \mathop{\oplus}_{k=1}^{l} y_{ki}\xi_k = \left(1-\prod_{k=1}^{l}\left[1-\left(1-\prod_{j=1}^{n}(1-\mu_{r_{ij}^k})^{\omega_j}\right)\right]^{\xi_k}, \prod_{k=1}^{l}\left[\prod_{j=1}^{n}(\nu_{r_{ij}^k})^{\omega_j}\right]^{\xi_k}\right) \tag{7-8}$$

利用式（7-8）得到 z_{x_i} 的得分值，即得到乘客满意度得分，并对各线路的乘客满意度进行排序。

7.1.3　天津轨道交通乘客满意度评价

1. 数据获取

本节选取天津市中心城区的轨道交通 1、2、3、6、9 号线为研究对象，分别表征为 X_1, X_2, X_3, X_4, X_5。基于问卷调查的结果，对比分析不同线路的服务状况以及乘客的不同需求倾向。对上述 5 条轨道线路不同站点的乘客发放 570 份调查问卷，相关基本情况如下图所示。从图 7-1 可以看出，天津市的轨道交通乘客以 18~30 岁人群为主，占全部样本乘客数量的一半以上；其次为 31~50 岁人群，占比约为 28%。图 7-2 显示，大多数人选择步行到达轨道交通站点，其次选择骑自行车，选择私家车到达的人数最少。从图 7-3 可以看出，每天出行和偶尔出行的人数所占比例较大，所对应的人群多为上班和出门购物的人群。图 7-4 显示，居民乘坐轨道交通的出行目的以上下班最多，占比超过 40%，其次为上下学和购物，占比分别为 23.91% 和 16.14%。

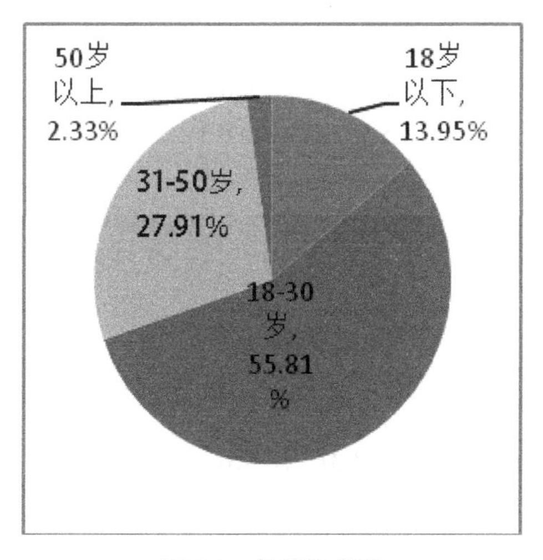

图 7-1　年龄构成图

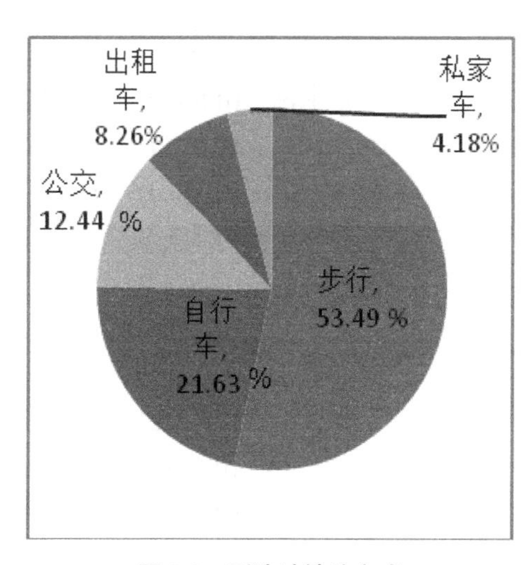

图 7-2　到达地铁站方式

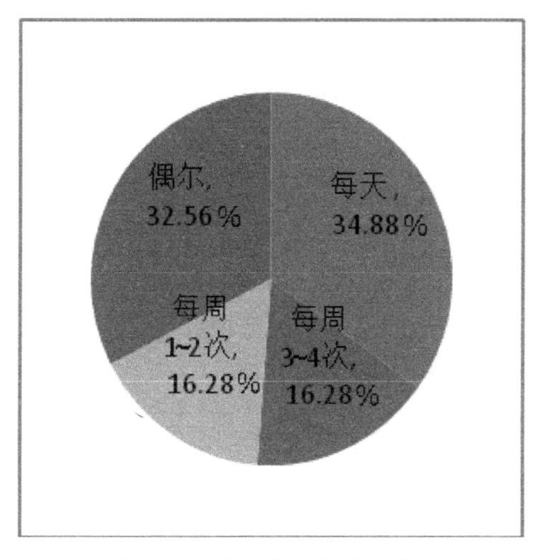

图 7-3　乘坐地铁频次比例

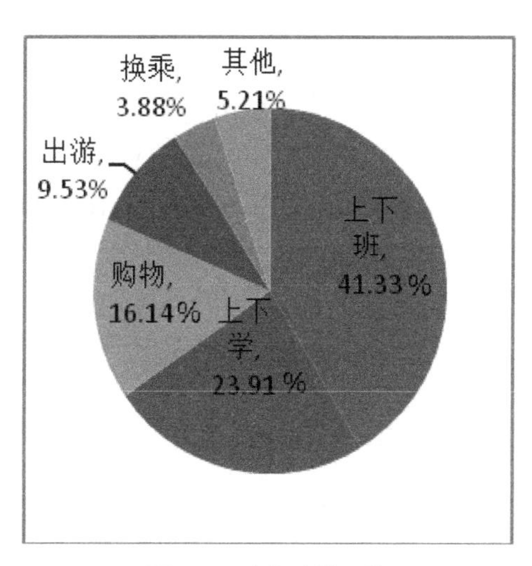

图 7-4　乘坐地铁目的

2. 计算过程

随机取样 5 位乘客 $(D_1, D_2, D_3, D_4, D_5)$ 对 5 条线路 $(X_1, X_2, X_3, X_4, X_5)$ 进行满意度评价，各乘客的权重相同，即 $\xi=(0.2,0.2,0.2,0.2,0.2)^{\mathrm{T}}$。根据上文选取的 20 个评价指标对轨道交通乘客满意度进行打分评价。

（1）建立乘客评价信息直觉模糊矩阵，如下所示。

$$
\boldsymbol{A}_1 = \begin{pmatrix}
 & X_1 & X_2 & X_3 & X_4 & X_5 \\
c_1 & (0.6,0.2) & (0.4,0.3) & (0.7,0.1) & (0.6,0.1) & (0.8,0.2) \\
c_2 & (0.5,0.1) & (0.6,0.2) & (0.3,0.6) & (0.5,0.2) & (0.6,0.1) \\
c_3 & (0.7,0.3) & (0.8,0.1) & (0.6,0.2) & (0.4,0.5) & (0.7,0.2) \\
c_4 & (0.4,0.5) & (0.6,0.3) & (0.5,0.2) & (0.4,0.6) & (0.6,0.3) \\
c_5 & (0.6,0.2) & (0.3,0.5) & (0.4,0.1) & (0.7,0.2) & (0.5,0.3) \\
c_6 & (0.5,0.4) & (0.7,0.2) & (0.5,0.1) & (0.7,0.3) & (0.5,0.2) \\
c_7 & (0.3,0.6) & (0.6,0.2) & (0.7,0.2) & (0.6,0.1) & (0.7,0.3) \\
c_8 & (0.5,0.2) & (0.3,0.7) & (0.2,0.6) & (0.7,0.3) & (0.6,0.2) \\
c_9 & (0.6,0.1) & (0.4,0.5) & (0.7,0.2) & (0.5,0.3) & (0.8,0.1) \\
c_{10} & (0.3,0.7) & (0.4,0.5) & (0.2,0.6) & (0.5,0.3) & (0.4,0.5) \\
c_{11} & (0.5,0.2) & (0.4,0.5) & (0.7,0.2) & (0.8,0.1) & (0.6,0.2) \\
c_{12} & (0.3,0.6) & (0.5,0.3) & (0.7,0.2) & (0.4,0.6) & (0.5,0.3) \\
c_{13} & (0.7,0.2) & (0.5,0.3) & (0.6,0.2) & (0.2,0.7) & (0.3,0.7) \\
c_{14} & (0.8,0.2) & (0.4,0.4) & (0.8,0.1) & (0.3,0.6) & (0.6,0.2) \\
c_{15} & (0.6,0.1) & (0.5,0.4) & (0.3,0.7) & (0.8,0.2) & (0.7,0.1) \\
c_{16} & (0.4,0.5) & (0.6,0.2) & (0.4,0.6) & (0.6,0.3) & (0.4,0.6) \\
c_{17} & (0.8,0.1) & (0.2,0.6) & (0.5,0.3) & (0.9,0.1) & (0.7,0.2) \\
c_{18} & (0.5,0.3) & (0.4,0.5) & (0.7,0.1) & (0.6,0.2) & (0.8,0.1) \\
c_{19} & (0.4,0.5) & (0.5,0.3) & (0.7,0.2) & (0.9,0.1) & (0.7,0.3) \\
c_{20} & (0.4,0.4) & (0.5,0.4) & (0.6,0.2) & (0.8,0.2) & (0.7,0.2)
\end{pmatrix}^{\mathrm{T}}
$$

$$
\boldsymbol{A}_2=\begin{pmatrix}
 & X_1 & X_2 & X_3 & X_4 & X_5 \\
c_1 & (0.5,0.3) & (0.6,0.1) & (0.4,0.3) & (0.6,0.3) & (0.7,0.2) \\
c_2 & (0.4,0.4) & (0.5,0.2) & (0.6,0.2) & (0.2,0.5) & (0.5,0.4) \\
c_3 & (0.7,0.2) & (0.8,0.2) & (0.4,0.6) & (0.4,0.4) & (0.3,0.6) \\
c_4 & (0.3,0.5) & (0.3,0.4) & (0.6,0.2) & (0.2,0.6) & (0.4,0.4) \\
c_5 & (0.6,0.2) & (0.3,0.2) & (0.3,0.5) & (0.7,0.1) & (0.6,0.3) \\
c_6 & (0.3,0.6) & (0.7,0.2) & (0.4,0.4) & (0.5,0.4) & (0.3,0.5) \\
c_7 & (0.4,0.5) & (0.5,0.3) & (0.7,0.2) & (0.5,0.5) & (0.4,0.5) \\
c_8 & (0.5,0.4) & (0.6,0.1) & (0.4,0.5) & (0.9,0.1) & (0.6,0.3) \\
c_9 & (0.6,0.3) & (0.4,0.5) & (0.8,0.1) & (0.4,0.5) & (0.3,0.6) \\
c_{10} & (0.3,0.3) & (0.2,0.3) & (0.4,0.6) & (0.3,0.5) & (0.4,0.5) \\
c_{11} & (0.7,0.2) & (0.5,0.2) & (0.6,0.3) & (0.8,0.1) & (0.6,0.3) \\
c_{12} & (0.4,0.6) & (0.1,0.5) & (0.5,0.3) & (0.5,0.4) & (0.7,0.2) \\
c_{13} & (0.3,0.6) & (0.7,0.2) & (0.4,0.4) & (0.6,0.2) & (0.4,0.6) \\
c_{14} & (0.8,0.1) & (0.6,0.1) & (0.8,0.1) & (0.4,0.5) & (0.8,0.2) \\
c_{15} & (0.5,0.4) & (0.3,0.5) & (0.4,0.5) & (0.7,0.2) & (0.3,0.6) \\
c_{16} & (0.7,0.1) & (0.8,0.1) & (0.3,0.6) & (0.6,0.3) & (0.5,0.3) \\
c_{17} & (0.5,0.3) & (0.4,0.5) & (0.6,0.2) & (0.7,0.1) & (0.4,0.4) \\
c_{18} & (0.5,0.2) & (0.3,0.6) & (0.6,0.3) & (0.4,0.4) & (0.6,0.4) \\
c_{19} & (0.8,0.1) & (0.4,0.5) & (0.8,0.1) & (0.6,0.3) & (0.5,0.5) \\
c_{20} & (0.6,0.3) & (0.5,0.4) & (0.5,0.1) & (0.5,0.4) & (0.7,0.2)
\end{pmatrix}^{\mathrm{T}}
$$

$$
\boldsymbol{A}_3 = \begin{pmatrix}
 & X_1 & X_2 & X_3 & X_4 & X_5 \\
c_1 & (0.5,0.2) & (0.6,0.1) & (0.6,0.2) & (0.7,0.2) & (0.5,0.3) \\
c_2 & (0.7,0.1) & (0.5,0.3) & (0.6,0.1) & (0.2,0.6) & (0.8,0.1) \\
c_3 & (0.4,0.6) & (0.8,0.1) & (0.3,0.5) & (0.5,0.3) & (0.3,0.6) \\
c_4 & (0.5,0.2) & (0.2,0.5) & (0.3,0.2) & (0.5,0.1) & (0.5,0.3) \\
c_5 & (0.4,0.1) & (0.4,0.2) & (0.5,0.2) & (0.7,0.2) & (0.4,0.5) \\
c_6 & (0.2,0.5) & (0.5,0.4) & (0.8,0.1) & (0.4,0.3) & (0.3,0.3) \\
c_7 & (0.5,0.3) & (0.3,0.5) & (0.2,0.3) & (0.5,0.3) & (0.5,0.5) \\
c_8 & (0.3,0.6) & (0.6,0.2) & (0.2,0.7) & (0.7,0.2) & (0.4,0.3) \\
c_9 & (0.7,0.2) & (0.8,0.1) & (0.5,0.3) & (0.4,0.3) & (0.7,0.3) \\
c_{10} & (0.2,0.7) & (0.1,0.5) & (0.3,0.5) & (0.2,0.6) & (0.4,0.5) \\
c_{11} & (0.5,0.3) & (0.6,0.2) & (0.6,0.2) & (0.5,0.3) & (0.6,0.1) \\
c_{12} & (0.6,0.1) & (0.5,0.5) & (0.6,0.1) & (0.4,0.6) & (0.4,0.3) \\
c_{13} & (0.4,0.4) & (0.4,0.5) & (0.3,0.4) & (0.2,0.7) & (0.2,0.6) \\
c_{14} & (0.7,0.3) & (0.7,0.1) & (0.5,0.3) & (0.6,0.3) & (0.6,0.2) \\
c_{15} & (0.7,0.2) & (0.1,0.6) & (0.4,0.5) & (0.7,0.2) & (0.3,0.6) \\
c_{16} & (0.5,0.5) & (0.5,0.1) & (0.4,0.4) & (0.5,0.3) & (0.8,0.1) \\
c_{17} & (0.4,0.6) & (0.4,0.4) & (0.7,0.2) & (0.7,0.1) & (0.5,0.4) \\
c_{18} & (0.1,0.7) & (0.2,0.5) & (0.4,0.1) & (0.5,0.5) & (0.7,0.2) \\
c_{19} & (0.6,0.4) & (0.6,0.3) & (0.5,0.4) & (0.8,0.1) & (0.5,0.5) \\
c_{20} & (0.7,0.2) & (0.5,0.2) & (0.8,0.1) & (0.6,0.3) & (0.7,0.2)
\end{pmatrix}^{\mathrm{T}}
$$

$$
\boldsymbol{A}_4 = \begin{pmatrix}
 & X_1 & X_2 & X_3 & X_4 & X_5 \\
c_1 & (0.8,0.1) & (0.4,0.5) & (0.6,0.2) & (0.6,0.4) & (0.5,0.4) \\
c_2 & (0.3,0.5) & (0.6,0.2) & (0.5,0.4) & (0.5,0.5) & (0.6,0.3) \\
c_3 & (0.5,0.5) & (0.7,0.1) & (0.3,0.6) & (0.3,0.5) & (0.4,0.5) \\
c_4 & (0.6,0.3) & (0.6,0.2) & (0.7,0.2) & (0.7,0.1) & (0.4,0.1) \\
c_5 & (0.8,0.2) & (0.4,0.4) & (0.6,0.3) & (0.6,0.2) & (0.7,0.2) \\
c_6 & (0.7,0.3) & (0.2,0.6) & (0.3,0.5) & (0.5,0.3) & (0.3,0.3) \\
c_7 & (0.6,0.4) & (0.5,0.5) & (0.4,0.3) & (0.4,0.6) & (0.6,0.3) \\
c_8 & (0.8,0.2) & (0.7,0.2) & (0.2,0.6) & (0.3,0.2) & (0.7,0.1) \\
c_9 & (0.5,0.4) & (0.5,0.3) & (0.6,0.2) & (0.7,0.2) & (0.4,0.4) \\
c_{10} & (0.4,0.6) & (0.6,0.3) & (0.3,0.5) & (0.3,0.6) & (0.8,0.1) \\
c_{11} & (0.7,0.1) & (0.7,0.2) & (0.7,0.2) & (0.8,0.1) & (0.3,0.2) \\
c_{12} & (0.3,0.6) & (0.5,0.4) & (0.2,0.4) & (0.4,0.5) & (0.4,0.6) \\
c_{13} & (0.7,0.3) & (0.7,0.1) & (0.5,0.4) & (0.7,0.1) & (0.6,0.3) \\
c_{14} & (0.6,0.2) & (0.6,0.3) & (0.4,0.3) & (0.4,0.2) & (0.4,0.2) \\
c_{15} & (0.2,0.8) & (0.4,0.3) & (0.1,0.7) & (0.7,0.1) & (0.3,0.6) \\
c_{16} & (0.7,0.3) & (0.6,0.2) & (0.6,0.2) & (0.4,0.3) & (0.7,0.2) \\
c_{17} & (0.9,0.1) & (0.7,0.1) & (0.6,0.2) & (0.7,0.1) & (0.5,0.3) \\
c_{18} & (0.4,0.5) & (0.3,0.5) & (0.4,0.4) & (0.4,0.4) & (0.4,0.4) \\
c_{19} & (0.8,0.1) & (0.5,0.1) & (0.5,0.2) & (0.5,0.1) & (0.7,0.1) \\
c_{20} & (0.6,0.3) & (0.3,0.5) & (0.6,0.1) & (0.8,0.1) & (0.3,0.4)
\end{pmatrix}^{\mathrm{T}}
$$

$$
\boldsymbol{A}_5=\begin{pmatrix}
 & X_1 & X_2 & X_3 & X_4 & X_5 \\
c_1 & (0.4,0.2) & (0.3,0.6) & (0.6,0.2) & (0.8,0.1) & (0.5,0.3) \\
c_2 & (0.7,0.1) & (0.4,0.4) & (0.6,0.3) & (0.6,0.3) & (0.4,0.5) \\
c_3 & (0.2,0.5) & (0.3,0.5) & (0.4,0.1) & (0.3,0.5) & (0.6,0.2) \\
c_4 & (0.6,0.1) & (0.7,0.2) & (0.4,0.5) & (0.5,0.4) & (0.5,0.3) \\
c_5 & (0.5,0.3) & (0.5,0.2) & (0.6,0.3) & (0.4,0.4) & (0.7,0.3) \\
c_6 & (0.6,0.3) & (0.3,0.7) & (0.6,0.2) & (0.8,0.1) & (0.6,0.3) \\
c_7 & (0.2,0.5) & (0.4,0.5) & (0.4,0.2) & (0.7,0.2) & (0.6,0.4) \\
c_8 & (0.5,0.3) & (0.6,0.3) & (0.2,0.3) & (0.5,0.4) & (0.7,0.1) \\
c_9 & (0.3,0.6) & (0.5,0.3) & (0.8,0.1) & (0.7,0.2) & (0.6,0.3) \\
c_{10} & (0.5,0.5) & (0.6,0.2) & (0.4,0.5) & (0.7,0.1) & (0.3,0.5) \\
c_{11} & (0.6,0.2) & (0.3,0.6) & (0.8,0.1) & (0.7,0.2) & (0.6,0.2) \\
c_{12} & (0.4,0.6) & (0.6,0.3) & (0.6,0.2) & (0.4,0.5) & (0.6,0.1) \\
c_{13} & (0.6,0.3) & (0.7,0.1) & (0.3,0.5) & (0.6,0.4) & (0.5,0.3) \\
c_{14} & (0.7,0.2) & (0.6,0.4) & (0.6,0.3) & (0.5,0.4) & (0.7,0.1) \\
c_{15} & (0.7,0.1) & (0.6,0.2) & (0.4,0.6) & (0.9,0.1) & (0.6,0.2) \\
c_{16} & (0.7,0.2) & (0.7,0.3) & (0.3,0.6) & (0.5,0.3) & (0.7,0.3) \\
c_{17} & (0.6,0.4) & (0.5,0.3) & (0.7,0.2) & (0.5,0.5) & (0.8,0.1) \\
c_{18} & (0.4,0.6) & (0.7,0.2) & (0.7,0.1) & (0.9,0.1) & (0.5,0.4) \\
c_{19} & (0.3,0.6) & (0.5,0.4) & (0.8,0.2) & (0.7,0.2) & (0.7,0.3) \\
c_{20} & (0.6,0.4) & (0.3,0.6) & (0.7,0.2) & (0.8,0.1) & (0.5,0.4)
\end{pmatrix}^{\mathrm{T}}
$$

（2）规范化决策矩阵。利用公式（7-4）对乘客评价信息直觉模糊矩阵进行规范化处理。其中，列车运行的噪声和振动 c_{13}、列车拥挤情况 c_{15}、候车时间 c_{18} 为成本型指标。

（3）乘客评价信息直觉模糊矩阵。提取上述乘客打分矩阵 A_k 的第 i 行构建轨道交通各线路 X_i 的评价矩阵，以地铁 1 号线 X_i 为例，提取每个规范化的乘客评价信息矩阵 A_k 中的第一行，构建地铁 1 号线 X_i 的评价矩阵：

$$
\boldsymbol{T}_1=\begin{pmatrix}
 & A_1 & A_2 & A_3 & A_4 & A_5 \\
c_1 & (0.6,0.2) & (0.5,0.3) & (0.5,0.2) & (0.8,0.1) & (0.4,0.2) \\
c_2 & (0.5,0.1) & (0.4,0.4) & (0.7,0.1) & (0.3,0.5) & (0.7,0.1) \\
c_3 & (0.7,0.3) & (0.7,0.2) & (0.4,0.6) & (0.5,0.5) & (0.2,0.5) \\
c_4 & (0.4,0.5) & (0.3,0.5) & (0.5,0.2) & (0.6,0.3) & (0.6,0.1) \\
c_5 & (0.6,0.2) & (0.6,0.2) & (0.4,0.1) & (0.8,0.2) & (0.5,0.3) \\
c_6 & (0.5,0.4) & (0.3,0.6) & (0.2,0.5) & (0.7,0.3) & (0.6,0.3) \\
c_7 & (0.3,0.6) & (0.4,0.5) & (0.5,0.3) & (0.6,0.4) & (0.2,0.5) \\
c_8 & (0.5,0.2) & (0.5,0.4) & (0.3,0.6) & (0.8,0.2) & (0.5,0.3) \\
c_9 & (0.6,0.1) & (0.6,0.3) & (0.7,0.2) & (0.5,0.4) & (0.3,0.6) \\
c_{10} & (0.3,0.7) & (0.3,0.3) & (0.2,0.7) & (0.4,0.6) & (0.5,0.5) \\
c_{11} & (0.5,0.2) & (0.7,0.2) & (0.5,0.3) & (0.7,0.1) & (0.6,0.2) \\
c_{12} & (0.3,0.6) & (0.4,0.6) & (0.6,0.1) & (0.3,0.6) & (0.4,0.6) \\
c_{13} & (0.2,0.7) & (0.6,0.3) & (0.4,0.4) & (0.3,0.7) & (0.3,0.6) \\
c_{14} & (0.8,0.2) & (0.8,0.1) & (0.7,0.3) & (0.6,0.2) & (0.7,0.2) \\
c_{15} & (0.1,0.6) & (0.4,0.5) & (0.2,0.7) & (0.8,0.2) & (0.1,0.7) \\
c_{16} & (0.4,0.5) & (0.7,0.1) & (0.5,0.5) & (0.7,0.3) & (0.7,0.2) \\
c_{17} & (0.8,0.1) & (0.5,0.3) & (0.4,0.6) & (0.9,0.1) & (0.6,0.4) \\
c_{18} & (0.3,0.5) & (0.2,0.5) & (0.7,0.1) & (0.5,0.4) & (0.6,0.4) \\
c_{19} & (0.4,0.5) & (0.8,0.1) & (0.6,0.4) & (0.8,0.1) & (0.3,0.6) \\
c_{20} & (0.4,0.4) & (0.6,0.3) & (0.7,0.2) & (0.6,0.3) & (0.6,0.4)
\end{pmatrix}^{\mathrm{T}}
$$

（4）确定指标权重。根据公式（7-5），可计算求得 5 条地铁线各指标的熵值 H_j^i，如表 7-2 所示。

表 7-2　地铁线路各指标的熵值

线路	各指标的熵值
1	$H_1^1=0.8441, H_2^1=0.8047, H_3^1=0.9088, H_4^1=0.9001, H_5^1=0.8489, H_6^1=0.9216, H_7^1=0.9512$ $H_8^1=0.9016, H_9^1=0.8694, H_{10}^1=0.9280, H_{11}^1=0.8279, H_{12}^1=0.9018, H_{13}^1=0.9044, H_{14}^1=0.7586$ $H_{15}^1=0.7701, H_{16}^1=0.8592, H_{17}^1=0.7855, H_{18}^1=0.8931, H_{19}^1=0.7991, H_{20}^1=0.9223$
2	$H_1^2=0.8673, H_2^2=0.9132, H_3^2=0.6852, H_4^2=0.8914, H_5^2=0.9608, H_6^2=0.8596, H_7^2=0.9536$ $H_8^2=0.8317, H_9^2=0.8928, H_{10}^2=0.9086, H_{11}^2=0.9245, H_{12}^2=0.9344, H_{13}^2=0.8026, H_{14}^2=0.8493$ $H_{15}^2=0.9017, H_{16}^2=0.7845, H_{17}^2=0.8879, H_{18}^2=0.9148, H_{19}^2=0.9328, H_{20}^2=0.9556$
3	$H_1^3=0.8343, H_2^3=0.8816, H_3^3=0.9142, H_4^3=0.9037, H_5^3=0.9163, H_6^3=0.8311, H_7^3=0.8960$ $H_8^3=0.9303, H_9^3=0.7412, H_{10}^3=0.9478, H_{11}^3=0.7808, H_{12}^3=0.8531, H_{13}^3=0.9588, H_{14}^3=0.7971$ $H_{15}^3=0.8942, H_{16}^3=0.9346, H_{17}^3=0.8474, H_{18}^3=0.8114, H_{19}^3=0.7918, H_{20}^3=0.7388$
4	$H_1^4=0.7905, H_2^4=0.9168, H_3^4=0.9765, H_4^4=0.8474, H_5^4=0.8119, H_6^4=0.8759, H_7^4=0.8873$ $H_8^4=0.8231, H_9^4=0.9041, H_{10}^4=0.8675, H_{11}^4=0.6820, H_{12}^4=0.9836, H_{13}^4=0.8061, H_{14}^4=0.9576$ $H_{15}^4=0.6803, H_{16}^4=0.9539, H_{17}^4=0.6747, H_{18}^4=0.8636, H_{19}^4=0.7052, H_{20}^4=0.7492$

续表

线路	各指标的熵值
5	$H_1^5=0.8858, H_2^5=0.8355, H_3^5=0.8963, H_4^5=0.9429, H_5^5=0.9102, H_6^5=0.9588, H_7^5=0.9541$ $H_8^5=0.8070, H_9^5=0.8574, H_{10}^5=0.8985, H_{11}^5=0.8648, H_{12}^5=0.8852, H_{13}^5=0.9183, H_{14}^5=0.8012$ $H_{15}^5=0.8527, H_{16}^5=0.8313, H_{17}^5=0.8592, H_{18}^5=0.8607, H_{19}^5=0.8795, H_{20}^5=0.8690$

根据公式(7-6),求得5条地铁线各指标组成的熵权矩阵:

$$\hat{\omega}=\begin{pmatrix} 0.058 & 0.057 & 0.059 & 0.065 & 0.047 \\ 0.072 & 0.037 & 0.042 & 0.026 & 0.068 \\ 0.034 & 0.134 & 0.031 & 0.007 & 0.043 \\ 0.037 & 0.046 & 0.034 & 0.047 & 0.023 \\ 0.056 & 0.017 & 0.030 & 0.058 & 0.037 \\ 0.027 & 0.060 & 0.060 & 0.038 & 0.017 \\ 0.018 & 0.020 & 0.037 & 0.035 & 0.019 \\ 0.037 & 0.072 & 0.025 & 0.055 & 0.079 \\ 0.048 & 0.046 & 0.093 & 0.030 & 0.059 \\ 0.027 & 0.039 & 0.019 & 0.041 & 0.042 \\ 0.064 & 0.032 & 0.078 & 0.098 & 0.056 \\ 0.036 & 0.028 & 0.053 & 0.005 & 0.047 \\ 0.035 & 0.084 & 0.015 & 0.060 & 0.034 \\ 0.090 & 0.064 & 0.073 & 0.013 & 0.082 \\ 0.085 & 0.042 & 0.038 & 0.099 & 0.061 \\ 0.052 & 0.092 & 0.023 & 0.014 & 0.069 \\ 0.080 & 0.048 & 0.055 & 0.100 & 0.058 \\ 0.040 & 0.036 & 0.067 & 0.042 & 0.057 \\ 0.075 & 0.029 & 0.074 & 0.091 & 0.050 \\ 0.029 & 0.019 & 0.093 & 0.077 & 0.054 \end{pmatrix}^{T}$$

因此,根据公式(7-7),得到5条地铁线各指标的最优权重为:

$\omega_1^*=0.0918, \omega_2^*=0.0308, \omega_3^*=0.0067, \omega_4^*=0.0102, \omega_5^*=0.0094, \omega_6^*=0.0100,$
$\omega_7^*=0.0014, \omega_8^*=0.0441, \omega_9^*=0.0554, \omega_{10}^*=0.0052, \omega_{11}^*=0.1370, \omega_{12}^*=0.0020,$
$\omega_{13}^*=0.0138, \omega_{14}^*=0.0697, \omega_{15}^*=0.1260, \omega_{16}^*=0.0173, \omega_{17}^*=0.1880, \omega_{18}^*=0.0365,$
$\omega_{19}^*=0.1118, \omega_{20}^*=0.0331$

(5)计算综合评价矩阵。

计算乘客对各线路的评价矩阵。根据公式(7-2)中的乘客评价信息直觉模糊加权平均算子,将地铁线路评价矩阵 $\boldsymbol{T}_i$ 和指标权重向量 $\boldsymbol{\omega}_i^*$ 进行集结,得到综合评价矩阵 $\boldsymbol{Y}_{ki}$:

$$
\boldsymbol{Y}_{ki} =
\begin{pmatrix}
 & D_1 & D_2 & D_3 & D_4 & D_5 \\
x_1 & (0.5685, 0.2369) & (0.4045, 0.4272) & (0.6201, 0.2370) & (0.7254, 0.1994) & (0.6227, 0.2524) \\
x_2 & (0.5981, 0.2552) & (0.4998, 0.2669) & (0.6094, 0.2281) & (0.6024, 0.2496) & (0.5628, 0.3396) \\
x_3 & (0.5097, 0.3532) & (0.5749, 0.1936) & (0.5737, 0.2627) & (0.5964, 0.2329) & (0.5621, 0.2726) \\
x_4 & (0.7630, 0.1615) & (0.5205, 0.2198) & (0.5809, 0.2108) & (0.5839, 0.1972) & (0.5173, 0.2442) \\
x_5 & (0.4984, 0.3456) & (0.4231, 0.4365) & (0.6699, 0.2202) & (0.5852, 0.3151) & (0.6185, 0.2335)
\end{pmatrix}
$$

（6）对各线路的乘客满意度进行综合排序。将得到的综合评价矩阵 $\boldsymbol{Y}_{ki}$ 和乘客权重根据公式（7-8）进行集结，得到各线路的乘客满意度评价结果为：

$z_{x_1} = (0.6010, 0.0943)$，$z_{x_2} = (0.4885, 0.2919)$，$z_{x_3} = (0.6124, 0.2311)$，

$z_{x_4} = (0.6231, 0.2352)$，$z_{x_5} = (0.5785, 0.2660)$。

根据定义 3 进行比较，计算得到 $S(z_{x_1}) = 0.5068$，$S(z_{x_2}) = 0.1966$，$S(z_{x_3}) = 0.3813$，$S(z_{x_4}) = 0.3879$，$S(z_{x_5}) = 0.3125$。因此，这 5 条地铁线的乘客满意度综合排序为 $P_1 > P_4 > P_3 > P_5 > P_2$。

3. 结果分析

根据上文的计算结果可知，地铁 1 号线的乘客满意度最高，而 2 号线的乘客满意度最低。从其影响因素的角度具体分析 2 条线路产生差异的原因。

在可达性方面，1 号线各站点与公交的换乘较为方便，乘客能够较为便捷地到达各轨道站点。在票务服务、信息服务系统方面，1 号线的运营时间较长，站内购票充值设备较为充足，换乘标志及列车到站广播较为及时，得到了乘客较高的满意度评价。在候车舒适性及安全性方面，1 号线的得分相对偏低，这主要由于部分设备较为老化。在安全性方面，1 号线自 2006 年开通运营至今，一直保持良好的安全记录，客运量持续增长，得到了乘客较高的评价。在乘车时间方面，1 号线是天津市西北—东南方向的轨道交通主干线，北起刘园站，南至双林站，共 21 站，全线运行时长 48 min，平均运行 1 站的时长约为 2.3 min，运行整点率在 99% 以上，乘客在候车、准点、运行时间等方面对其评价较好。

在可达性方面，2 号线部分站点存在与公交换乘不畅的问题。在票务服务、信息服务系统方面，2 号线站内的购票充值设备较少，高峰时段乘客排队购票现象较为突出。在候车舒适性及安全性方面，2 号线得分相对较高，这主要是因为该线路的客流量不大。在安全性方面，2 号线自 2012 年运营至今，一直保持良好的安全记录，但客运量增长缓慢。在乘车时间方面，2 号线为贯穿中心城区的东西向骨干线，西起曹庄站，东至滨海国际机场站，途经中心城区的 6 个区，共设站 20 座，全线运行时长 41 min，平均运行 1 站的时长约为 2.1 min，运行整点率在 97% 以上，乘客在准点运行方面评价不高。

7.2 轨道交通服务质量聚类分析

由城市轨道交通服务的特点可知，其服务的质量评价与有形产品的质量评价不同，更倾向于依据乘客的主观感知来判定，即轨道交通企业所提供的服务质量主要由乘客进行评价。基于使用者视角的城市轨道交通服务质量评价通常采用三类方法：第一类基于多准则决策；第二类基于对乘客的调查研究和访谈，通过问卷调查获取乘客对轨道交通服务的看法；第三类基于统计分析，使用不同的变量或模型来评估服务质量，如回归模型、结构方程模型、聚类分析等。聚类分析作为数理统计的一种基本而重要的工具，在模式识别、信息检索、数据挖掘等领域得到了广泛的研究和应用。然而，目前针对直觉模糊集聚类分析的研究还相对较少。因此，本节针对城市轨道交通服务质量评价信息的模糊性，在 7.1 节基于直觉模糊多属性决策方法评价轨道交通乘客满意度的基础上，进一步改进评价方法，提出一种基于直觉模糊值的轨道交通服务质量聚类分析方法，以期对天津城市轨道交通的服务质量进行客观评价，为提升服务质量提供理论依据。

7.2.1 基于直觉模糊值的聚类分析方法

1. 研究基础

定义 1 设 $X=\{x_1,x_2,\cdots,x_n\}$ 是一非空集合，称 $A=\{\langle x_j,\mu_A(x_j),v_A(x_j)\rangle|x_j\in X\}$ 为 X 上的一个直觉模糊集。其中，$\mu_A:X\to[0,1]$ 是 x_j 属于 A 的隶属度；$v_A:X\to[0,1]$ 是 x_j 属于 A 的非隶属度，且 $\forall x_j\in X$，有 $0\leqslant\mu_A(x_j)+v_A(x_j)\leqslant 1$。称 $\pi(x_j)=1-\mu_A(x_j)-v_A(x_j)$ 为 x_j 属于 A 的犹豫度。

设 $A_1=\{\langle x_i,\mu_{A_1}(x_i),v_{A_1}(x_i)\rangle|x_i\in X\}$ 和 $A_2=\{\langle x_i,\mu_{A_2}(x_i),v_{A_2}(x_i)\rangle|x_i\in X\}$ 为集合 X 上的两个直觉模糊集，则：

（A）$A_1\subseteq A_2$，当且仅当 $\mu_{A_1}(x_i)\leqslant\mu_{A_2}(x_i)$，$v_{A_1}(x_i)\geqslant v_{A_2}(x_i)$，$\forall x_j\in X$；

（B）$A_1=A_2$，当且仅当 $A_1\subseteq A_2$，$A_2\subseteq A_1$。

定义 2 设 $\boldsymbol{Z}=(z_{ij})_{n\times n}$ 是一个 $n\times n$ 矩阵，如果任意 z_{ij} 是直觉模糊数，则称 Z 为直觉模糊矩阵。

定义 3 设 $\vartheta:\Omega^2\to\Theta$，$\Omega$ 为 X 上所有直觉模糊集的集合，且设 $A_i\in\Omega$（$i=1,2,3$），若 $\vartheta(A_1,A_2)$ 满足以下条件：

（A）$\vartheta(A_1,A_2)$ 是直觉模糊数；

（B）$\vartheta(A_1,A_2)=\langle 1,0\rangle$ 当且仅当 $A_1=A_2$；

（C）$\vartheta(A_1,A_2)=\vartheta(A_2,A_1)$；

（D）如果 $A_1\subseteq A_2\subseteq A_3$，则 $\vartheta(A_1,A_3)\subseteq\vartheta(A_1,A_2)$ 且 $\vartheta(A_1,A_3)\subseteq\vartheta(A_2,A_3)$。

则称 $\vartheta(A_1,A_2)$ 为 A_1 和 A_2 的直觉模糊相似度。

定义 4　若直觉模糊矩阵 $\boldsymbol{Z}=(z_{ij})_{n\times n}$ 满足以下条件:

(A) $z_{ii}=\langle 1,0\rangle$, $i=1,2,\cdots,n$;

(B) $z_{ij}=z_{ji}$。

则称 Z 为直觉模糊相似矩阵。

2. 计算方法

假设多属性决策问题有 n 个可行方案 $A_1,A_2,\cdots,A_m$, n 个评价指标 $I_1,I_2,\cdots,I_n$,可行方案 Y_i 在评价指标 I_j 下的属性值为直觉模糊数 $d_{ij}=\langle\mu_{ij},v_{ij}\rangle$,可得到直觉模糊决策矩阵 $\boldsymbol{D}=(d_{ij})_{n\times n}$。

定义 5　设 A_1 和 A_2 是两个直觉模糊集,则

$$\vartheta(A_1,A_2)=(1-\sqrt[\lambda]{\varsigma^*(A_1,A_2)},\sqrt[\lambda]{\varsigma_*(A_1,A_2)}),\lambda\geqslant 1 \tag{7-9}$$

为 A_1 和 A_2 的直觉模糊相似度。

式中,

$$\varsigma_*(A_1,A_2)=\min_i\left\{\beta_1\left|\mu_{A_1}(x_i)-\mu_{A_2}(x_i)\right|^\lambda+\beta_2\left|v_{A_1}(x_i)-v_{A_2}(x_i)\right|^\lambda+\beta_3\left|\pi_{A_1}(x_i)-\pi_{A_2}(x_i)\right|^\lambda\right\} \tag{7-10}$$

$$\varsigma^*(A_1,A_2)=\max_i\left\{\beta_1\left|\mu_{A_1}(x_i)-\mu_{A_2}(x_i)\right|^\lambda+\beta_2\left|v_{A_1}(x_i)-v_{A_2}(x_i)\right|^\lambda+\beta_3\left|\pi_{A_1}(x_i)-\pi_{A_2}(x_i)\right|^\lambda\right\} \tag{7-11}$$

通过直觉模糊相似度公式即可将直觉模糊决策矩阵 $\boldsymbol{D}=(d_{ij})_{n\times n}$ 转换成直觉模糊相似矩阵 $\boldsymbol{Z}=(z_{ij})_{n\times n}$,其中 $z_{ij}=\vartheta(A_i,A_k)=\langle\bar{\mu}_{ij},\bar{v}_{ij}\rangle$ 为直觉模糊数。

定义 6　设 $\boldsymbol{Z}_1=(z_{ij}^{(1)})_{n\times n}$ 和 $\boldsymbol{Z}_2=(z_{ij}^{(2)})_{n\times n}$ 是直觉模糊矩阵,若 $\boldsymbol{Z}=\boldsymbol{Z}_1\cdot\boldsymbol{Z}_2$,则称 $\boldsymbol{Z}$ 是 $\boldsymbol{Z}_1$ 和 $\boldsymbol{Z}_2$ 的合成矩阵,其中,

$$z_{ij}=\bigcup_{k=1}^{n}(z_{ik}^{(1)}\bigcap z_{kj}^{(2)})=\left(\max_k\left\{\min\left\{\mu_{z_{ik}^{(1)}},\mu_{z_{kj}^{(2)}}\right\}\right\},\min_k\left\{\max\left\{v_{z_{ik}^{(1)}},v_{z_{kj}^{(2)}}\right\}\right\}\right) \tag{7-12}$$

定义 7　设 $\boldsymbol{Z}=(z_{ij})_{n\times n}$ 是直觉模糊矩阵,其中 $z_{ij}=(\mu_{z_{ij}},v_{z_{ij}})$,则称 $\boldsymbol{Z}_\lambda=({}_\lambda z_{ij})_{n\times n}$ 为 $\boldsymbol{Z}$ 的 λ 截距阵,其中

$${}_\lambda z_{ij}=\begin{cases}0,\lambda>1-v_{z_{ij}}\\0.5,\mu_{z_{ij}}<\lambda\leqslant 1-v_{z_{ij}}\\1,\mu_{z_{ij}}\geqslant\lambda\end{cases} \tag{7-13}$$

定义 8　设 $A_1,A_2,\cdots,A_n$ 为一组直觉模糊集,$\boldsymbol{Z}=(z_{ij})_{n\times n}$ 为由公式(7-9)得到的直觉模糊相似矩阵,$\boldsymbol{Z}^*=(z_{ij}^*)_{n\times n}$ 为 $\boldsymbol{Z}$ 的直觉模糊等价矩阵,${}_\lambda\boldsymbol{Z}^*=({}_\lambda z_{ij}^*)_{n\times n}$ 为 $\boldsymbol{Z}^*$ 的 λ 截距阵,若 ${}_\lambda\boldsymbol{Z}^*$ 的第 i 行中各对应元素均相等,则称 A_i 和 A_j 同类。

2. 计算步骤

步骤 1 建立直觉模糊相似矩阵 $\boldsymbol{Z}=(z_{ij})_{n\times n}$。根据公式(7-9)至(7-11)得到直觉模糊相似矩阵 Z。

步骤 2 检验直觉模糊矩阵 $\boldsymbol{Z}$ 是否为直觉模糊等价矩阵。根据公式(7-12)进行矩阵合成,并检验是否满足 $\boldsymbol{Z}^2\subseteq\boldsymbol{Z}$,否则继续进行合成运算 $\boldsymbol{Z}\to\boldsymbol{Z}^2\to\cdots\to\boldsymbol{Z}^{2^k}\to\cdots$,直到 $\boldsymbol{Z}^{2^l}=\boldsymbol{Z}^{2^{(l+1)}}$,则 $\boldsymbol{Z}^{2^{(l+1)}}$ 为所求的直觉模糊等价矩阵。为方便起见,记 $\boldsymbol{Z}^*=(z_{ij}^*)_{n\times n}$ 为所求的直觉模糊等价矩阵,其中 $z_{ij}^*=(\mu_{z_{ij}^*},v_{z_{ij}^*})$,$(i,j=1,2,\cdots,n)$。

步骤 3 对于给定的置信水平 λ,根据公式(7-13)计算出直觉模糊等价矩阵 $\boldsymbol{Z}^*$ 的 λ 截距阵 ${}_\lambda\boldsymbol{Z}^*=({}_\lambda z_{ij}^*)_{n\times n}$。

步骤 4 依据 λ 截距阵 ${}_\lambda\boldsymbol{Z}^*=({}_\lambda z_{ij}^*)_{n\times n}$ 及定义 8,对方案进行聚类。

7.2.2 天津轨道交通服务质量聚类分析

本节选取天津市中心城区的轨道交通 1、2、3、5、6、9 号线为研究对象,基于乘客服务质量调查数据,开展基于直觉模糊值的城市轨道交通服务质量聚类分析,发现当前存在的问题。

1. 调查问卷的发放

课题研究小组于 2019 年 10 月 5 日至 2019 年 11 月 13 日,奔赴天津市中心城区已经开通运营的轨道交通线路(M_1、M_2、M_3、M_5、M_6、M_9)的各个站点,开展城市轨道交通服务质量调查。调查问卷的发放选取不同的时间段(工作日的早晚高峰、工作日的平峰、休息日等)。共发放调查问卷 1 200 份,收回有效问卷 1 024 份。

调查问卷包含三部分内容:(1)乘客的个人基本信息:年龄、性别、受教育程度、工作等;(2)乘客的轨道交通使用情况:出发地和目的地、出行时间与出行频率、使用目的等;(3)乘客对轨道交通服务质量的满意程度:安全性、经济性、快速性、方便性、舒适性。乘客的个人基本信息如表 7-3 所示,调查样本中的男女比例大体相当,女性略多(56.8%)。受访者的文化程度相对较高,且受访者以中青年为主,60 岁以下的受访者占总人数的 97.2%。超过 1/3 的乘客(36.9%)每天使用轨道交通,近 1/3 的乘客(28.5%)表示偶尔使用。受访者的出行目的主要为工作、学习和购物等。

表 7-3 受访者个人信息

个人信息		N(人)	占比
性别	男性	442	43.2%
	女性	582	56.8%
年龄	16~25	444	43.4%
	26~35	364	35.5%
	36~45	104	10.2%
	46~60	94	9.1%
	＞60	18	1.8%

续表

个人信息		N(人)	占比
教育水平	初中/高中	80	7.8%
	大专	204	19.9%
	大学本科	487	47.6%
	硕士及以上	253	24.7%
出行频率	每天	378	36.9%
	每周 3~4 次	188	18.4%
	每周 1~2 次	166	16.2%
	偶尔	292	28.5%
使用目的	家—工作地	425	41.5%
	家—学校	308	30.1%
	购物	127	12.4%
	拜访亲友	63	6.1%
	其他	101	9.9%

2. 计算过程与结果

本节基于乘客对轨道交通服务质量的问卷调查,对比分析中心城区 6 条轨道交通线路的服务状况及乘客的不同需求倾向。6 条轨道线路的比较综合考虑 5 个维度的属性($A_1,A_2,\cdots,A_6$):(1)安全性 I_1;(2)经济性 I_2;(3)快速性 I_3;(4)方便性 I_4;(5)舒适性 I_5。对于城市轨道交通线路,如果 512 名乘客认为安全,410 名乘客认为不安全,102 名乘客不判断是否安全,就用直观模糊数(0.5, 0.4)表示其性能。将 1 024 名乘客的偏好信息按 5 个属性综合到 6 条城市轨道交通线路上,得到决策矩阵如表 7-4 所示。

表 7-4　特征信息

	I_1	I_2	I_3	I_4	I_5
A_1	(0.5,0.4)	(0.6,0.2)	(0.6,0.1)	(0.5,0.2)	(0.8,0.1)
A_2	(0.6,0.3)	(0.4,0.4)	(0.3,0.6)	(0.6,0.3)	(0.4,0.3)
A_3	(0.2,0.4)	(0.8,0.1)	(0.6,0.2)	(0.4,0.5)	(0.3,0.2)
A_4	(0.4,0.1)	(0.2,0.4)	(0.8,0.1)	(0.2,0.5)	(0.7,0.1)
A_5	(0.5,0.2)	(0.6,0.3)	(0.7,0.1)	(0.6,0.2)	(0.5,0.3)
A_6	(0.3,0.5)	(0.4,0.3)	(0.8,0.1)	(0.1,0.6)	(0.5,0.4)

步骤 1　建立直觉模糊相似矩阵。根据表 7-4 中的特征信息以及公式(7-9)至(7-11)建立直觉模糊相似矩阵,令 $\lambda=2$, $\beta_1=\beta_2=\beta_3=1/3$。首先计算

$$
\begin{aligned}
&1-\sqrt[\lambda]{\varsigma^*(A_1,A_2)}\\
&=1-\frac{1}{\sqrt{3}}\left\{\max\left[|0.5-0.6|^2+|0.4-0.3|^2+|0.1-0.1|^2,\cdots,|0.8-0.4|^2+|0.1-0.3|^2+|0.1-0.3|^2\right]\right\}^{1/2}\\
&=0.64
\end{aligned}
$$

$$\sqrt[\lambda]{\varsigma_*(A_1,A_2)}$$
$$=\frac{1}{\sqrt{3}}\left\{\min\left[|0.5-0.6|^2+|0.4-0.3|^2+|0.1-0.1|^2,\cdots,|0.8-0.4|^2+|0.1-0.3|^2+|0.1-0.3|^2\right]\right\}^{1/2}$$
$$=0.08$$

因此，$z_{12}=(0.644,0.082)$，其他可类似求得，从而得到直觉模糊相似矩阵，

$$\boldsymbol{Z}=\begin{pmatrix}(1,0)&(0.64,0.08)&(0.63,0.08)&(0.71,0.08)&(0.78,0.08)&(0.67,0.14)\\(0.64,0.08)&(1,0)&(0.71,0.14)&(0.59,0.16)&(0.63,0.08)&(0.59,0.08)\\(0.63,0.08)&(0.71,0.14)&(1,0)&(0.58,0.14)&(0.78,0.08)&(0.72,0.14)\\(0.71,0.08)&(0.59,0.16)&(0.58,0.14)&(1,0)&(0.71,0.08)&(0.71,0)\\(0.78,0.08)&(0.63,0.08)&(0.78,0.08)&(0.71,0.08)&(1,0)&(0.63,0.08)\\(0.67,0.14)&(0.59,0.08)&(0.72,0.14)&(0.71,0)&(0.63,0.08)&(1,0)\end{pmatrix}$$

步骤 2 检验直觉模糊矩阵 $\boldsymbol{Z}$ 是否为直觉模糊等价矩阵。根据公式（7-12）进行矩阵合成，

$$\boldsymbol{Z}^2=\boldsymbol{Z}\cdot\boldsymbol{Z}=\begin{pmatrix}(1,0)&(0.64,0.08)&(0.67,0.08)&(0.71,0.08)&(0.78,0.08)&(0.71,0.08)\\(0.64,0.08)&(1,0)&(0.71,0.08)&(0.64,0.08)&(0.71,0.08)&(0.71,0.08)\\(0.67,0.08)&(0.71,0.08)&(1,0)&(0.71,0.08)&(0.78,0.08)&(0.72,0.08)\\(0.71,0.08)&(0.64,0.08)&(0.71,0.08)&(1,0)&(0.71,0.08)&(0.71,0)\\(0.78,0.08)&(0.71,0.08)&(0.78,0.08)&(0.71,0.08)&(1,0)&(0.72,0.08)\\(0.71,0.08)&(0.71,0.08)&(0.72,0.08)&(0.71,0)&(0.72,0.08)&(1,0)\end{pmatrix}$$

因为 $\boldsymbol{Z}^2\neq\boldsymbol{Z}$，因此，$\boldsymbol{Z}$ 不是直觉模糊等价矩阵，需进一步计算，

$$\boldsymbol{Z}^4=\boldsymbol{Z}^2\cdot\boldsymbol{Z}^2=\begin{pmatrix}(1,0)&(0.71,0.08)&(0.78,0.08)&(0.71,0.08)&(0.78,0.08)&(0.72,0.08)\\(0.71,0.08)&(1,0)&(0.71,0.08)&(0.71,0.08)&(0.71,0.08)&(0.71,0.08)\\(0.78,0.08)&(0.71,0.08)&(1,0)&(0.71,0.08)&(0.78,0.08)&(0.72,0.08)\\(0.71,0.08)&(0.71,0.08)&(0.71,0.08)&(1,0)&(0.71,0.08)&(0.71,0)\\(0.78,0.08)&(0.71,0.08)&(0.78,0.08)&(0.71,0.08)&(1,0)&(0.72,0.08)\\(0.72,0.08)&(0.71,0.08)&(0.72,0.08)&(0.71,0)&(0.72,0.08)&(1,0)\end{pmatrix}$$

由于 $\boldsymbol{Z}^4\neq\boldsymbol{Z}^2$，需进一步计算，

$$\boldsymbol{Z}^8=\boldsymbol{Z}^4\cdot\boldsymbol{Z}^4$$
$$=\begin{pmatrix}(1,0)&(0.71,0.08)&(0.78,0.08)&(0.71,0.08)&(0.78,0.08)&(0.72,0.08)\\(0.71,0.08)&(1,0)&(0.71,0.08)&(0.71,0.08)&(0.71,0.08)&(0.71,0.08)\\(0.78,0.08)&(0.71,0.08)&(1,0)&(0.71,0.08)&(0.78,0.08)&(0.72,0.08)\\(0.71,0.08)&(0.71,0.08)&(0.71,0.08)&(1,0)&(0.71,0.08)&(0.71,0)\\(0.78,0.08)&(0.71,0.08)&(0.78,0.08)&(0.71,0.08)&(1,0)&(0.72,0.08)\\(0.72,0.08)&(0.71,0.08)&(0.72,0.08)&(0.71,0)&(0.72,0.08)&(1,0)\end{pmatrix}$$
$$=\boldsymbol{Z}^4$$

故 $\boldsymbol{Z}^*=\boldsymbol{Z}^8$ 为直觉模糊等价矩阵。

步骤 3 计算直觉模糊等价矩阵 $\boldsymbol{Z}^*$ 的 λ 截距阵 ${}_\lambda\boldsymbol{Z}^*=({}_\lambda z_{ij}^*)_{n\times n}$。根据公式（7-13）可知，置信水平 λ 取值仅与直觉模糊等价矩阵 $\boldsymbol{Z}^*=\boldsymbol{Z}^8=\left(z_{ij}^*\right)_{6\times6}$ 中各元素 $z_{ij}^*=(\mu_{z_{ij}^*},v_{z_{ij}^*})$，

$(i,j=1,2,\cdots,6)$ 中的隶属度 $\mu_{z_{ij}^*}$ 和非隶属度 $v_{z_{ij}^*}$ 有关，这里取 $0.72<\lambda\leqslant 0.78$ 作为 λ 截距阵 ${}_{\lambda}\boldsymbol{Z}^*$ 中的界限值进行讨论，

$$
{}_{\lambda}\boldsymbol{Z}^*=\begin{pmatrix} 1 & 1/2 & 1 & 1/2 & 1 & 1/2 \\ 1/2 & 1 & 1/2 & 1/2 & 1/2 & 1/2 \\ 1 & 1/2 & 1 & 1/2 & 1 & 1/2 \\ 1/2 & 1/2 & 1/2 & 1 & 1/2 & 1/2 \\ 1 & 1/2 & 1 & 1/2 & 1 & 1/2 \\ 1/2 & 1/2 & 1/2 & 1/2 & 1/2 & 1 \end{pmatrix}
$$

步骤 4　依据 λ 截距阵 ${}_{\lambda}\boldsymbol{Z}^*=({}_{\lambda}z_{ij}^*)_{n\times n}$ 及定义 8，对方案进行聚类。根据 λ 截距阵 ${}_{\lambda}\boldsymbol{Z}^*=({}_{\lambda}z_{ij}^*)_{n\times n}$ 及定义 8，将天津中心城区 6 条轨道交通线路的服务质量分为 4 类：$\{A_1,A_3,A_5\}$、$\{A_2\}$、$\{A_4\}$、$\{A_6\}$。聚类 1 是最大的类别，包含 3 条轨道交通线路，分别为 M_1、M_3、M_6，这表明乘客对这 3 条轨道交通线路的服务质量感受基本相同；聚类 2、3、4 分别包含 1 条轨道交通线路 M_2、M_5、M_9。通过对乘客的进一步访谈了解到，M_2 为连接机场的专用线，平日整体客流量较小，乘客感知较好的环节主要包括站点环境卫生、站点导向指引、站点安全维护等。乘客对 M_5 的服务质量较为满意，它于 2018 年 10 月 22 日开通试运营，车辆较新，列车车厢内设施的设计考虑了站立乘客对吊环扶手的需求，所以在中立柱之间安装了横杆。同时列车整车配备了变频空调，加装了空气净化装置，运用了多种减噪技术等，使得乘客坐车时感觉更加舒适。此外，M_5 正处于客流培育阶段，乘客较少，使其乘车体验较好。M_9 的服务质量最不理想，主要原因在以下 2 个方面：（1）区别于 M_1~M_6，M_9 作为中心城区与滨海新区的连接线路，其票价高于中心城区的其他运营线路（如乘客乘坐 M_3 在 16 站 15 区间以内，票价为 4 元，而乘客乘坐 M_9 在 16 站 15 区间以内，票价为 9 元）。（2）自 2003 年开通运营以来，M_9 是唯一一条连接中心城区与滨海新区的轨道交通线路，其在工作日有大量的通勤客流，在非工作日有大量的旅游、休闲客流，使得车内一般较为拥挤。且其列车较为老化，有乘客反映地铁车厢空调直吹头顶，同时，其车厢运行噪声也较大。

7.3　轨道交通乘客再使用意愿分析

城市轨道交通虽然具有大运量、低能耗、高准点等优势，但相较于个人机动车出行方式而言，在舒适度、便捷性等方面存在劣势，这影响居民对于轨道交通的使用意愿。也就是说，城市轨道交通不可能吸引所有的出行主体，因此，把握现有的使用主体，吸引其再次使用轨道交通出行就成为提升轨道交通利用率，实现绿色出行的重要途径。基于此，本节就乘客再次使用轨道交通意愿的影响因素开展研究，为轨道交通集聚客流提供理论依据。

7.3.1 研究假设

1. 公共交通服务质量、乘客满意度与再次使用意愿

城市轨道交通的服务质量是从乘客的视角出发，反映其对出行行为整体质量的感知。优质的服务质量会提升乘客的满意度。因此，许多学者对公共交通服务质量的评价予以关注，探讨乘客对公共交通服务的哪些方面更感兴趣。de Oña 等（2016）提出，服务质量是吸引人们使用公共交通的关键因素。Nathanail（2008）提出了一个衡量希腊铁路服务质量的多准则评估框架。Cavana 等（2007）扩展了 SERVQUAL 工具，通过增加舒适性、连通性和便利性三个维度评估新西兰惠灵顿的铁路客运服务质量。Eboli 和 Mazzulla（2008）采用陈述性偏好测试，以衡量公共交通的服务质量。Geetika 和 Shefali（2010）指出，铁路服务质量的重要维度包括：服务的可用性、服务监控、旅行时间、安全和安保以及维护和施工活动。Machado León 等（2017）强调了可用性、可访问性、信息、时间、舒适性和安全性在服务质量中的作用。Isikli 等（2017）研究发现，候车时间、车内拥挤度、票价是影响轨道交通服务质量的重要维度。

顾客满意度是顾客对消费前期望的和消费后感知到的绩效之间差异的总体情绪反应（Oliver，1980）。一般来说，顾客满意度取决于所提供的服务的质量（Anderson 等，1993）。Castillo 和 Benitez（2013）研究发现，时间、舒适度、可访问性、连通性和信息可获得性是影响乘客满意度的重要因素，重点关注那些影响服务质量的因素对提升乘客满意度有重要意义。Shen 等（2016）的一项研究表明，安全保障是影响乘客使用苏州城市轨道交通最重要的因素。Cao 和 Chen（2011）以南京—上海高铁为研究对象研究了乘客满意度在服务质量和乘客忠诚度之间的中介作用，结果表明，服务质量对乘客满意度有直接影响，对乘客忠诚度有间接影响。还有学者的研究表明，服务质量不仅与乘客满意度之间存在显著相关性，而且影响乘客对城市轨道交通的使用（Diana，2012；Yilmaz 等，2017）。

近年来，乘客的再次使用意愿受到研究者们的广泛关注，并被广泛应用于与乘客忠诚相关的模型之中。de Oña 等（2015）指出，积极的顾客满意度与乘客再次使用意愿之间具有直接相关性。Jen 等（2011）考察了服务质量、满意度、感知价值和乘客再次使用意愿之间的关系，研究结果表明，乘客满意度是连接服务质量与乘客再次使用意愿的桥梁，感知价值是影响乘客再次使用意愿最重要的因素。Yilmaz 等（2017）检验了服务质量、企业形象、满意度、投诉和乘客再次使用意愿之间的关系，结果发现，服务质量和企业形象对乘客满意度有显著影响，从而影响乘客的忠诚度。Chou 和 Kim（2009）在他们的研究中发现，服务质量对乘客满意度有影响，且对乘客的再次使用意愿有显著影响。Shen 等（2016）得出结论，服务质量是影响乘客再次使用意愿的重要因素。

综上所述，在评价城市轨道交通的服务质量、乘客满意度和乘客再次使用意愿时，需要综合考虑多个影响因素，而这些影响因素可能属于不同范畴。在以往的文献中，服务质量、乘客满意度和乘客再次使用意愿是一个多维结构，乘客感知的服务质量的变化取决于乘客随时间对各方面服务的满意度的变化。随着我国轨道交通建设的快速发展，人们越来越多地使用轨道交通出行，对轨道交通服务质量的关注也在逐渐增强。有鉴于此，本部分内容将功能性服务质量、技术性服务质量、舒适性与清洁性、服务规划与可靠性作为影响服务质量的主要因素，并提出以下假设。

假设 1（H1）：服务质量是一个多维结构，包括功能服务质量、技术服务质量、舒适性与清洁性、服务规划与可靠性。

假设 2（H2）：服务质量对乘客满意度有正向影响。

假设 3（H3）：服务质量对乘客再次使用意愿有正向影响。

2. 乘客满意度与乘客再次使用意愿的相互关系

在服务质量、乘客满意度和乘客再次使用意愿之间相互关系的研究领域，学者们关注轨道交通运营商提供的服务质量，并指出由高的服务质量带来的积极的乘客满意度会吸引其再次使用轨道交通（Chou et al，2014）。Agarwall（2008）在对印度铁路进行研究的过程中发现，增强乘客的再次使用意愿可以通过提升服务质量影响乘客满意实现。Eboli 和 Mazzulla（2015）分析了轨道交通乘客满意度与服务质量的关系，结果显示，服务质量对乘客满意度有影响，并可能影响乘客对轨道交通的再次使用意愿。Stuart 等（2000）利用结构方程模型验证了不同服务属性对纽约城市轨道交通乘客满意度和乘客再次使用意愿的直接和间接影响。Allen 和 Rica 等（2019）引入关键事件的概念，分析了公交乘客满意度与忠诚度之间的关系，结果表明，关键事件降低了所有特定服务要素属性的满意度、总体满意度和具体满意度，其中，服务质量属性直接影响忠诚度。同时，Allen 和 Muñoz 等（2019）以圣地亚哥地铁系统为例，建立了一个包含用户感知属性的结构方程模型，结果表明，安全性、上车难易程度、对重大事件的反应以及信息是影响乘客满意度的主要变量。在此基础上，为了检验乘客满意度对再次使用意愿的影响，提出如下假设。

假设 4（H4）：乘客满意度对乘客再次使用意愿有正向影响。

7.3.2　研究方法

1. 结构方程模型

结构方程模型（SEM）是一种多变量的统计模型，它使研究人员能够解决由一系列方程表示的复杂问题，评估潜在变量之间的因果关系并检验假设。潜在变量可分为外生变量和内生变量。结构方程模型的基本方程可以用以下公式定义：

$$\eta = B\eta + \boldsymbol{\Gamma}\xi + \zeta \tag{7-14}$$

式中，η是一个 $m\times1$ 列向量的潜在变量；ξ是一个 $n\times1$ 列向量的外生变量；$\boldsymbol{B}$是一个 $m\times m$ 系数矩阵，与内生变量有关；$\boldsymbol{\Gamma}$是一个 $m\times n$ 系数矩阵，与外生变量有关；ζ是一个 $m\times1$ 列向量的误差项，与内生变量相关。

测量模型的基本计算方程如下，

$$\boldsymbol{x} = \boldsymbol{\Lambda}_x\xi + \boldsymbol{\delta} \tag{7-15}$$

$$y = \Lambda_y \eta + \varepsilon \tag{7-16}$$

式中，x 是与观察到的外生变量相关的 q 列向量，Λ_x 是一个 $q \times n$ 外生变量对观测变量影响的结构系数矩阵，δ 是外生变量的 q 列误差向量；y 是与观察到的内生变量有关的 p 列向量，Λ_y 是内生变量对观测变量影响的 $p \times m$ 结构系数矩阵，ε 是一个 p 列误差向量的内生变量。采用最大似然估计模型（Maximum Likelihood Estimation，MLE）对其进行测度。

2. 数据收集

为了获得准确的回答并减少歧义，在方便抽样的基础上，课题小组向一个 30 人的试点小组分发了初步问卷。试点小组由学者和有关专家组成。试点小组不仅回答了问题，还提出了一些建议，使问卷得以完善，方便答题者理解问题。最后的问卷基于 1 分到 10 分的量表分别代表乘客不同的态度水平（1 分：非常不同意；10 分：非常同意）。调查问卷于 2018 年 7 月 7 日至 2018 年 8 月 5 日期间，分别选取上午、下午的不同时间段在天津市中心城区的轨道交通站点地区，随机选择乘客面对面地发放。共发放问卷 300 份，收回有效问卷 220 份。

7.3.3 数据分析

1. 基本信息

为收集与乘客感知相关的信息，调查问卷共包括三部分：第一部分，旨在了解乘客的基本属性特征。第二部分，关于轨道交通的使用，旨在了解乘客的出行习惯。第三部分，包含与服务质量、乘客满意度和乘客再次使用意愿等相关的态度陈述。乘客的基本属性特征见表 7-5。可见，样本中的性别比例大体相当。受访者的受教育程度相对较高，且受访者以中青年人为主，60 岁以下的受访者占受访总人数的 92.7%。约 1/3 的乘客（35.5%）表示每天都使用轨道交通作为日常出行的交通方式，25.9% 的乘客表示偶尔使用轨道交通。大多数乘客选择轨道交通出行的目的为上班、上学和购物等。

表 7-5　受访者的基本信息统计

人口统计信息		N（人）	占比
性别	男性	94	42.7%
	女性	126	57.3%
年龄	18~30	99	45.0%
	31~45	57	25.9%
	46~60	48	21.8%
	＜ 60	16	7.3%
受教育程度	专科及以下	32	14.5%
	本科	138	62.7%
	研究生及以上	50	22.7%

续表

人口统计信息		N(人)	占比
出行频率	每天	78	35.5%
	每周 3~4 次	46	20.9%
	每周 1~2 次	39	17.7%
	偶尔	57	25.9%
出行目的	家—工作单位	119	54.1%
	家—学校	54	24.5%
	购物	18	8.2%
	出访	9	4.1%
	其他	20	9.1%

2. 数据检验

为检验服务质量的调研数据，采用探索性因子分析法对各指标之间的相关性进行分析。结果表明，Cronbach's Alpha 的值为 0.727(>0.6)，表明测量方法是有效的。Bartlett 球度检验值为 2 640.84，相关显著性水平为 0.000，这说明变量之间存在相关性，因子分析是有效的。Kaiser-Mayer-Olkin 值为 0.876(>0.7)，这说明该数据适用于因子分析。在进行探索性因素分析后，进行验证性因素分析，测量数据的收敛有效性(AVE>0.5)。各相关系数在 0.012~0.586 之间，超过标准的两项指标之间没有相关性(>0.9)。表 7-6 显示了验证性分析的结果。

表 7-6　服务质量因子的有效性和可靠性检验结果

变量	子项	估计值	S.E.	C.R.	P	AVE
服务质量(SQ, Service quality)	SQ_1	1.050	0.089	11.807	***	1.034
	SQ_2	1.000	0.086	11.604	***	
	SQ_3*	1.000				
乘客满意度(CS, Customer satisfaction)	CS_1	0.947	0.092	10.314	***	1.101
	CS_2	1.046	0.095	11.060	***	
	CS_3*	1.189	0.099	12.061	***	
	CS_4	1.000				
乘客再次使用意愿(RI, Reuse intention)	RI_1	1.003	0.108	9.312	***	1.151
	RI_2	1.203	0.128	9.415	***	
	RI_3*	1.000				

注：S.E.：标准误差；C.R.：临界比。* 回归权重固定为 1；因此不计算 S.E. 和 C.R.。SQ_1：整体服务质量，SQ_2：服务可用性，SQ_3：有形服务设备；CS_1：服务总体满意度，CS_2：服务非常满意，CS_3：乘地铁找感觉很舒服，CS_4：服务符合我的期望；RI_1：我会在相同条件下再次乘坐地铁，RI_2：我会向其他人推荐使用地铁，RI_3：我会继续使用地铁。

3. 测量模型

本节将服务质量概念化为功能性服务质量、技术性服务质量、舒适性与清洁性、服务规划与可靠性，并进行第二轮验证性分析，以确定各部分的重要性。表 7-7 显示了第二轮验证性分析的结果，从中可以看出，结果支持验证性分析。整体拟合指数显示，各拟合指标均在规定范围内，模型能满足拟合优度指标的要求，模型的主要拟合指标见表 7-8。

表 7-7 第二轮服务质量因子的有效性与可靠性检验结果

变量	子项	估计值	*S.E.*	*C.R.*	*P*	*AVE*
功能性服务质量（FSQ，Functional service quality）	FSQ_1	0.920	0.072	12.700	***	0.833
	FSQ_2	0.808	0.070	11.499	***	
	FSQ_3*	1.000				
技术性服务质量（TSQ，Technical service quality）	TSQ_1	1.079	0.084	12.834	***	1.090
	TSQ_2	1.052	0.083	12.677	***	
	TSQ_3*	1.000				
舒适性和清洁性（CC，Comfort and cleanness）	CC_1	0.874	0.083	10.496	***	0.820
	CC_2	0.737	0.089	8.289	***	
	CC_3	0.986	0.089	11.101	***	
	CC_4*	1.000				
服务规划和可靠性（SPR，Service planning and reliability）	SPR_1	0.875	0.097	9.002	***	1.011
	SPR_2	1.126	0.113	9.983	***	
	SPR_3*	1.000				

注：*S.E.*：标准误差；*C.R.*：临界比。* 回归权重固定为 1，因此不计算 *S.E.* 和 *C.R.*。FSQ_1：出行过程中的安全感，FSQ_2：出行过程中的噪声水平和振动，FSQ_3：列车拥挤程度；TSQ_1：设备设施，TSQ_2：售票服务，TSQ_3 车内空调系统；CC_1：地铁车厢内清洁度，CC_2：地铁车站清洁度，CC_3：是否有座位，CC_4：信息可获得性；SPR_1：进入地铁站的便捷性，SPR_2：列车行驶速度，SPR_3：列车准点率。

表 7-8 模型拟合优度检验结果

Indices	*Chi-square*	*P*	*CMIN/DF*	*RMSEA*	*CFI*	*GFI*
值	369.234	0.000	1.702	0.057	0.939	0.875

4. 路径分析

通过 SEM 对模型中的路径关系进行分析。根据 Amos 22 的计算结果，研究模型的总体拟合度是可以接受的（RMSEA=0.057<0.1，CFI=0.939>0.9，GFI=0.875>0.8，TLI=0.929>0.9）。

表 7-9 显示了 SEM 的计算结果，其表明结果支持假设 2~4。服务质量对顾客满意度有显著影响（H_2=0.775），服务质量对乘客再次使用意愿有显著影响（H_3=0.184）。同时，乘客满意度对乘客再次使用意愿有影响（H_4=0.240）。具有路径系数的假设模型如图 7-5 所示。

表 7-9　模型假设检验的结果

假设	影响关系	自变量	路径	因变量	估计	*S.E.*	*P*
H_2	Direct	SQ	→	CS	0.775	0.073	***
H_3	Direct	SQ	→	RI	0.184	0.427	0.666
H_4	Direct	CS	→	RI	0.240	0.520	0.644

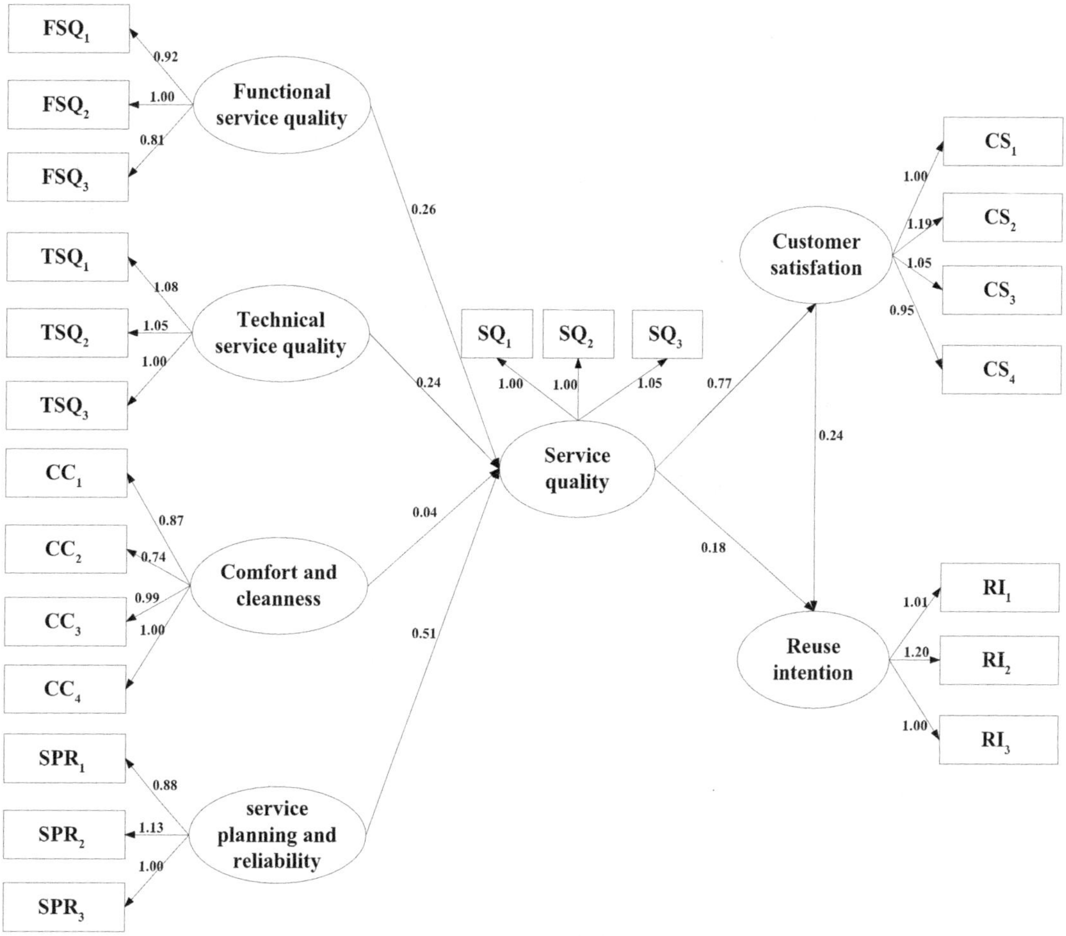

图 7-5　具有路径系数的假设模型

7.3.4　结果讨论

本部分内容旨在探讨影响天津市城市轨道交通乘客再次使用意愿的因素之间的关系。利用结构方程模型，分析了服务质量、乘客满意度对乘客再次使用意愿的影响。研究结论如下。

1. 服务质量

服务质量是城市轨道交通吸引乘客的重要基础因素之一。尽管国外对城市轨道交通服务质量进行了广泛的研究，但我国和其他发展中国家还缺乏相应的综合模型。本节通过对天津市城市轨道交通服务质量与乘客满意度、乘客再次使用意愿相互关系的实证检验，分析影响城市轨道交通服务质量的关键因素。将服务质量概念化为功能性服务质量、技术性服务质量、舒适性与清洁性、服务规划与可靠性，有效性和可靠性，检验结果表明，本章提出的服务质量量表的四个维度均具有较好的效度与信度。

服务规划与可靠性是本研究中最显著的变量，该研究结果得到了实际情况的支持。天津市轨道交通乘客认为，时间的准时性、进出地铁站的方便性和行程的准确性是城市轨道交通最重要的优势。因此，为提升城市轨道交通服务质量的水平，运营商应更加重视进出站换乘的便捷性、线路运营的时间等问题。设计良好的服务规划及保障出行的可靠性可以显著提高乘客的满意度。其次是功能性服务质量和技术性服务质量。功能性服务质量的模型计算结果表明，安全度和列车拥挤度对服务质量的影响很大。技术性服务质量中，设备设施和票务服务对服务质量有较大影响。因此，轨道交通服务可以从这些方面进行改进，如保障出行安全、优化票价政策以及维护有形设备质量等。舒适性和清洁性在服务品质的所有变量中最不显著，这说明，天津市轨道交通乘客对列车舒适性和清洁性的重视程度相对较低，但与中国人口密度的现实国情相符，可以通过改善车站环境质量、增加车站座位数量等方法解决这一问题。

2. 服务质量、乘客满意度与乘客再次使用意愿的关系

研究假设服务质量直接影响乘客满意度和乘客再使用意愿，乘客满意度直接影响乘客再使用意愿。研究结果显示，服务质量与乘客满意度正相关，乘客满意度与乘客再使用意愿正相关，这与之前的相关研究结果保持一致。因此，城市轨道交通运营商需要制定以提升服务质量和乘客满意度为核心的发展策略，如提高准时性、增强安全性、完善车内空调系统等，使得乘客的再使用意愿增强。

7.4 本章小结

本章在城市轨道交通网络化体系结构不断发展完善的背景下，开展基于优化乘客出行的轨道交通服务质量提升研究。首先，开展轨道交通服务质量的乘客满意度评价，然后在此基础上，改进研究方法，对轨道交通的服务质量进行聚类分析，最后，进一步探讨轨道交通服务质量与乘客满意度及乘客再次使用意愿的关系。主要的研究结论如下：

城市轨道交通的服务质量与乘客满意度存在正相关关系，且乘客满意度正向影响其再使用意愿，因此，要吸引居民在日常出行中选择轨道交通作为主要的通勤方式，就需要不断提高轨道交通的服务质量，进而提升乘客的满意度和忠诚度。为此，需要围绕影响城市轨道交通服务质量的关键因素，开展基于优化乘客出行的服务质量提升，如重点关注轨道交通使用的安全性、准点性和便利性等方面，增强乘客的轨道交通使用意愿，进而提高轨道交通在城市交通结构中的比例，引导居民绿色低碳出行。

参考文献

[1] 肖为周. 大城市轨道交通与土地利用互动关系研究 [D]. 南京：东南大学，2010.

[2] 潘家华，单菁菁. 城市蓝皮书：中国城市发展报告 No.12[M]. 北京：社会科学文献出版社，2019.

[3] 姜洋. 系统动力学视角下中国城市交通拥堵对策思考 [J]. 城市规划，2011，35（11）：73-80.

[4] 巴顿. 运输经济学 [M]. 北京：商务印书馆，2002.

[5] 陆化普. 城市交通规划与管理 [M]. 北京：中国城市出版社，2012.

[6] 中国城市轨道交通协会. 城市轨道交通 2020 年度统计和分析报告 [R/OL].（2021-04-09）[2021-04-13]http://www.zgszjs.com/news/bencandy.php？ fid=58&id=12487.

[7] 潘海啸，惠英. 轨道交通建设与都市发展 [J]. 城市规划汇刊，1999（2）：12-17，81.

[8] 王玮. 低碳城市街区交通与用地功能整合研究 [D]. 武汉：华中科技大学，2010.

[9] 舒慧琴，石小法. 东京都市圈轨道交通系统对城市空间结构发展的影响 [J]. 国际城市规划，2008（3）：105-109.

[10] 陆化普. 解析城市交通 [M]. 北京：中国水利水电出版社，2001.

[11] 普切尔，比勒，孙苑鑫. 难以抵挡的骑行诱惑：荷兰、丹麦和德国的自行车交通推广经验研究 [J]. 国际城市规划，2012，27（5）：26-42.

[12] 瑟夫洛. 公交都市 [M]. 北京：中国建筑工业出版社，2007.

[13] 郭寒英. 基于出行者生理心理的城市客运交通出行行为研究 [D]. 成都：西南交通大学，2007.

[14] 王炜，陈学武，陆建. 城市交通系统可持续发展理论体系研究 [M]. 北京：科学出版社，2004.

[15] 管驰明，崔功豪. 公共交通导向的中国大都市空间结构模式探析 [J]. 城市规划，2003（10）：39-43.

[16] 孙华强. 适应家用小汽车发展趋势的城市交通对策 [D]. 南京：东南大学，2003.

[17] 刘嫚，张卫华. 巴士快速交通（BRT）与轨道交通特性及适用范围的比较 [J]. 交通标准化，2007（4）：161-164，48.

[18] 何玉宏. 城市绿色交通论 [D]. 南京：南京林业大学，2009.

[19] 马国强. 高速交通影响下的区域空间结构演化研究：以长三角为例 [D]. 南京大学，2006.

[20] 胡宝哲. 东京的商业中心 [M]. 天津：天津大学出版社，2001.

[21] 林耿，周素红. 大城市地铁沿线消费空间的演替：以深圳市罗湖区为例 [J]. 热带地理，

2008, 28(6): 545-550.

[22] 房霄虹, 刘永平, 蔺源. 城市轨道交通网络化客流成长规律研究 [J]. 综合运输, 2012(5): 52-57.

[23] 吴娇蓉, 汪煜, 刘莹. 城市轨道交通各发展阶段的运行特征及在公交系统中的作用 [J]. 城市轨道交通研究, 2007(6): 9-11,59.

[24] 顾朝林, 甄峰, 张京祥. 集聚与扩散:城市空间结构新论 [M]. 南京:东南大学出版社, 2000.

[25] 丁成日. 城市"摊大饼"式空间扩张的经济学动力机制 [J]. 城市规划, 2005(4): 56-60.

[26] 段进. 城市空间发展论 [M]. 2 版. 南京:江苏科学技术出版社, 2006.

[27] 汤姆逊. 城市布局与交通规划 [M]. 北京:中国建筑工业出版社, 1982.

[28] 潘海啸, 任春洋. 轨道交通与城市公共活动中心体系的空间耦合关系:以上海市为例 [J]. 城市规划学刊, 2005(4): 76-82.

[29] CERVERO R. The transit metropolis: a global inquiry[M]. Washington DC: Island Press, 2013.

[30] 何宁. 城市快速轨道交通规划系统分析 [D]. 上海:同济大学,1998.

[31] 陈卫国. 地铁车站周边地块合理开发强度之初探:由深圳市轨道交通二期工程详细规划说起 [J]. 现代城市研究, 2006(8): 44-50.

[32] 缪仲泉. 天津城市规划 [M]. 天津:天津科学技术出版社, 1989.

[33] 天津市规划局. 天津市城市总体规划:文本 2005—2020 年 [R]. 天津:天津科学技术出版社, 2006.

[34] 天津市城市规划设计研究院. 天津市第四次综合交通调查 [R]. 天津: [出版者不详], 2012.

[35] 天津市城市规划设计研究院. 天津市中心城区地铁 5、6 号线地铁上盖策划方案 [R]. 天津:[出版者不详],2011.

[36] 天津市城市规划设计研究院. 天津市轨道交通沿线居民通勤方式选择研究 [R]. 天津: [出版者不详],2012.

[37] 方创琳, 祁巍锋. 紧凑城市理念与测度研究进展及思考 [J]. 城市规划学刊, 2007(4): 65-73.

[38] 潘海啸. 快速交通系统对形成可持续发展的都市区的作用研究 [J]. 城市规划汇刊, 2001(4): 43-46,80.

[39] 谭瑜, 叶霞飞. 东京新城发展与轨道交通建设的相互关系研究 [J]. 城市轨道交通研究, 2009, 12(3): 1-5,11.

[40] 陈劲松. 新城模式:国际大都市发展实证案例 [M]. 北京:机械工业出版社, 2006.

[41] 王宇宁, 范志清. 轨道交通导向的东京大都市区新城发展路径研究 [J]. 都市快轨交通, 2016, 29(3): 122-126.

[42] 邓奕. 反思日本新城建设 50 年 [J]. 北京规划建设, 2006(6): 128-130.

[43] 王睦，卢源，艾侠. 城市新引力：轨道交通综合开发规划理论与实践 [M]. 北京：中国城市出版社，2012.

[44] 陈瑛. 特大城市 CBD 系统的理论与实践：以重庆和西安为例 [D]. 上海：华东师范大学，2002.

[45] 黄昭雄. 大都市区空间结构与可持续交通 [D]. 上海：同济大学，2009.

[46] 马歇尔. 经济学原理 [M]. 朱志泰，陈良璧，译，北京：商务印书馆，2019.

[47] 宋培臣，林涛，孔维强. 上海市轨道交通对零售商业空间的影响 [J]. 城市轨道交通研究，2010，13（4）：25-28.

[48] 李仙德，侯建娜. Sub-CBD 产业空间组织研究：以东京都新宿区为例 [J]. 现代城市研究，2011，26（2）：71-77.

[49] 张育南. 北京城市轨道交通与城市空间整合发展问题研究 [D]. 北京：清华大学，2009.

[50] 王宇宁. 轨道交通网络化时代城市空间的发展变革与响应策略研究：以天津市中心城区为例 [D]. 天津：天津大学，2013.

[51] 王宇宁，杨安娜. "时距" 视角下城市轨道线网的通勤效率：以天津市中心城区为例 [J]. 经济地理，2019，39（7）：67-75.

[52] 天津市城市规划设计研究院. 天津市空间发展战略规划 [R]. 天津：[出版者不详]，2010.

[53] 天津市城市规划设计研究院. 天津市市域综合交通规划（2008—2020）[R]. 天津：[出版者不详]，2008.

[54] 曾刚，王琛. 巴黎地区的发展与规划 [J]. 国外城市规划，2004（5）：44-49.

[55] 王小舟，孙颖. 北京与巴黎传统城市空间形态的比较和研究 [J]. 国外城市规划，2004（5）：68-76.

[56] 王宇宁，运迎霞，高长宽. 轨道交通影响下大城市边缘城镇发展模式研究：巴黎和天津的对比分析 [J]. 城市规划，2017，41（1）：40-44，88.

[57] 王宇宁，运迎霞. 城市轨道交通站点周边商业环境特征与评价：以天津市为例 [J]. 地域研究与开发，2014，33（5）：72-76.

[58] 孙慧，孙晓鹏，范志清. 我国沪市土木工程建筑企业竞争力评价与实证研究 [J]. 科技进步与对策，2011，28（13）：102-106.

[59] 王宇宁. 基于公共服务需求导向的轨道线网规划优化研究 [J]. 都市快轨交通，2016，29（2）：13-17.

[60] 王宇宁. 城市综合体与城市轨道交通的空间整合研究 [J]. 城市轨道交通研究，2017，20（3）：1-4，10.

[61] ALONSO W. Location and land use[M]. Cambridge：The Harvard University Press，1964.

[62] Muth R F. Cities and housing：the spatial pattern of urban residential land use[M]. Chicago：The University of Chicago Press，1969.

[63] RICS. Land value and public transport stage 1：summary of findings[R]. London：Office

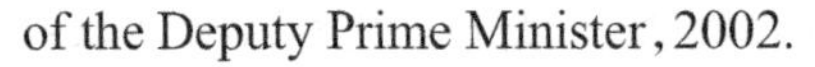

of the Deputy Prime Minister, 2002.

[64] SMITH J J, GIHRING T A. Financing transit systems through value capture: an annotated bibliography[J]. American journal of economics & sociology, 2006, 65(3): 751-786.

[65] MOHAMMAD S I, GRAHAM D J, MELO P C, et al. A meta-analysis of the impact of rail projects on land and property values[J]. Transportation research part a: policy and practice, 2013, 50: 158-170.

[66] RILEY D.Taken for a ride: transport, taxpayers and the treasury. [R]. London: The Centre for Land Policy Studies, 2001.

[67] MCMILLEN D P, MCDONALD J. Reaction of house prices to a new rapid transit line: Chicago's midway line, 1983–1999[J]. Real estate economics, 2004, 32(3): 463-486.

[68] DEBREZION G, PELS E, RIETVELD P. The impact of railway stations on residential and commercial property value: a meta-analysis[J]. The journal of real estate finance and economics, 2007, 35(2): 161-180.

[69] GATZLAFF D H, SMITH M T. The impact of the Miami metrorail on the value of residences near station locations[J]. Land economics, 1993, 69(1): 54-66.

[70] BAE C H C, JUN M J, PARK H. The impact of Seoul's subway line 5 on residential property values[J]. Transport Policy, 2003, 10(2): 85-94.

[71] GU Y Z, GUO R. The impacts of rail transit on property values: empirical study in Batong line of Beijing[J]. Economic geography, 2008,28(3): 1020-1024.

[72] KNOWLES R D, FERBRACHE F. Evaluation of wider economic impacts of light rail investment on cities[J]. Journal of transport geography, 2016, 54(1): 430-439.

[73] BENJAMIN J D, SIRMANS G S. Mass transportation, apartment rent and property values[J]. Journal of real estate research, 1996, 12(1): 1-8.

[74] HESS D B, ALMEIDA T M. Impact of proximity to light rail rapid transit on station-area property values in Buffalo, New York[J]. Urban studies, 2007, 44(5-6): 1041-1068.

[75] ANANTSUKSOMSRI S, TONTISIRIN N. The impacts of mass transit improvements on residential land development values: evidence from the Bangkok metropolitan region[J]. Urban policy & research, 2015, 33(2): 195-216.

[76] DUNCAN M. The impact of transit-oriented development on housing prices in San Diego, CA[J]. Urban studies, 2011, 48(1): 101.

[77] CERVERO R, DUNCAN M. Transit's value-added effects: light and commuter rail services and commercial land values[J]. Transportation research record journal of the transportation research board, 2002, 1805(1): 8-15.

[78] WEINBERGER R R. Light rail proximity: benefit or detriment in the case of Santa Clara County, California? [J]. Transportation research record, 2001, 1747: 104-113.

[79] LIU K, WU Q, WANG P. Econometric analysis of the impacts of rail transit on property

values: the number 1 and 2 lines in Nanjing[J]. Resources ence, 2015, 37(1): 133-141.

[80] HENNEBERRY J. Transport investment and house prices[J]. Journal of property valuation & investment, 2013, 16(2): 144-158.

[81] KNAAP G J, DING C, HOPKINS L D. Do plans matter? The effects of light rail plans on land values in station areas[J]. Journal of planning education & research, 2001, 21(1): 32-39.

[82] ATKINSON-PALOMBO C. Comparing the capitalisation benefits of light-rail transit and overlay zoning for single-family houses and condos by neighbourhood type in Metropolitan Phoenix, Arizona[J]. Urban stud, 2010, 47(11): 2409-2426.

[83] AGOSTINI C A, PALMUCCI G A. The anticipated capitalisation effect of a new metro line on housing prices[J]. Fiscal studies, 2008, 29(2):233-256.

[84] YAN S, DELMELLE E, DUNCAN M. The impact of a new light rail system on single-family property values in Charlotte, North Carolina[J]. Journal of transport and land use, 2012, 5(2): 60-67.

[85] LOOMIS J, SANTIAGO L, LOPEZ Y. Effects of construction and operation phases on residential property prices of the Caribbean's first modern rail transit system[J]. Urban public economics review, 2012, 17:57-78.

[86] 何宁，顾保南. 城市轨道交通对土地利用的作用分析 [J]. 城市轨道交通研究，1998(4): 32-36.

[87] 叶霞飞,蔡蔚. 城市轨道交通开发利益的计算方法 [J]. 同济大学学报(自然科学版)，2002,30(4):431-436.

[88] 蔡蔚，胡志晖，叶霞飞. 城市轨道交通开发利益作用机理与影响范围研究 [J]. 铁道学报，2006(4): 27-31.

[89] 刘菁. 城市大容量快速轨道交通沿线土地利用研究:以武汉市轨道交通 2 号线为例 [D]. 武汉:华中科技大学,2005.

[90] 郑捷奋. 城市轨道交通与周边房地产价值关系研究 [D]. 北京:清华大学，2004.

[91] 何剑华. 用 hedonic 模型研究北京地铁 13 号线对住宅价格的效应 [D]. 北京:清华大学，2004.

[92] 刘金玲，曾学贵. 城市轨道交通建设资金筹措与盈利发展的探讨 [J]. 城市轨道交通研究，2004(4): 17-21.

[93] 周文竹，刘吉，李铁柱. 南京轨道交通规划建设对城市发展的影响 [J]. 现代城市研究，2005(12): 32-37.

[94] 李怡婷. 大众运输导向发展策略对捷运站区房地产价格之影响分析 [D]. 台北:成功大学,2005.

[95] 傅穗漩，郭依婷，李载鸣. 台北市捷运沿线土地使用与地价关系影响 [C]// 中国土地学会.2007 年海峡两岸土地学术研讨会论文集. 呼和浩特:[出版者不详],2007: 529-535.

[96] 陈峰，吴奇兵. 轨道交通对房地产增值的定量研究 [J]. 城市轨道交通研究，2006（3）：12-17.

[97] 吴奇兵，陈峰. 轨道交通促进沿线房地产增值分析 [J]. 世界轨道交通，2005（11）：51-52.

[98] 邓文斌，梁青槐，刘金玲. 城市轨道交通系统的利益关系分析 [J]. 北京交通大学学报（社会科学版），2004（1）：7-9.

[99] 聂冲，温海珍，樊晓锋. 城市轨道交通对房地产增值的时空效应 [J]. 地理研究，2010，29（5）：801-810.

[100] 潘海啸，钟宝华. 轨道交通建设对房地产价格的影响：以上海市为案例 [J]. 城市规划学刊，2008（2）：62-69.

[101] ALLEN J，MUÑOZ J C，ORTUZAR J D D. On the effect of operational service attributes on transit satisfaction[J]. Transportation，2020，47（5）：2307-2336.

[102] LANCASTER K J. A new approach to consumer theory[J].Political economy，1966（74）：132-157.

[103] ROSEN S. Hedonic prices and implicit markets：product differentiation in pure competition[J]. Journal of political economy，1974，82（1）：34-55.

[104] SO H M，TSE R Y C，GANESAN S. Estimating the influence of transport on house prices：evidence from Hong Kong[J]. Journal of property valuation & investment，1997，15（1）：40-47.

[105] BALL M. Recent empirical work of the determinants of relative house prices[J]. Urban studies，1973，10：213-233.

[106] CARROLL T M，CLAURETIE T M，JENSEN J. Living next to godliness：residential property values and churches[J]. Social ence electronic publishing，1996，12（3）：319-330.

[107] CLARK D E，HERRIN W E. The impact of public school attributes on home sale prices in California[J]. Growth & change，2010，31（3）：385-407.

[108] KAIN J F，QUIGLEY J M. Measuring the value of housing quality[J]. Journal of the American statistical association，1970，65：330，532-548.

[109] RICHARDSON H，VIPOND J，FURBEY R. Determinants of urban house prices[J]. Urban studies，1974，11（2）：189-199.

[110] TYRVÄINEN L. The amenity value of the urban forest：an application of the hedonic pricing method[J]. Landscape & urban planning，1997，37（3-4）：211-222.

[111] 胡志晖. 城市轨道交通开发利益计算方法的基础研究 [D]. 上海：同济大学，2003：56-72.

[112] 梁青槐，孔令洋，邓文斌. 城市轨道交通对沿线住宅价值影响定量计算实例研究 [J]. 土木工程学报，2007（4）：98-103.

[113] SUN H, WANG Y N, LI Q B. The impact of subway lines on residential property values in Tianjin: an empirical study based on hedonic pricing model[J]. Discrete dynamics in nature & society, 2016, 2016: 1-10.

[114] 王宇宁，运迎霞，郭力君. 基于时空效应的轨道交通对沿线房产增值研究：以天津市为例 [J]. 城市规划，2015，39（2）：71-75.

[115] CALTHORPE P. The next American metropolis: ecology, community, and the American dream[M]. New York: princeton architectural press, 1993.

[116] JACOBSON J, FORSYTH A. Seven American TODs: good practices for urban design in transit-oriented development projects[J]. Journal of transport and land use, 2008, 1(2): 51-88.

[117] POJANI D, STEAD D. Transit-oriented design in the Netherlands[J]. Journal of planning education and research, 2015, 35(2): 131-144.

[118] YANG K, POJANI D. A decade of transit oriented development policies in Brisbane, Australia: development and land-use impacts[J]. Urban policy and research, 2017, 35(3): 347-362.

[119] ZHANG M. Chinese edition of transit-oriented development[J]. Transportation research record, 2007, 2038: 120-127.

[120] YANG P P J, LEW S H.An Asian model of TOD: the planning integration in Singapore[M]. Transit oriented development: making it happen, 2009: 91-106.

[121] JUN M J, CHOI K, JEONG J E, et al. Land use characteristics of subway catchment areas and their influence on subway ridership in Seoul[J]. Journal of transport geography, 2015, 48: 30-40.

[122] CERVERO R, LANDIS J. Twenty years of the Bay Area rapid transit system: land use and development impacts[J]. Transportation research part a, 1997, 31(4): 309-333.

[123] SUNG H, OH J T. Transit-oriented development in a high-density city: identifying its association with transit ridership in Seoul, Korea[J]. Cities, 2011, 28(1): 70-82.

[124] LEE S, YI C, HONG S P. Urban structural hierarchy and the relationship between the ridership of the Seoul metropolitan subway and the land-use pattern of the station areas[J]. Cities, 2013, 35(12): 69-77.

[125] CERVERO R, MURAKAMI J. Rail and property development in Hong Kong: experiences and extensions[J]. Urban studies, 2009, 46: 2019-2043.

[126] ZHAO P, YANG H, KONG L, et al. Disintegration of metro and land development in transition China: a dynamic analysis in Beijing[J]. Transportation research part a: policy and practice, 2018, 116: 290-307.

[127] CALVO F, OÑA J D, ARÁN F. Impact of the Madrid subway on population settlement and land use[J]. Land use policy, 2013, 31: 627-639.

[128] BOCAREJO J P, PORTILLA I, PEREZ M A. Impact of transmilenio on density, land use, and land value in Bogotá[J]. Research in transportation economics, 2013, 40(4): 78-86.

[129] RATNER K A, GOETZ A R. The reshaping of land use and urban form in Denver through transit-oriented development[J]. Cities, 2013, 30(2): 31-46.

[130] ALLEN J, EBOLI L, FORCINITI C, et al. The role of critical incidents and involvement in transit satisfaction and loyalty[J]. Transport policy, 2019, 75: 57-69.

[131] HURST N B, WEST S E. Public transit and urban redevelopment: the effect of light rail transit on land use in Minneapolis, Minnesota[J]. Regional ence and urban economics, 2014, 46(5): 57-72.

[132] CERVERO R, KANG C D. Bus rapid transit impacts on land uses and land values in Seoul, Korea[J]. Transport policy, 2011, 18(1): 102-116.

[133] PAN H, ZHANG M. Rail transit impacts on land use: evidence from Shanghai, China[J]. Transportation research record journal of the transportation research board, 2008, 2048: 16-25.

[134] AHMAD S, AVTAR R, SETHI M, et al. Delhi's land cover change in post transit era[J]. Cities, 2016, 50(2): 111-118.

[135] BHATTACHARJEE S, GOETZ A R. The rail transit system and land use change in the Denver metro region[J]. Journal of Transport Geography, 2016, 54: 440-450.

[136] LEE R J, SENER I. The effect of light rail transit on land use in a city without zoning[J]. Journal of transport and land use, 2017, 10: 541-556.

[137] ATKINSON-PALOMBO C, KUBY M. The geography of advance transit-oriented development in metropolitan Phoenix, Arizona, 2000–2007[J]. Journal of transport geography, 2011, 19: 189-199.

[138] SCHLOSSBERG M, BROWN N. Comparing transit-oriented development sites by walkability indicators[J]. Transportation research record journal of the transportation research board, 2004, 1887: 34-42.

[139] REUSSER D E, LOUKOPOULOS P, STAUFFACHER M, et al. Classifying railway stations for sustainable transitions – balancing node and place functions[J]. Journal of transport geography, 2008, 16(3): 191-202.

[140] ZEMP S, STAUFFACHER M, LANG D J, et al. Classifying railway stations for strategic transport and land use planning: context matters! [J]. Journal of transport geography, 2011, 19(4): 670-679.

[141] SHI Y, HU X Y, YANG J Y. Research of station zone spatial circle and internal mechanism in TOD pattern: taking Nanjing metro line 2 Jiqingmen station as example[J]. Applied mechanics & materials, 2013, 409-410: 861-866.

[142] CHOU P F, LU C S, CHANG Y H. Effects of service quality and customer satisfaction on customer loyalty in high-speed rail services in Taiwan[J]. Transportmetrica, 2014, 10(10): 917-945.

[143] KOCKELMAN K. Travel behavior as function of accessibility, land use mixing, and land use balance: evidence from San Francisco Bay Area[J]. Transportation research record, 1997, 1607: 116-125.

[144] EWING R, CERVERO R. Travel and the built environment[J]. Journal of the American planning association, 2010, 76(3): 265-294.

[145] FRALEY C, RAFTERY A E. How many clusters? Which clustering method? answers via model-based cluster analysis[J]. The computer journal, 1998, 41(8): 578-588.

[146] MACQUEEN J. Some methods for classification and analysis of multivariate observations[C]. Proc of berkeley symposium on mathematical statistics & probability, 1965.

[147] HAN K S, CHAMPEAUX J L, ROUJEAN J L. A land cover classification product over France at 1 km resolution using SPOT4/Vegetation data[J]. Remote sensing of environment, 2004, 92(1): 52-66.

[148] JACOBS J. The death and life of great American cities[M].New York: Vintage Books, 1961.

[149] 赖志敏. 以开发为考量的城市设计:城市轨道站域开发的城市设计控制研究 [D]. 南京:东南大学,2005.

[150] 赵玥. 城市交通基础设施建设计划编制理论方法及其应用研究 [D]. 北京:北京交通大学, 2010.

[151] Loukaitou-Sideris A, Banerjee T, 刘贤腾. 蓝线前景黯淡:为什么公交运量显著增加而公交社区的蓝图没有实现 [J]. 国外城市规划, 2006(2): 13-22.

[152] 陈卫国. 地铁车站周边地块合理开发强度之初探:由深圳市轨道交通二期工程详细规划说起 [J]. 现代城市研究, 2006(8): 44-50.

[153] 刘明君. 美国阿灵顿公共交通导向发展模式及启示 [J]. 综合运输, 2011(12): 67-72.

[154] 顾新, 伏海艳. 东莞市 TOD 应用模式探索 [J]. 城市交通, 2007(4): 51-55.

[155] 任利剑. 城市轨道交通系统与城市功能组织协调发展研究 [D]. 天津:天津大学, 2014.

[156] HILLIER B, LEAMAN A. The man-environment paradigm and its paradoxes[J]. Architectural design, 1973,8(73):507-511.

[157] 徐磊青,杨公侠. 环境心理学 [M]. 上海:同济大学出版社,2002.

[158] LEWIN K. Behavior and development as a function of total situation[J]. Resolving social conflicts & field theory in social science, 1954.

[159] BANDURA A. Self-efficacy: Toward a unifying theory of behavioral change[J]. Advances in behaviour research & therapy, 1978,1(4):139-161.

[160] DISHMAN R K. Increasing and maintaining exercise and physical activity[J]. Behavior

therapy，1991，22(3)：345-378.

[161] 朱为模. 从进化论、社会—生态学角度谈环境、步行与健康 [J]. 体育科研，2009，30(5)：12-16.

[162] KELLY J G. Changing contexts and the field of community psychology[J]. American journal of community psychology，1990，18(6)：769-792.

[163] SIMONS-MORTON D G，SIMONS-MORTON B G，PARCEL G S，et al. Influencing personal and environmental conditions for community health：a multilevel intervention model[J]. Fam community health，1988，11(2)：25-35.

[164] GILES-CORTI B，DONOVAN R J. The relative influence of individual，social and physical environment determinants of physical activity[J]. Social science & medicine，2002，54(12)：1793-1812.

[165] SPENCE J，LEE R. Toward a comprehensive model of physical activity[J]. Psychology of sport and exercise，2003，4：7-24.

[166] ALFONZO M A. To Walk or Not to Walk? The hierarchy of walking needs[J]. Environment & behavior，2005，37(6)：808-836.

[167] GREEN L W，KREUTER M W. 健康促进计划设计 [M]. 黄敬亨，等译. 上海：上海医科大学出版社，1994.

[168] CARR L J，DUNSIGER S I，MARCUS B H. Validation of walk score for estimating access to walkable amenities[J]. British Journal of Sports Medicine，2011，45(14)：1144-1148.

[169] BLIESNER J，BOUTON S，SCHULTZ B. Walkable neighborhoods：an economic development strategy[J]. JB & F consulting，2010.

[170] BROWN S C，PANTIN H，LOMBARD J，et al. Walk score：associations with purposive walking in recent Cuban immigrants[J]. American journal of preventive medicine，2013，45(2)：202-206.

[171] CARR L J，DUNSIGER S I，MARCUS B H. Walk score(TM) as a global estimate of neighborhood walkability[J]. American journal of preventive medicine，2010，39(5)：460-463.

[172] GOMEZ-IBANEZ J A，HUMPHREY N. Driving and the built environment：the effects of compact development on motorized travel，energy use，and CO2 emissions[J]. TR news，2010，268：24-25，27-28.

[173] CORTRIGHT J. Walking the walk：how walkability raises home values in US cities[J]. CEOs for cities，2009，8：1-30.

[174] 卢银桃. 基于日常服务设施步行者使用特征的社区可步行性评价研究：以上海市江浦路街道为例 [J]. 城市规划学刊，2013(5)：113-118.

[175] 吴健生，秦维，彭建，等. 基于步行指数的城市日常生活设施配置合理性评估：以深

圳市福田区为例 [J]. 城市发展研究，2014，21(10)：49-56.

[176] 黄建中，胡刚钰，李敏. 老年视角下社区服务设施布局适宜性研究：基于步行指数的方法 [J]. 城市规划学刊，2016(6)：45-53.

[177] 杨观宇. 城市舒适性步行系统的影响要素及其应用研究 [D]. 广州：华南理工大学，2012.

[178] 陈泳，何宁. 轨道交通站地区宜步行环境及影响因素分析：上海市 12 个生活住区的实证研究 [J]. 城市规划学刊，2012(6)：96-104.

[179] 福塞斯，克里泽克，刘晓曼，等. 促进步行与骑车出行：评估文献证据 献计规划人员 [J]. 国际城市规划，2012，27(5)：6-17.

[180] JEN W，TU R，LU T. Managing passenger behavioral intention：an integrated framework for service quality，satisfaction，perceived value，and switching barriers[J]. Transportation，2011，38(2)：321-342.

[181] ROADS N，AUTHORITY T. How to prepare a pedestrian access and mobility plan：an easy three stage guide[J]. European competitiveness report，2002，(3)：43.

[182] American planning association. Planning and urban design standards[M]. New York：John Wiley & Sons，2006.

[183] United States department of transportation. Accommodating bicycle and pedestrian travel：a recommended approach [EB/OL].2011-04-04[2012-03-15]. http://www.fhwa.dot.gov/environment/bikeped/design.htm.

[184] KRIZEK K，JOHNSON P J. Proximity to trails and retail：effects on urban cycling and walking[J]. Journal of the American planning association，2006，72：33-42.

[185] BOARNET M G. Planning's role in building healthy cities[J]. Journal of the American planning association，2006，72(1)：5-9.

[186] BRUCH S，JACKSON-ELMOORE C，HOLTROP J. The renewed interest in urban form and public health：promoting increased physical activity in Michigan[J]. Cities，2006，23 (1)：1-17.

[187] PURCIEL M，NECKERMAN K M，LOVASI G S，et al. Creating and validating GIS measures of urban design for health research[J]. Journal of environmental psychology，2009，29(4)：457-466.

[188] CUNNINGHAM G O，MICHAEL Y L，FARQUHAR S A，et al. Developing a reliable senior walking environmental assessment tool[J]. American journal of preventive medicine，2005，29(3)：215-217.

[189] MILLINGTON C，THOMPSON C W，ROWE D，et al. Development of the scottish walkability assessment tool(SWAT)[J]. Health & place，2009，15(2)：474-481.

[190] DOYLE S，KELLY-SCHWARTZ A，SCHLOSSBERG M，et al. Active community environments and health：the relationship of walkable and safe communities to individual

health[J]. Journal of the American planning association, 2006, 72(1): 19-31.

[191] 周热娜，李洋，傅华. 居住周边环境对居民体力活动水平影响的研究进展 [J]. 中国健康教育，2012，28(9)：769-771,781.

[192] 卢银桃，王德. 美国步行性测度研究进展及其启示 [J]. 国际城市规划，2012，27(1)：10-15.

[193] AGARWAL R. Public transportation and customer satisfaction: the case of Indian railways[J]. Global business review, 2008, 9: 257-272.

[194] EBOLI L, MAZZULLA G. Relationships between rail passengers' satisfaction and service quality: a framework for identifying key service factors[J]. Public transport, 2015, 7(2): 185-201.

[195] HALE C, CHARLES P. Practice reviews in peak period rail network management: Munich & Washington DC[C].12th world conference on transport research, 2010.

[196] 潘海啸，薛松，赵婷. 多模式平衡交通体系的构建：自行车与轨道交通间的换乘 [J]. 现代城市研究，2012，27(9)：23-27,41.

[197] HESS P M. Measures of connectivity [streets: old paradigm, new investment][J]. Places, 1997, 11(2): 58-65.

[198] STUART K R, MEDNICK M, BOCKMAN J. Structural equation model of customer satisfaction for the New York city subway system[J]. Transportation research record, 2000, 1735(1): 133-137.

[199] YEH C H, WILLIS R J, DENG H. Task oriented weighting in multi-criteria analysis[J]. European journal of operational research, 1999, 119(1): 130-146.

[200] CHANG Y H, YEH C H. Evaluating airline competitiveness using multiattribute decision making[J]. Omega, 2001, 29(5): 405-415.

[201] WANG Y J. A fuzzy multi-criteria decision-making model based on simple additive weighting method and relative preference relation[J]. Applied soft computing, 2015, 30: 412-420.

[202] 熊文，陈小鸿，胡显标. 城市干路行人过街设施时空阈值研究 [J]. 城市交通，2009，7(2)：60-67.

[203] ATANASSOV K T. Intuitionistic fuzzy sets[J]. Fuzzy sets & systems, 1986, 20(1): 87-96.

[204] FORNELL C, JOHNSON M D, ANDERSON E W, et al. The American customer satisfaction index: nature, purpose, and findings[J]. Journal of marketing, 1996, 60(4): 7-18.

[205] OLIVER R L. A cognitive model of the antecedents and consequences of satisfaction decisions[J]. Journal of marketing research, 1980, 17(4): 460-469.

[206] FORNELL C, LARCKER D F. Evaluating structural equation models with unobservable

variables and measurement error[J]. Journal of marketing research，1981，24（2）：337-346.

[207] FRIMAN M. Implementing quality improvements in public transport[J]. Journal of public transportation，2004，7（4）：49-65.

[208] MORFOULAKI M，TYRINOPOULOS Y，AIFADOPOULOU G. Estimation of satisfied customers in public transport systems：a new methodological approach[J]. Journal of the transportation research forum，2010，46（1）：63-72.

[209] MILLER M. Improving customer service and satisfaction at London underground[J]. Managing service quality，1995，5：26-29.

[210] EBOLI L，MAZZULLA G. Service quality attributes affecting customer satisfaction for bus transit[J]. Journal of public transportation，2007，10（3）：21-34.

[211] AWASTHI A，CHAUHAN S，OMRANI H，et al. A hybrid approach based on SERVQUAL and fuzzy TOPSIS for evaluating transportation service quality[J]. Computers & industrial engineering，2011，61：637-646.

[212] AYDIN N. A fuzzy-based multi-dimensional and multi-period service quality evaluation outline for rail transit systems[J]. Transport policy，2017，55（4）：87-98.

[213] BERRY L L，ZEITHAML V A，PARASURAMAN A. Five imperatives for improving service quality[J]. Quality control & applied statistics，1991，36：423-426.

[214] TYRINOPOULOS Y，ANTONIOU C. Public transit user satisfaction：variability and policy implications[J]. Transport policy，2008，15（4）：260-272.

[215] EBOLI L，MAZZULLA G. A methodology for evaluating transit service quality based on subjective and objective measures from the passenger's point of view[J]. Transport policy，2011，18（1）：172-181.

[216] REDMAN L，FRIMAN M，GAERLING T，et al. Quality attributes of public transport that attract car users：a research review[J]. Transport policy，2013，25（1）：119-127.

[217] DELL'OLIO L，IBEAS A，CECIN P. The quality of service desired by public transport users[J]. Transport policy，2011，18（1）：217-227.

[218] 李素芬，贾元华，房生修. 铁路旅客满意度测评指标体系研究 [J]. 北方交通大学学报，2003（5）：59-63.

[219] 王欢明，诸大建. 基于效率、回应性、公平的公共服务绩效评价：以上海市公共汽车交通的服务绩效为例 [J]. 软科学，2010，24（7）：1-5.

[220] 王红梅，贾玲玉. 北京市公共交通满意度物元评价 [J]. 软科学，2011，25（7）：42-44.

[221] 朱顺应，吴倶，王红. 轨道交通乘客满意度不确定性预测与分析 [J]. 重庆交通大学学报（自然科学版），2015，34（6）：150-155.

[222] 何华兵. 基本公共服务均等化满意度测评体系的建构与应用 [J]. 中国行政管理，2012（11）：25-29.

[223] 张兵，曾明华，陈秋燕. 基于 SEM 的城市公交服务质量—满意度—忠诚度研究 [J]. 数理统计与管理，2016，35(2)：198-205.

[224] 王海燕，唐润，于荣. 城市公交行业绩效评价体系研究 [J]. 中国工业经济，2011(3)：68-77.

[225] WANG Y N，JIN X H. Determine the optimal capital structure of BOT projects using interval numbers with Tianjin Binhai new district metro Z4 line in China as an example [J]. Engineering，construction and architectural management，2019,26(7):1348-1366.

[226] SUN H，JIA S H，WANG Y N. Optimal equity ratio of BOT highway project under government guarantee and revenue sharing [J]. Transportmetrica A：transport science. 2019，15(1):114-134.

[227] WANG Y N，LIANG Y Z，SUN H. A regret theory-based decision-making method for urban rail transit in emergency response of rainstorm disaster [J]. Journal of advanced transportation，2020(1):1-12.

[228] WANG Y N，SHI Y. Measuring the service quality of urban rail transit based on interval-valued intuitionistic fuzzy model [J]. KSCE journal of civil engineering，2020，24(2):647-656.

[229] WANG Y N，ZHANG Z，SUN H. Assessing customer satisfaction of urban rail transit network in Tianjin based on intuitionistic fuzzy group decision model [J].Discrete dynamics in nature and society,2018,2018:1-11.

[230] WANG Y N，ZHANG Z，ZHU M Y，WANG H X. The impact of service quality and customer satisfaction on reuse intention in urban rail transit in Tianjin，China [J]. Sage open，2020,10(1):1-10.

[231] DE ONA J，DE ONA R，EBOLI L，et al. Transit passengers' behavioural intentions：the influence of service quality and customer satisfaction[J]. Transportmetrica，2016，12(5-6)：385-412.

[232] NATHANAIL E. Measuring the quality of service for passengers on the hellenic railways[J]. Transportation research part a:policy & practice，2008，42(1)：48-66.

[233] CAVANA R Y，CORBETT L M. Developing zones of tolerance for managing passenger rail service quality[J]. International journal of quality & reliability management，2007，24(1)：7-31.

[234] EBOLI L，MAZZULLA G. A stated preference experiment for measuring service quality in public transport[J]. Transportation planning & technology，2008，31(5)：509-523.

[235] GOEL G，SHEFALI N. Determinants of customer satisfaction on service quality：a study of railway platforms in India[J]. Journal of public transportation，2010，13(1):97-113.

[236] MACHADO-LEÓNA J L，DE OÑAA R，BAOUNI T，et al. Railway transit services in Algiers：priority improvement actions based on users perceptions[J]. Transport policy，

2017, 53(1): 175-185.

[237] ISIKLI E, AYDIN N, CELIK E, et al. Identifying key factors of rail transit service quality: an empirical analysis for Istanbul[J]. Journal of public transportation, 2017, 20(1): 63-90.

[238] ANDERSON E W, SULLIVAN M W. The antecedents and consequences of customer satisfaction for firms[J]. Marketing science, 1993, 12(2): 125-143.

[239] CASTILLO J M D, BENITEZ F G. Determining a public transport satisfaction index from user surveys[J]. Transportmetrica, 2013, 9(7-8): 713-741.

[240] SHEN W W, XIAO W Z, WANG X. Passenger satisfaction evaluation model for urban rail transit: a structural equation modeling based on partial least squares[J]. Transport policy, 2016, 46(2): 20-31.

[231] CAO C, CHEN J. An empirical analysis of the relationship among the service quality, customer satisfaction and loyalty of high speed railway based on strctural equation model[J]. Canadian social science, 2011, 7(4):455-462.

[242] DIANA M. Measuring the satisfaction of multimodal travelers for local transit services in different urban contexts[J]. Transportation research part a: policy & practice, 2012, 46 (1): 1-11.

[243] YILMAZ V, ARI E. The effects of service quality, image, and customer satisfaction on customer complaints and loyalty in high-speed rail service in Turkey: a proposal of the structural equation model[J]. Transportmetrica, 2017, 13(1): 67-90.

[244] DE ONA J, DE ONA R. Quality of service in public transport based on customer satisfaction surveys: a review and assessment of methodological approaches[J]. Transportation science, 2015, 49(3): 605-622.